高等教育
计算机类课程规划教材

新世纪

U0666706

软件工程实用教程

主编 石冬凌 张应博 邹启杰

配有
"十一五"国家
重点电子出版物
出版规划
项目光盘

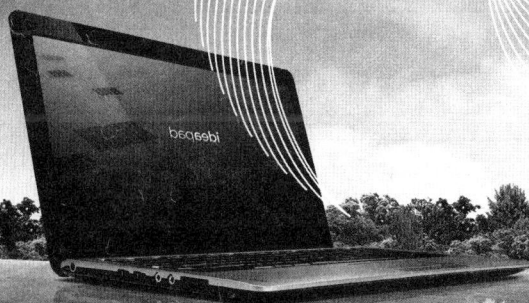

大连理工大学出版社
东软电子出版社

图书在版编目（CIP）数据

软件工程实用教程 / 石冬凌，张应博，邹启杰主编.
大连：大连理工大学出版社，2011.4
高等教育计算机类课程规划教材
ISBN 978-7-5611-6178-4

Ⅰ．①软… Ⅱ．①石… ②张… ③邹… Ⅲ．①软件工
程－高等学校－教材 Ⅳ．①TP311.5

中国版本图书馆 CIP 数据核字（2011）第 067019 号

大连理工大学出版社出版
东软电子出版社出版
地址：大连市软件园路 80 号　邮政编码：116023
电话：0411-84708842　邮购：0411-84703636　传真：0411-84701466
E-mail:dutp@dutp.cn　URL:http://www.dutp.cn
大连理工印刷有限公司印刷　　大连理工大学出版社发行

幅面尺寸:185mm×260mm　　印张:19.5　　字数:446 千字
印数:1～2500　　　　　　　　　　　附件:光盘一张
2011 年 4 月第 1 版　　　　2011 年 4 月第 1 次印刷

责任编辑:潘弘喆　武映峰　　　　责任校对:潘素君
封面设计:张　莹

ISBN 978-7-5611-6178-4　　　　定　价:45.00 元

前　言

软件工程是一门计算机科学与技术专业的专业基础学科，也是面向应用的工程性学科，是计算机专业九大主干课程之一。之所以说它基础，是因为这门课程总结了长久以来自软件诞生开始人们在软件开发过程中的种种经验教训和指导性原则，形成了一套相对完整的软件开发思想体系，并且在构建过程中，综合运用了许多计算机科学中的基础学科知识，是一门综合性的学科，是理论与实践相结合的综合载体。总体来讲，这门学科一方面关注软件开发过程中使用的技术方法和工具，另外一方面，强调了软件工程在实践过程中应当遵循的基本原理和指导性原则。

软件工程是一门发展迅速的新兴学科，随着软件的影响力在工作和生活中不断深入和扩大，新的理论、技术、工具和环境不断出现，推动软件工程学科的不断发展。本教材着重从理论与实践两个角度引导具有一定软件开发基础的初学者领略软件工程思想的精髓，希望能够以此帮助初学者提升软件开发的质量。

软件工程的教材风格一般分为两种。第一种是大而全，几乎将所有的理论都罗列出来，使得学生在学习和理解上感到眼花缭乱，很难将其与实际应用联系起来；另一种是专门针对其中的某一项技术进行阐述，忽略了软件工程的理论基石，特别是项目管理在软件开发过程中的作用，使得读者对软件工程的理解略显单薄。

本教材以软件工程的理论作为基础，介绍了项目管理在软件工程中的作用，并抓住目前主流的两种基本的系统分析和设计方法（结构化方法和面向对象方法），结合学生项目实践经验欠缺的特点进行设计和编写。本教材突出了理论联系实际，从实践中体会、理解理论的特点，以期让学生达到学以致用的目的。

新世纪

全书共分为三大部分。第一部分是软件工程引论,包括第1章软件工程概述和第2章软件工程管理。第1章整体性地介绍了软件工程的历史及现状,软件工程的作用,着重介绍了软件开发的基本过程模型。第2章集中介绍了软件工程管理中重点涉及的进度、质量、组织、风险等方面的管理内容和手段。第二部分是传统软件工程方法,包括从第3章需求工程到第7章软件维护的内容。在这部分内容中按照软件的生命周期顺序介绍了软件开发过程中所涉及的基础理论知识,并以传统软件工程方法为依托,介绍了如何结合理论应用具体的结构化方法进行实际项目的开发。第三部分是面向对象软件工程部分,包括从第8章面向对象技术概述到第14章系统的动态模型的内容。这部分内容承接了第二部分所讲述的软件工程基础理论和原则,针对面向对象思想的特点,以一个实际案例为背景,介绍了面向对象的系统分析和设计方法。在案例的讲述中采用了UML技术对系统进行建模,以RUP过程模型为过程指导,重点讲述了初始阶段和细化阶段中系统的推进过程。

为方便教师教学及学生学习,本教材配套光盘中提供了电子课件、程序代码等教学资源,光盘由东软电子出版社组织内容、完成制作。教学资源可到东软电子出版社网站上下载,网址是 http://press.neusoft.edu.cn,联系电话 0411-84835089。

本教材由石冬凌、张应博、邹启杰主编,具体编写分工为:第1章~第3章由张应博编写,第4章~第7章由邹启杰编写,第8章~第14章由石冬凌编写;石冬凌负责本教材的组织工作并审读了全书。

在本教材的策划和组稿过程中,得到了大连东软信息学院董本清、乔婧老师的大力支持和帮助,在此向他们表示衷心的感谢。在本教材编写过程中,编者参阅了国内外许多前辈和同行编写的软件工程教材及专著,这里不能一一列出,在此对这些作者表示深深的感谢。

由于编者水平有限,加之时间仓促,书中难免会存在缺点与不足,希望广大读者与教师提出宝贵意见,并将意见和建议及时反馈给我们,以便下次修订时改进。

所有意见和建议请发往:dutpbk@163.com

欢迎访问我们的网站:http://www.dutpgz.cn

联系电话:0411-84707492　84706104

编　者

2011 年 4 月

目 录

第一篇 软件工程引论

第二篇　传统软件工程方法

第三篇 面向对象软件工程

第一篇

软件工程引论

第1章 软件工程概述

近年来,随着微电子学技术的飞速发展,计算机硬件性价比平均每 10 年至少提高两个数量级,而且其质量也不断提高;但与此同时,计算机软件系统的成本却在逐年上升,规模越来越庞大,结构也越来越复杂,由于软件错误而导致灾难性后果的报道屡见不鲜,软件开发的生产率也越来越满足不了计算机应用日益普及的需求,成为制约计算机发展的关键因素。

在计算机系统发展早期,软件开发基本上沿用"软件作坊"式的个体化方法,这种方法在软件开发和维护过程中遇到了一系列严重问题:程序质量低下、错误频出、进度延误、费用剧增等,这些问题最终导致了"软件危机"。1968 年,北大西洋公约组织的计算机科学家在联邦德国召开国际会议讨论软件危机问题,正式提出并使用了"软件工程"这个名词,从此诞生了一门新兴的工程学科。

人们针对"软件危机"现象提出的多种解决方法归纳起来有两类:一是采用工程方法来组织、管理软件的开发过程;二是深入探讨程序和程序开发过程的规律,建立严密的理论,以期能够用来指导软件开发实践。前者导致"软件工程"的出现和发展,后者则推动了形式化方法的深入研究。

1.1 软件的概念与特点

1983 年,IEEE 给出了软件的如下定义:计算机程序、方法、规则和相关文档资料以及在计算机上运行时所必需的数据。目前对软件比较公认的解释是:程序、支持程序运行的数据以及与程序有关的文档资料的完整集合。其中,程序是按事先设计的功能和性能要求执行的指令序列,数据是使程序能正常操作信息的数据结构,文档是与程序开发、维护和使用有关的图文材料。

软件具有以下一些特点:

(1)软件是一种逻辑实体,它具有抽象性。

(2)由于软件是被开发或设计的(不是传统意义上被制造的),所以软件成本集中在开发上,对软件的质量控制必须从软件的开发着手。

(3)与机械、电子设备不同,软件在运行和使用过程中没有磨损、老化问题。前者在运行和使用中的故障率大都遵循如图 1-1(a)所示的 U 形曲线(即浴缸曲线);虽然软件不存在磨损和老化问题,但是它会退化,要不断地根据实际需求进行修改或维护,其故障率表现为如图 1-1(b)所示的锯齿形。因此,软件维护要比硬件维护复杂得多。

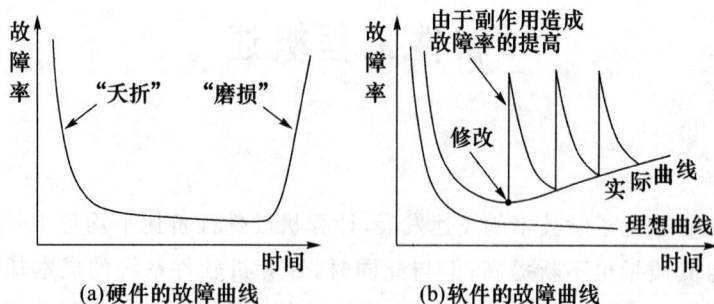

(a)硬件的故障曲线   (b)软件的故障曲线

图 1-1   故障率曲线

(4)软件一旦研制成功,其生产过程就变成复制过程,不像其他工程产品那样有明显的制造的特征,但是会出现软件产品版权保护问题。

(5)软件的开发和运行常受到计算机硬件和运行环境的限制,这带来了软件升级和移植的问题,所产生的维护成本通常比开发成本要高许多。

(6)虽然软件产业正在朝着构件化组装方向发展,但大多数软件仍然是定制的,尤其是软件开发尚未完全摆脱手工开发方式,尽管市场上有辅助开发工具,但最终的核心代码仍必须由程序员手工编写和组织;再加上人们对计算机的依赖程度越来越高,对软件的需求数量和规模越来越大。这同时导致软件开发人员的工作压力越来越大。

(7)软件本身是复杂的,其复杂性可能来自它所反映的实际问题,也可能来自程序的逻辑结构,还可能会受到软件项目过程管理中主客观因素的影响。

(8)涉及因素多。相当多的软件工作不但涉及社会因素,而且涉及人类社会各行各业及其他领域的专门知识。许多软件的开发和运行涉及机构、体制及管理方式等问题,某些情况下甚至涉及人的观念和人们的心理。所有这些均会直接影响到项目的成败。这对软件工程师提出了很高的要求,最终使得软件开发的分工更加明确、细致。

(9)由于软件研制工作需要投入大量、复杂、高强度的脑力劳动,导致了软件成本昂贵。软件不单是一种在市场上推销的工业产品,往往又是与文学艺术作品相似的精神作品。与体力劳动相比,精神活动过程特点中的"不可见性"大大增加了组织管理上的困难。

1.2   软件的分类

1. 按软件的功能进行划分

(1)系统软件:是指与计算机硬件紧密配合,使计算机系统各部件能够正常运行,使相关软件和数据协调、高效工作的软件。例如,操作系统、设备驱动程序、数据库管理系统以及通信处理程序等。

(2)支撑软件:协助用户软件开发的工具性软件,其中包括软件开发环境、中间件、程序库、软件辅助设计工具、软件辅助测试工具等。

(3)应用软件:为特定应用目的而开发、在特定领域内提供某些服务的软件。

2. 按软件规模进行划分

按照开发软件所投入的人力、时间等资源以及软件交付的文档和源程序行数,即软件规模,可将软件划分为 6 种,如表 1-1 所示。

一般来说,规模大、开发周期长、投入人员多的软件,其开发工作必须严格按照软件工程方法进行;而规模小的软件由于投入有限,不可能完全按照软件工程方法实施,需要开发人员根据具体情况来调整软件工程的部分实施过程。

表 1-1　　　　　　　　　　　　软件规模的分类

分　类	参加人员	开发期限	程序规模/源程序行数	特　征
微型	1	1 周～4 周	500 行以下	不必有严格的设计和测试文档
小型	1～2	1 月～6 月	1k～2k	通常没有与其他程序的接口
中型	3～5	1 年～2 年	5k～50k	需要有严格的文档和设计规范
大型	5～20	2 年～3 年	50k～100k	需要按照软件工程方法进行管理
超大型	100～1000	4 年～5 年	1M(＝1000k)	必须按照软件工程方法开发,有严格的质量管理措施
巨型	2000～5000	5 年～10 年	1M～10M	同上

3. 按软件工作方式进行划分

(1)实时处理软件:是指在事件或数据产生时需要立即予以处理并及时反馈信号以控制被监控过程的软件,这类软件包括数据采集、分析、输出三部分。

(2)分时软件:允许多个联机用户同时使用计算机的软件。

(3)交互式软件:能实现人机通信的软件。

(4)批处理软件:指把一组输入作业或一批数据以批处理的方式一次运行并按顺序逐个处理的软件。

4. 按软件服务对象的范围进行划分

(1)项目软件:也称定制软件,是受某特定客户的委托,由一个或多个软件开发机构在合同约束下开发的软件。例如,气象预测分析软件、交通监控指挥系统、卫星控制系统等。

(2)产品软件:指由软件开发机构开发并直接提供给市场为众多用户服务的软件。例如,文字处理软件、图片处理软件、财务处理软件、人事管理软件等。

5. 按使用的频度进行划分

有些软件开发出来仅供一次使用(例如,用于人口普查、工业普查的软件),另外有些软件具有较高的使用频度(例如,天气预报软件等)。

6. 按软件失效的影响进行划分

有些软件在工作中出现故障而失效后,可能对整个软件系统的影响不大;而有些软件一旦失效,就可能带来灾难性后果(例如,财务金融软件、交通通信软件、航空航天软件等),这类软件称为关键软件。

1.3　软件的发展和软件危机

从 20 世纪 40 年代中期世界上第一台计算机出现以后,程序的概念就产生了,随后几十年中,计算机软件经历了 3 个发展阶段:程序设计阶段(约为 20 世纪 50 至 60 年代);程序系统阶段(约为 20 世纪 60 至 70 年代);软件工程阶段(约为 20 世纪 70 年代以后)。如表 1-2 所示。

1. 软件发展最根本变化的体现

(1)人们改变了对软件的看法。早在 20 世纪五六十年代,程序设计曾经被看做是一种自由发挥创造才能的技术领域,当时人们认为,只要能在计算机上得出正确的结果,程序的写法可以不受任何约束。随着计算机使用的日趋广泛,人们不断提出更高的要求(例如,要求程序易懂、易用、易于修改和扩充),于是程序便从按个人意图创造的“艺术品”转变为能被广大用户接受的工程化产品。

表 1-2　　　　　　　　　　计算机软件发展的 3 个阶段及其特点

描述内容＼阶段	程序设计	程序系统	软件工程
软件所指内容	程序	程序及说明书	程序、文档及数据
主要程序设计语言	汇编及机器语言	高级语言	软件语言*
软件工作范围	程序编写	包括设计和测试	包括整个软件生存周期
需求者	程序设计者本人	少数用户	市场用户
开发软件的组织	个人	开发小组	开发小组及大、中型软件开发企业
软件规模	小型	中、小型	大、中、小型
决定质量的因素	个人程序设计技术	小组技术水平	管理水平
开发技术和手段	子程序、程序库	结构化程序设计	数据库、开发工具、工程化开发方法、标准和规范、网络和分布式开发、面向对象技术、软件过程与过程改进
维护责任者	程序设计者	开发小组	专职维护人员
硬件特征	价格高、存储容量小、工作可靠性差	降价幅度、速度、存储容量及工作可靠性有明显提高	向超高速、大容量、微型化及网络化方向发展
软件特征	完全不受重视	软件技术的发展不能满足需求,出现软件危机	开发技术有进步,但未获突破性进展,价格高,未完全摆脱软件危机

* 软件语言包括需求定义语言、软件功能语言、软件设计语言、程序设计语言等。

(2)需求是软件发展的动力。早期为了满足自己的需要,程序开发者不拘风格地自由创作的生产方式是软件发展初级阶段的表现。进入软件工程阶段后,软件开发的成果具有社会属性,它要在市场中流通以满足广大用户的需要。

(3)软件工作的考虑范围从只顾程序的编写扩展到涉及整个软件生命周期。随着计算机硬件技术的进步,要求软件能与之相适应。这个时期出现了"软件作坊",它基本上仍然沿用早期的个体化软件开发方法,由于缺乏统一的管理和协调,导致许多开发项目由于软件质量问题造成巨大损失;同时随着产品的增加,软件开发力量不得不全部投入维护,没有能力继续开发新的应用系统,这就造成了计算机应用进一步发展的停滞,即20世纪60年代的"软件危机"现象。软件危机是指在计算机软件的开发和维护过程中所遇到的一系列严重问题,主要有以下一些表现形式。

①软件代价高。随着软件产业的发展,软件成本日益增长,而计算机硬件随着技术的进步、生产规模的扩大,价格不断下降,造成软件代价在计算机系统中所占的比例越来越大。20世纪50年代,软件成本在整个计算机系统中所占的比例不大,约为10%～20%;到20世纪60年代中期已经增长到50%左右;20世纪70年代以后,软件代价高的问题不仅没有解决,反而进一步加深了。图1-2大体表示了一个计算机系统中,硬件和软件所占费用的比例变化。

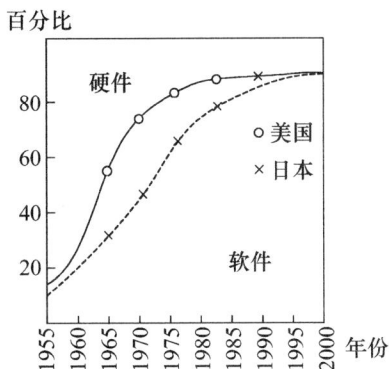

图1-2 软件与硬件费用之比

②开发进度难以控制。软件是一种逻辑的系统元素。为了完成一个复杂的软件,常要建立庞大的逻辑体系。同样的算法可以由差别甚大的不同程序形式来实现,在研究大型系统时遇到的困难也是越来越多,而这些实际往往只存在于人的头脑之中。因此,软件的开发过程是极难加以控制的。

③工作量估计困难。为软件开发制订进度很困难,对一个任务,通常需要根据其复杂性、工作量及进度要求来安排人力,但这种工作量估算方式仅对各部分工作独立的开发任务适用,软件系统整体各部分之间存在的任务合作与交流活动的工作量则很难估算。由于软件系统结构复杂,各部分之间的附加联系极大,在拖延的软件项目上增加人力通常只会使其更难按期完成。这对于一般的工业产品来说是难以想象的。

④质量差。软件产品的质量与其他商品的质量问题有着很大的不同。使用"软件作坊"开发软件的方法沿袭了早期形成的个体化方式,软件(程序)开发过程没有交互性,软件的规划、设计、测试和维护都只能由某一个人全部负责,只有程序清单而没有任何正式的软件规划文档,这就使得软件修改和维护十分困难,有时甚至变得不可能。此外,软件

规模和数量的急剧增加以及用户需求的不断变化，也使得软件的质量控制成为一个很难解决的问题，这是由于软件所处的特殊地位造成的。

⑤修改、维护困难。当软件系统变得庞大、问题变得复杂时，常常还会发生"纠正一个错误却带来更多新错误"的问题。此外，人们习惯地认为软件易于修改、容易扩充，因此在系统投入运行后为适应新环境，经常提出要求进行维护，这样产生的维护工作量将难于估算。根据1999年美国的Standish Group对当年美国的软件项目的统计数字表明（如图1-3所示），只有26%的软件项目是真正成功的，46%是有问题的，28%的项目是干脆失败的。这些存在问题的或是失败的项目带来的直接损失约870亿美金，占美国当年全部IT投资（2550亿美金）的近40%，而由这些项目所带来的间接损失则是无法估量的，在全部这些项目中，平均超期189%，平均超预算222%，平均27个月滞后于最终用户的需求，更有80%的资源被开销在对应用的维护上。

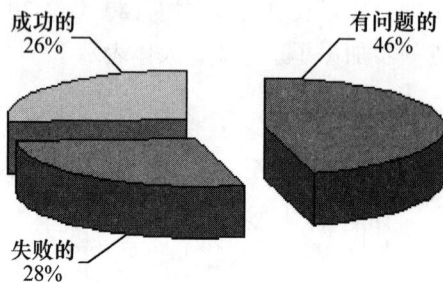

成功的 26%　有问题的 46%　失败的 28%

图1-3　Standish Group 报告

总之，在软件整个生命周期中，错误发现得越晚，纠正错误所要付出的代价也就越大，其原因是：测试日趋复杂，修改的文件和文本需分发的范围更广，多次反复以前的测试，问题和修改信息传递的范围更大，涉及的人员更多。

有资料表明，在数据处理方面，30%～80%的预算往往用于软件维护工作，这就直接造成了软件成本的增长。

2. 产生软件危机的根本原因是软件面临的问题空间的复杂性

软件的应用领域很广，面临的问题很复杂，所以涉及的处理技术也十分广泛，包括信息技术、网络技术、人机界面技术、人机会话环境技术等；另外，面临的问题空间往往还牵涉到管理体制、组织机构、内外部环境、用户水平、经济学、心理学等许多非技术问题。问题空间的复杂性决定了软件系统的复杂性。

产生软件危机的另一个重要原因是计算机硬件体系结构的发展速度滞后于软件应用面拓展速度。时至今日，硬件的体系结构基本未变，从五大组成部件来看，出现了图形扫描仪、光笔、绘图机等许多新式输入输出设备，多CPU的计算机在实时系统中得到应用，内外存的容量和存取速度有很大提高，但是，这些部件的变化都只是硬件功能的完善、性能的提高，属于改良性质的变化。但计算机的硬件体系结构仍属于冯·诺依曼计算机，它的基本特征是：顺序地执行程序指令，按地址访问线性的存储空间，数据和指令在机内采用统一的表示形式，只能完成四则运算和一部分逻辑运算。冯氏计算机的初衷是为数值计算服务的，然而随着计算机应用领域的扩大，所面临的问题90%以上是非数值计算。为了满足用户的需求，或在逻辑上构建许多的软件层次，每一软件层次都可以看做是一种语言的翻译器或解释器，用这种方法来填补用户和裸机之间的鸿沟。简单地说，就是把解题过程分解成一系列能由冯氏计算机处理的四则运算和逻辑运算，这就使软件非常庞大，开发工作十分困难，软件的可靠性和可维护性也相应变差。因此，可以说，正是因为把以科学计算为基础的冯氏计算机应用在非数值计算的数据处理中（会计信息系统属于此类处理），人们成功地把危机转嫁到了软件上。

软件危机的产生，除了上述两个主要原因之外，还与人们在软件开发和维护中采用错误的方法有关。

软件系统的复杂性虽然给开发和维护带来了客观困难，但是人们在开发和使用计算机系统的长期实践中也积累了许多经验，如果坚持不懈地使用经过实践证明是正确的方法，许多困难是完全可以克服的。但是，目前相当多的开发人员对软件开发和维护还有不少糊涂的观念，在实践中或多或少地采用错误的技术和方法，如忽视软件的维护性等。这些关于软件开发和维护的错误认识和做法是产生软件危机的第三个重要原因。

此外，软件危机的形成还有如下一些原因：

（1）用户需求不明确，体现在 4 个方面：软件开发出来之前，用户自己不清楚其具体需求；用户对软件需求的描述不精确（有遗漏或者二义性）甚至有错误；软件开发过程中用户不停地提出修改要求（例如，修改软件功能、界面和支撑环境等）；软件开发人员对用户的理解与用户本来愿望有差异。

（2）缺乏正确的理论指导，特别是缺乏有力的方法学和工具方面的支持。

（3）软件规模越来越大。

（4）软件复杂度越来越高。

（5）软件灵活性要求高。

影响软件生产率与质量的因素十分复杂，包括个人能力、团队协作、产品复杂度、合适的符号表达方式、可利用的时间地点以及其他因素（诸如技术水平、变更控制、采用的方法、对问题的理解、需求稳定程度、设施及资源、相应的培训、管理水平、恰当的目标以及期望的高低等）。

3. 消除软件危机的途径

如前所述，软件危机产生的重要原因之一在于硬件体系结构的发展与软件应用的发展不适应，因此，解决软件危机的理想办法是计算机硬件结构的智能化，用硬件来判断、联想多值逻辑的思维功能。比如，使用者只需要用自然语言（而不是程序设计语言）描述清楚所要解决的问题，至少再给一些解决该问题需要的知识和规则，计算机就能自动进行推理和运算，正确解决用户提出的问题，那么软件危机就会得到根本性的解决。上述设想正是日、美等国正在积极研究的第五代计算机的目标之一。

然而目前的情况是，很可能在相当一段时间内人们不得不继续使用冯氏计算机来解决所有领域内的应用问题，因此我们必须研究在计算机体系结构和功能没有根本变革的情况下，解决软件危机的办法。软件工程学科正是从研究软件开发和维护的方法学方面来找解决软件危机途径的。

1.4　软件工程的目标和原则

1. 软件工程的定义

Fritz Bauer 曾经为软件工程下了如下定义：软件工程是为了经济地获得能够在实际机器上有效运行的可靠软件而建立和使用的一系列完善的工程化原则。1993 年 IEEE 给出的定义为：软件工程是将系统化的、规范的、可度量的方法应用于软件的开发、运行、维护过程，即将工程化应用于软件中方法的研究。目前人们给出的一般定义是：软件工程是一门旨在生产无故障的、及时交付的、在预算之内且满足用户需求的软件的学科。实质上，软件工程就是采用工程的概念、原理、技术和方法来开发与维护软件，把经过时间考验而证明正确的管理方法和最先进的软件开发技术结合起来，应用到软件开发和维护过程中，来解决软件危机问题。

软件工程包括 3 个要素：方法、工具和过程。软件工程的层次如图 1-4 所示。

图 1-4　软件工程层次

软件工程方法为软件开发提供了"如何做"的技术。它包括了多方面的任务，如项目计划与估算、软件系统需求分析、数据结构、系统总体结构的设计、算法过程的设计、编码、测试以及维护等。

软件工具为软件工程方法提供了自动的或半自动的软件支撑环境。目前，已经推出了许多软件工具，这些软件工具集成起来，建立起了称为计算机辅助软件工程（CASE）的软件开发支撑系统。CASE 将各种软件工具、开发机器和一个存放开发过程信息的工程数据库组合起来形成一个软件工程环境。

软件工程的过程则是将软件工程的方法和工具综合起来以达到合理、及时地进行计算机软件开发的目的。过程定义了方法使用的顺序、要求交付的文档资料、为保证质量和协调变化所需要的管理以及软件开发各个阶段完成的里程碑。

2. 软件工程的目标

软件工程的目标是：在给定成本、进度的前提下，开发出具有可修改性、有效性、可靠性、可理解性、可维护性、可重用性、可适应性、可移植性、可追踪性和可互操作性并满足用户需求的软件产品。追求这些目标有助于提高软件产品的质量和开发效率，减少维护的困难。

（1）可修改性（Modifiability）。允许对系统进行修改而不增加原系统的复杂性。它支持软件的调试与维护，是一个难以度量和难以达到的目标。

（2）有效性（Efficiency）。软件系统能最有效地利用计算机的时间资源和空间资源。

各种计算机软件无不将系统的时/空开销作为衡量软件质量的一项重要技术指标。很多场合,在追求时间有效性和空间有效性方面会发生冲突,这时不得不牺牲时间效率换取空间有效性或者牺牲空间效率换取时间有效性,时/空折中是经常出现的。有经验的软件设计人员会巧妙地利用折中的概念,在具体的物理环境中实现用户的需求和自己的设计。

(3)可靠性(Reliability)。能够防止因概念、设计和结构等方面的不完善造成的软件系统失效,具有挽回因操作不当造成软件失效的能力。对于实时嵌入式计算机系统,可靠性是一个非常重要的目标,因为软件要实时地控制一个物理过程,如宇宙飞船的导航、核电站的运行等,如果可靠性得不到保证,一旦出现问题就可能是灾难性的,后果不堪设想。因此,在软件开发、编码和测试过程中,必须将可靠性放在重要地位。

(4)可理解性(Understandability)。系统应当具有清晰的结构,能直接反映问题的需求。可理解性有助于控制软件系统的复杂性,并支持软件的维护、移植或重用。

(5)可维护性(Maintainability)。软件产品交付用户使用后,能够对它进行修改,以便纠正潜伏的错误以及改进性能和其他属性,使软件产品适应环境的变化。由于软件是逻辑产品,只要用户需要,它可以无限期地使用下去,所以软件维护是不可避免的。软件维护费用在软件开发费用中占有很大的比重。可维护性是软件工程中一项非常重要的目标。软件的可理解性和可修改性有利于软件的可维护性。

(6)可重用性(Reusability)。概念或功能相对独立的一个或一组相关模块定义为一个软部件。软部件可以在多种场合应用的程度称为部件的可重用性。可重用的软部件有的可以不加修改直接使用,有的需要修改以后再用。可重用软部件应具有清晰的结构和注释以及正确的编码和较低的时/空开销。各种可重用软部件还可以按照某种规则存放在软部件库中,供软件工程师们选用。可重用性有助于提高软件产品的质量和开发效率,同时还可以降低软件的开发和维护费用。

(7)可适应性(Adaptability)。它是软件在不同的系统约束条件下,使用户需求得到满足的难易程度。适应性强的软件应采用广为流行的程序设计语言编码,在广为流行的操作系统环境下运行,采用标准的术语和格式书写文档。适应性强的软件较容易推广使用。

(8)可移植性(Portability)。它是指软件从一个计算机系统或环境移到另一个计算机系统或环境的难易程度。为了获得比较高的可移植性,在软件设计过程中通常采用通用的程序设计语言和运行支撑环境。对依赖于计算机系统的低级(物理)特征部分,如编译系统的目标代码生成,它相对独立且集中,这样与处理机无关的部分就可以移植到其他系统上使用。可移植性支持软件的可重用性和可适应性。

(9)可追踪性(Traceability)。它是根据软件需求对软件设计、程序进行正向跟踪或根据程序、软件设计对软件需求进行逆向追踪的能力。软件可追踪性依赖于软件开发各个阶段文档和程序的完整性、一致性和可理解性。降低系统的复杂性会提高软件的可追踪性。软件在测试或维护过程中以及程序在执行期间出现问题时,应记录程序事件或有关模块中的全部或部分指令现场,以便分析、追踪产生问题的因果关系。

(10)可互操作性(Interoperability)。它是指多个软件元素相互通信并协同完成任务的能力。为了实现可互操作性,软件开发通常要遵循某种标准(如 J2EE、DCOM、CORBA 等),支持这种标准的环境将为软件元素之间的可互操作提供便利。可互操作性在分布计算环境下尤为重要。

在具体项目的实际开发中,企图让以上几个目标都达到理想的程度往往是非常困难的。

图 1-5 表明了软件工程目标之间存在的相互关系。其中有些目标之间是互补关系,例如,易于维护和高可靠性之间,低开发成本与按时交付之间。还有一些目标是彼此互斥的,例如,低开发成本与软件可靠性之间、提高软件性能与软件可移植性之间就存在冲突。

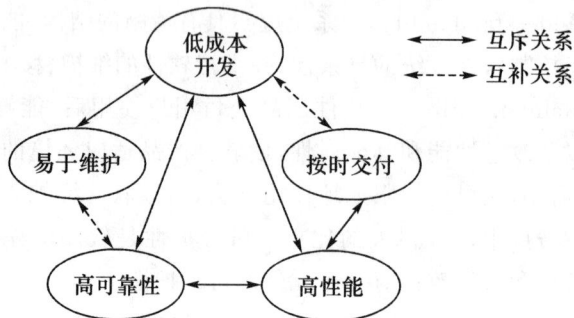

图 1-5 软件工程目标之间的关系

3. 软件工程的七条基本原理

自从 1968 年提出"软件工程"这一术语以来,研究软件工程的专家学者陆续提出了 100 多条关于软件工程的准则或信条。美国著名的软件工程专家 Boehm 综合这些专家的意见,并总结了 TRW 公司多年开发软件的经验,于 1983 年提出了软件工程的七条基本原理。Boehm 认为,这七条原理是确保软件产品质量和开发效率的原理的最小集合。

七条原理之间是相互独立的,是缺一不可的最小集合;同时,它们又是相当完备的。人们当然不能用数学方法严格证明它们是一个完备的集合,但是可以证明,在此之前已经提出的 100 多条软件工程准则都可以由这七条原理的任意组合蕴含或派生。

(1)用分阶段的生命周期计划严格管理。这一条是吸取前人的教训而提出的。统计表明,50%以上的失败项目是由于计划不周而造成的。在软件开发与维护的漫长生命周期中,需要完成许多性质各异的工作。这条原理意味着,应该把软件生命周期分成若干阶段,并相应制订出切实可行的计划,然后严格按照计划对软件的开发和维护进行管理。Boehm 认为,在整个软件生命周期中应指定并严格执行 6 类计划:项目概要计划、里程碑计划、项目控制计划、产品控制计划、验证计划、运行维护计划。

(2)坚持进行阶段评审。统计结果显示:大约 63%的错误是在编码之前造成的,错误发现的越晚,改正它要付出的代价就越大(要差 2 到 3 个数量级)。因此,软件的质量保证工作不能等到编码结束之后再进行,应坚持进行严格的阶段评审,以便尽早发现错误。

(3)实行严格的产品控制。开发人员最痛恨的事情之一就是改动需求,但是实践告诉我们,需求的改动往往是不可避免的,这就要求我们要采用科学的产品控制技术来顺应这种要求,也就是要采用变动控制,又称为基准配置管理。当需求变动时,其他各个阶段的文档或代码随之相应变动,以保证软件的一致性。

(4)采纳现代程序设计技术。从 20 世纪六七十年代的结构化软件开发技术到最近的面向对象技术,从第一、第二代语言到第四代语言,人们已经充分认识到:采用先进的技术既可以提高软件开发的效率,又可以减少软件维护的成本。

(5)结果应能清楚地审查。软件是一种看不见、摸不着的逻辑产品,因此软件开发小组的工作进展情况可见性差,难于评价和管理。为更好地进行管理,应根据软件开发的总目标及完成期限,尽量明确地规定开发小组的责任和产品标准,从而使所得到的标准能清楚地审查。

(6)开发小组的人员应少而精。开发人员的素质和数量是影响软件质量和开发效率的重要因素,应该少而精。这一条基于两点原因:高素质开发人员的效率比低素质开发人员的效率要高几倍到几十倍,开发工作中犯的错误也要少得多,当开发小组为 N 人时,可能的通讯信道为 $N(N-1)/2$,可见随着人数 N 的增大,通讯开销将急剧增大。

(7)承认不断改进软件工程实践的必要性。遵从上述六条基本原理,就能够较好地实现软件的工程化生产,但是,它们只是对现有经验的总结和归纳,并不能保证赶上技术不断前进发展的步伐。因此,Boehm 提出应把承认不断改进软件工程实践的必要性作为软件工程的第七条原理。根据这条原理,不仅要积极采纳新的软件开发技术,还要注意不断总结经验,收集进度和消耗等数据,进行出错类型和问题报告统计。这些数据既可以用来评估新的软件技术的效果,也可以用来指明必须着重注意的问题和应该优先进行研究的工具和技术。

1.5　软件过程及其模型

软件开发应该是一种组织良好、管理严密、各类人员协同配合、共同完成的工程项目,需要充分吸收和借鉴人类长期以来从事各种工程项目所积累的行之有效的管理、概念、技术和方法,特别要吸取几十年来人类从事计算机硬件研究和开发的经验教训。经过几十年的软件开发实践证明:按工程化的原则和方法组织管理软件开发工作是有效的,是摆脱软件危机的一个主要出路。为了解决软件危机,既要有技术措施(方法和工具),又要有必要的组织管理措施(例如软件质量管理、配置管理)。软件工程正是从管理和技术两方面研究如何摆脱"软件危机",如何更好地开发和维护计算机软件的一门新兴学科。

1.5.1　软件过程

软件工程是一种层次化的技术(如图 1-4 所示)。软件工程的基础是软件过程,而软件过程是生产软件的途径,是为了获得软件产品而需要完成的一系列有关软件工程的活动,它与软件生存期模型、软件开发工具以及参与开发的人员等多方面因素有关。将软件过程与技术层结合在一起,以便及时、合理地开发出计算机软件。软件过程中定义了一组关键过程域(KPA),用以构成软件项目管理控制的基础,并建立了一个语境来规定技术方法的采用、工程产品(模型、文档、数据、报告、表格等)的产生、里程碑的建立、质量的管理以及适当的变更管理。

一个软件过程的表示形式如图 1-6 所示,通过定义若干框架活动来建立公共过程框架,每一个任务集合都由软件工程工作任务、项目里程碑、软件工程产品(交付物)和质量保证点组成,通过多个任务集合来保证框架活动可被修改,以适应不同软件项目特征和项目组的需要。此外,保障性活动(如软件质量保证、软件配置管理和测试等)等覆盖了整个过程模型,它独立于任何一个框架活动且贯穿于整个软件过程。

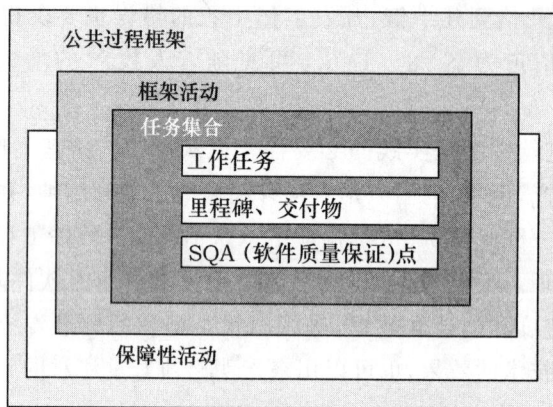

图 1-6　软件过程示意图

一个软件过程描述的构成元素称为过程元素。每个过程元素包括一组妥善定义的、有限制的、紧密相关的作业(例如软件估计元素、软件设计元素等)。过程元素的描述可以是待填充的样板、待完成的片段、待精炼的抽象描述、待修改的完整描述或已使用的无需修改的完整描述。已识别的软件过程元素分成以下 3 类:

(1)主要的软件过程元素:包括项目估算、项目计划、发现过程、需求定义、概念设计、详细设计、实现过程、部署/维护过程。

(2)支持的软件过程元素:包括配置管理、文档编制、质量保证、测试、组间协调等。

(3)组织的软件过程元素:包括基础设施、高层管理、软件过程改进、培训等。

标准软件过程是组织中所有软件开发和项目维护共用的软件过程,是项目定义软件过程的基础,它保证组织过程活动的连续性,是组织软件过程的测量和长期描述。标准软件过程中软件过程体系结构则是对组织标准软件过程的高层次(即概括的)描述,它描述标准软件过程中软件过程元素的排序、界面、相互依赖关系及其他关系。标准软件过程体系结构如图 1-7 所示,详细的软件过程层次体系结构如图 1-8 所示。

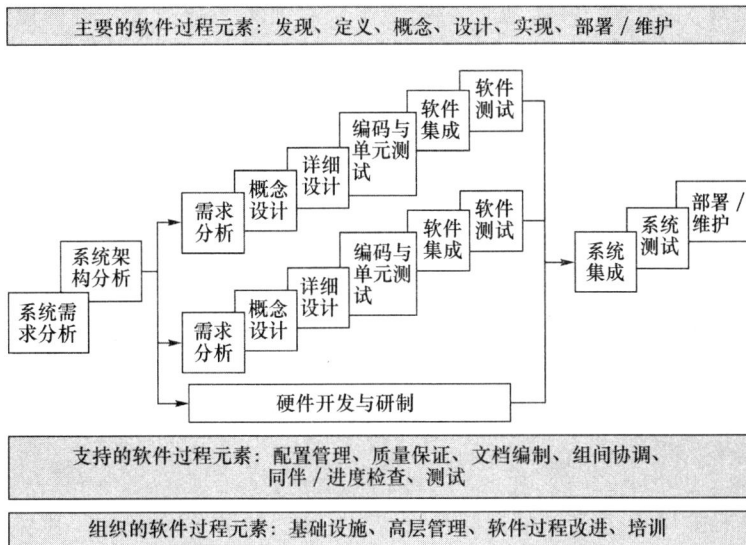

图 1-7　标准软件过程体系结构图

图 1-8　详细的软件过程层次体系结构

过程元素之间的关系如图 1-9 所示。

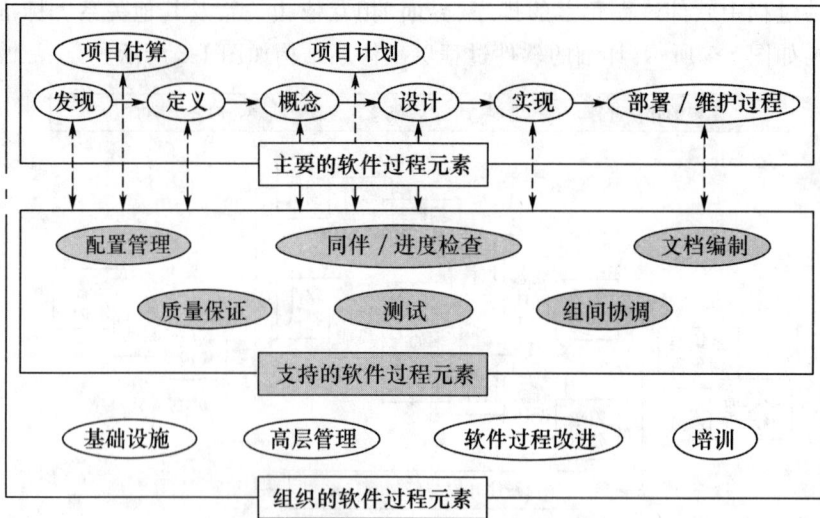

图 1-9　过程元素之间的关系

ISO 组织 1995 年公布了新的国际标准《ISO/IEC12207 信息技术——软件生存期技术》。该标准定义了 17 个过程,其结构如表 1-3 所示。软件过程将软件开发需要完成的活动概括为 3 大过程,每一过程又分别包含多个子过程。

表 1-3　　　《ISO/IEC12207 信息技术——软件生存期技术》定义的软件过程

软件过程																
主要过程					支持过程								组织过程			
获取过程	供应过程	开发过程	运行过程	维护过程	文档编制过程	配置管理过程	质量保证过程	验证过程	确认过程	联合评审过程	审核过程	问题解决过程	管理过程	基础设施过程	改进过程	培训过程

1. 主要过程

(1)获取:由需方获取系统、软件产品或软件服务的活动并定义需求,然后委托供方或双方一起进行需求分析,需求分析的结果要由需方确认。

(2)供应:供方向需方提供系统、软件产品或软件服务的活动。

(3)开发:开发者定义并且开发软件产品的活动。

(4)运行:供方协助需方制订运行计划并进行运行测试,最终由使用者运行系统。

(5)维护:用户对系统运行中出现的问题进行记录,维护者提供系统维护服务的活动。

2. 支持过程

(1)文档编制:包括制订文档标准,确认文档信息的来源和适宜性,进行文档评审和编辑,批准文档发布,控制文档的生产、提交、存储以及负责文档的维护。

(2)配置管理:包括配置标识、配置控制、记录配置状态、评价配置、发行管理。

(3)质量保证:为确保软件产品和软件过程符合规定的需求并能够按照计划进行所需要的活动。

(4)验证:为证明一个产品符合要求所进行的工作,包括拟定合同、确立软件过程、需求分析、软件设计、编码、集成和文档的验证。

(5)确认:为确保最终产品满足预期使用要求的活动,包括对测试结果、软件产品用途和产品适用性的确认。

(6)联合评审:实施项目管理评审、技术评审。

(7)审核:检验项目是否符合需求、计划、合同、规约和标准。

(8)问题解决:分析开发、运行、维护或其他相关过程中出现的问题,并提出相应对策来解决。

3. 组织过程

(1)管理:制订计划、监控计划的实施以及评价计划的实施情况,整个过程包括产品管理、项目管理和任务管理等内容。

(2)基础设施:基础设施是指开发、运行和维护等过程所需的硬件、软件、工具、技术、标准,这一过程将建立基础设施并提供维护服务。

(3)改进:对整个软件生存期过程进行评估、度量、控制和改进的过程。

(4)培训:对人员进行相关培训所需的活动,包括制订培训计划、编写培训资料、实施培训计划等。

1.5.2　软件过程模型

为了解决实际问题,软件工程师必须基于项目和应用的性质、采用的方法和工具以及需要控制和交付的产品,综合出一个开发策略。该策略包含过程、方法和工具三个层次以及定义、开发和支持三个一般性阶段。这个策略常被称为过程模型或软件工程规范。

软件开发可以通过一个如图 1-10(a)所示的问题解决环进行刻画,环中包含四个不同阶段:状态引用、问题定义、技术开发和解决集成。状态引用表示事物的当前状态;问题定义标识要解决的特定问题;技术开发通过应用某些技术来解决问题;解决集成向需要解决方案的人提交结果。

上述问题解决环可以应用于软件工程的多个不同开发级别上,可以使用分形表示以提供关于过程的理想化视图,如图 1-10(b)所示。问题解决环的每一阶段又包含一个相同的问题解决环,继续嵌套直到一个合理的边界(对于软件而言是代码行)。因为阶段内部和阶段之间的活动常常有交叉,很难清楚地划分出这四个阶段的活动,但是在某些细节的级别上它们同时共存,所以,对一个完整应用的分析和在一小段代码的生成过程中可以递归地应用这四个阶段。

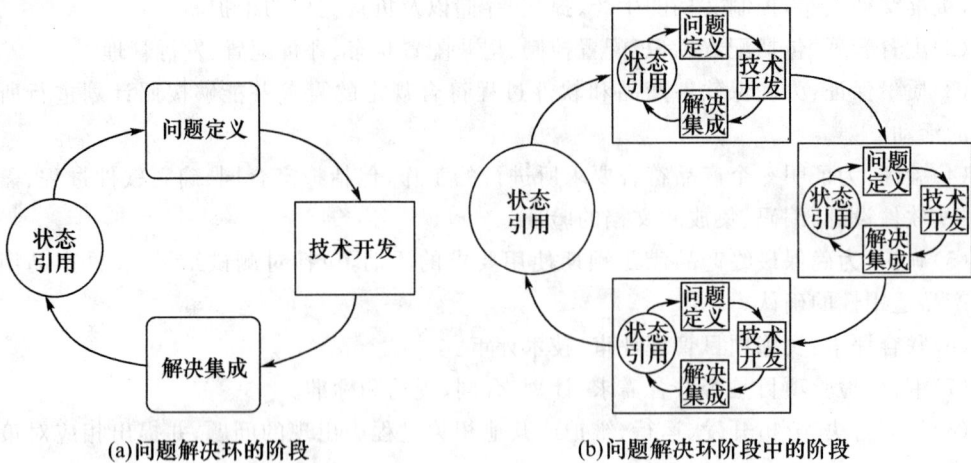

(a)问题解决环的阶段　　　　(b)问题解决环阶段中的阶段

图 1-10　软件过程模型

软件过程模型是从软件需求定义直至软件交付使用后报废的整个生存期中的系统开发、运行和维护所实施的全部过程、活动和任务的结构框架。到目前为止已经提出了多种软件过程模型，主要有传统的瀑布模型（Waterfall Model）（线性顺序模型）、原型模型（Prototype Model）、螺旋模型（Spiral Model）、快速应用开发模型（RAD）等。模型的选择通常基于软件的特点和应用的领域。下面具体介绍这些典型的模型。

1. 瀑布模型

瀑布模型提出了系统地按顺序开发软件的方法，从系统级开始分析、设计、编码、测试和支持。从传统工程周期的角度分析，线性顺序模型包含以下活动：问题定义、需求分析、软件设计、编码、测试、运行和维护（参见图 1-11），各项活动自上而下相互衔接，如同瀑布流水，逐级下落，体现了不可逆转性。

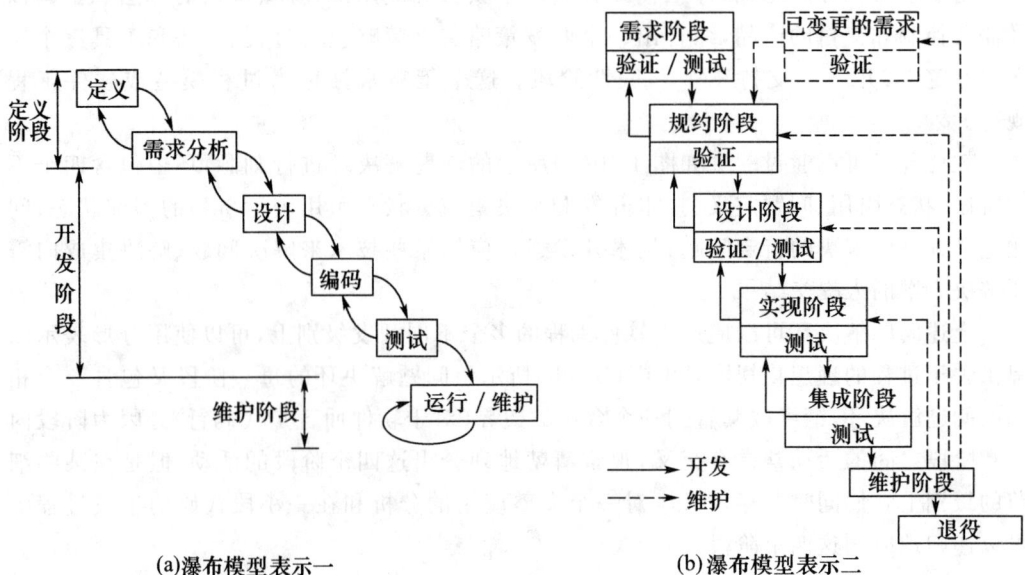

(a)瀑布模型表示一　　　　(b)瀑布模型表示二

图 1-11　瀑布模型的表示

（1）系统/信息工程的定义和建模。系统工程包含在系统级收集的需求及一小部分顶层分析和设计，信息工程包含在战略业务级和业务领域级收集的需求。

（2）软件需求分析。软件工程师/分析员必须了解软件的信息领域以及所需的功能、行为、性能和接口，系统需求和软件需求均需文档并与客户共同进行评审。

（3）设计。软件设计的各步骤集中于程序的四个不同属性（数据结构、软件体系结构、接口表示及工程算法细节）。设计过程将需求转换成软件表示，在编码之前就可以评估其质量。同样，作为软件配置的一部分，设计也要文档化。

（4）代码生成。代码生成是指把设计转变成机器可读的形式。

（5）测试。测试过程集中于软件的内部逻辑和外部功能，前者要保证所有语句都测试到。

（6）支持（运行/维护）。通常来说，软件在交付给用户之后不可避免地会发生修改，当遇到错误时，当软件必须适应外部环境的变化时或者当用户希望增强其功能或性能时，都需要对软件进行修改。软件支持/维护重复以前各个阶段，不同之处在于它是针对已有的程序而非新程序。

当然，软件开发的实践表明，上述各项开发活动之间并非是完全自上而下，呈现线性模式。实际操作时，要对每项活动实施的工作进行评审，若得到确认则继续下一项活动，在图 1-10 中用向下的箭头表示；否则返回前面的活动进行返工，在图 1-11 中用向上的箭头表示。

20 多年来瀑布模型得到了广泛应用，一是由于它在支持开发结构化软件、控制并降低软件开发的复杂度、促进软件开发工程化方面起了显著作用；二是由于它为软件开发和维护提供了一种当时较为有效的管理模式，根据这一模式制订开发计划、进行成本预算、组织开发力量，以项目的阶段评审和文档控制为手段，有效地对整个软件开发过程进行指导，从而保证了软件产品及时交付，并达到预期的质量要求。我国曾在 1988 年依据该模型制订并公布了《软件开发规范》国家标准，对我国软件开发起到了较大的促进作用。

瀑布模型的优点表现在它强调开发的阶段性，强调早期计划和需求调查以及强调产品测试。但是在使用时有时会遇到如下一些问题：

（1）实际项目很少按照该模型给出的顺序进行。虽然瀑布模型允许迭代，但却是间接的，在项目开发过程中可能会引起混乱。

（2）客户常常难以清楚地给出所有需求，而该模型却要求必须如此，所以它不能接受在许多项目的开始阶段自然存在的不确定性。

（3）客户必须有耐性。一直要等到项目开发周期的后期才能得到程序的运行版本，此时若发现大的错误，其后果可能是灾难性的。

（4）过分依赖于早期进行的需求调查，不能适应需求的变化。由于是单一流程，开发中的经验教训不能反馈应用于本产品的过程；风险往往迟至后期的开发阶段才显露，因而失去及早纠正的机会，项目开发往往失去控制。

除此之外，传统生存周期的线性特征还会导致"阻塞状态"，即某些项目团队成员不得不等待团队内的其他成员先完成其所依赖的任务，耽误的时间可能会超过在开发工作上的时间。

尽管存在以上问题,传统的生存周期模型在软件工程中仍然占据肯定和重要的位置。它提供了一个模板,使得分析、设计、编码、测试和支持的方法可以在此指导下应用。它适合以下类型的项目:

(1)需求简单清楚,并在项目初期就可以明确所有的需求。

(2)要求做好阶段审核和文档控制。

(3)不需要二次开发。

表 1-4 是瀑布模型中各个阶段的主要工作以及相应的质量控制手段。

表 1-4   瀑布模型各阶段主要工作及质量控制手段

阶　　段		主要工作	应完成的文档	控制文档质量的手段
系统需求		(1)调研用户需求及用户环境 (2)论证项目可行性 (3)制订项目初步计划	(1)可行性报告 (2)项目初步开发计划	(1)规范工作程序及编写文档 (2)对可行性报告及项目初步开发计划进行评审
需求分析		(1)确定系统运行环境 (2)建立系统逻辑模型 (3)确定系统功能及性能要求 (4)编写需求规约、用户手册概要及测试计划 (5)确认项目开发计划	(1)需求规约 (2)项目开发计划 (3)用户手册概要 (4)测试计划	(1)在进行需求分析时采用成熟的技术与工具,如结构化分析 (2)规范工作程序及编写文档 (3)对已完成的 4 种文档进行评审
设计	概要设计	(1)建立系统总体结构,划分功能模块 (2)定义各功能模块接口 (3)数据库设计(如果需要) (4)制订组装测试计划	(1)概要的设计说明书 (2)数据库设计说明书(如果有) (3)组装测试计划	(1)在进行系统设计时采用先进的技术与工具,如结构化设计、结构图 (2)编写规范化工作程序及文档 (3)对已完成的文档进行评审
	详细设计	(1)设计各模块具体实现算法 (2)确定模块间详细接口 (3)制订模块测试方案	(1)详细的设计说明书 (2)模块测试计划	(1)设计时采用先进的技术与工具,如结构图(SC) (2)规范工作程序及编写文档 (3)对已完成的文档进行评审
实现		(1)编写程序源代码 (2)进行模块测试和调试 (3)编写用户手册	(1)程序调试报告 (2)用户手册	(1)在实现过程中采用先进的技术与工具,如结构图(SC) (2)规范工作程序及编写文档 (3)对实现过程及已经完成的文档进行评审

（续表）

阶 段		主要工作	应完成的文档	控制文档质量的手段
测试	集成测试	(1)执行集成测试计划 (2)编写集成测试报告	(1)系统的源程序清单 (2)集成测试报告	(1)测试时采用先进的技术和工具 (2)规范工作程序及文档编写 (3)对测试工作及已经完成的文档进行评审
	验收测试	(1)测试整个软件系统(鲁棒性测试) (2)测试用户手册 (3)编写开发总结报告	(1)确认测试报告 (2)用户手册 (3)开发工作总结	
维护		(1)为纠正错误,完善应用而进行修改 (2)对修改进行配置管理 (3)编写故障报告和修改报告 (4)修订用户手册	(1)故障报告 (2)修改报告	(1)维护时采用先进的工具 (2)规范工作程序及编写文档 (3)配置管理 (4)对维护工作及已经完成的文档进行评审

2. 原型实现模型

在项目开发的初始阶段,由于人们对软件的需求认识常常不够清晰,因而使得开发项目难于做到一次成功,出现返工在所难免。因此,可以先做试验开发,以探索可行性并弄清软件需求,在此基础上获得较为满意的软件产品。通常把第一次得到的试验性产品称为"原型(Prototype)",即把系统主要功能和接口通过快速开发制作为"软件样机",以可视化的形式展现给用户,及时征求用户意见,从而明确无误地确定用户需求,同时也可用于征求内部意见,作为分析和设计的接口之一,以便于沟通。

原型实现模型的基本思想是:原型实现模型从需求采集开始,如图1-12所示,然后是"快速设计",集中于软件中那些对用户/客户可见的部分的表示(如输入方式和输出格式)并最终产生原型,这个过程是迭代的。原型依据用户/客户评估以及经过进一步精化的软件开发需求,通过逐步调整以满足用户要求,同时也使开发者对将要做的事情有一个更好的理解。

原型实现模型的主要价值是可视化,强化沟通,降低风险,节省后期变更成本,提高项目成功率。一般来说,采用原型实现模型后可以改进需求质量;虽然前期投入了较多的时间,但可以显著减少后期变更的时间;原型投入的人力成本代价并不大,却可以节省后期成本。对于较大型的软件来说,原型系统可以成为开发团队的

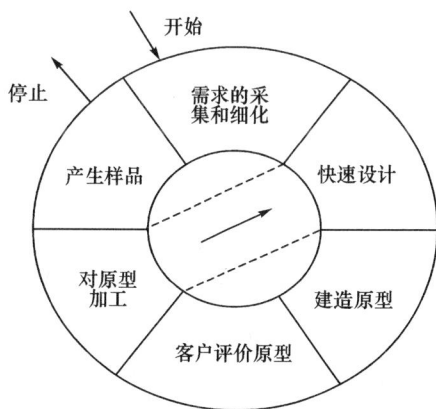

图1-12 原型实现模型

蓝图。另外,原型通过充分和客户交流,还可以提高客户的满意度。

对原型实现模型的基本要求有:体现主要的功能;提供基本的界面风格;展示比较模糊的部分,以便于确认或进一步明确,防患于未然;原型最好是可运行的,至少在各主要功能模块之间能够相互衔接。

根据运用原型的目的和方式不同,原型可分为以下两种不同的类型:

(1)抛弃型(或丢弃型)。先构造一个功能简单而且质量要求不高的模型系统,针对这个模型系统反复进行分析和修改,形成比较好的设计思想,据此设计出更加完整、准确、一致、可靠的最终系统。系统构造完成后,原来的模型系统就被丢弃。这种类型通常是以针对系统的某些功能进行实际验证为目的,本质上仍然属于瀑布模型,只是以原型作为一种辅助的验证手段。

(2)演化型(或追加型)。先构造一个功能简单而且质量要求不高的模型系统作为最终系统的核心,然后通过不断地扩充和修改,逐步追加新要求,最后发展成为最终系统。软件的原型是最终系统的第一次演化,也就是说,首先进行需求调研和分析,然后选择一个优秀的开发工具快速开发出一个原型来请用户试用,用户经过试用提出修改建议,开发人员修改原型,再返回到用户进行试用,这个过程经过多次反复直到最终用户满意为止。

有人把抛弃型原型又细分为探索型和实验型。探索型原型的目的是要弄清对目标系统的要求,确定所希望的特性,并探讨多种方案的可行性。它主要针对开发目标模糊以及用户和开发者对项目都缺乏经验的情况。而实验型原型用于大规模开发和实现之前,用来考核方案是否合适,规约是否可靠。

一般小项目不采用抛弃型原型,否则成本和代价通常会偏高;而演化型原型法主要针对事先不能完整定义需求的软件开发。用户可以给出待开发系统的核心需求,并且当看到核心需求实现后,能够有效地提出反馈,以支持系统的最终设计和实现。软件开发人员根据用户的需求,首先开发核心系统。当该核心系统投入运行,经过用户试用后,由用户提出精化系统、增强系统能力的需求,软件开发人员根据用户的反馈,实施开发的迭代过程。每一迭代过程均由需求、设计、编码、测试、集成等阶段组成,如图 1-13 所示。

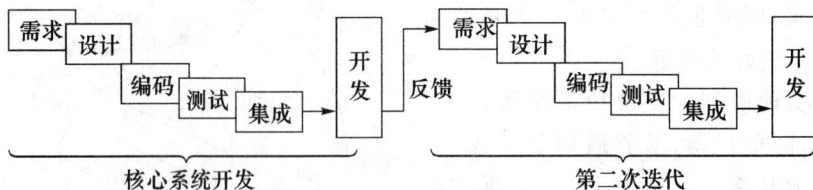

图 1-13　演化模型

使用演化模型具有以下好处:

(1)任何功能一经开发就能进入测试,方便验证是否符合产品需求。

(2)帮助导引出高质量的产品要求。如果一开始无法弄清楚所有的产品需求,也可以分批取得,而对于已提出的产品需求则可根据对现阶段原型的试用而做出修改。

（3）风险管理较少。可以在早期就获得项目进度数据，可据此对后续的开发循环做出比较切实的估算，提供机会去采取早期预防措施，增加项目成功的几率。

（4）有助于早期建立产品开发的配置管理、产品构建、自动化测试、缺陷跟踪、文档管理，均衡整个开发过程的负荷。

（5）开发中的经验教训能反馈应用于本产品的下一个循环过程，大大提高了质量与效率。

（6）风险管理中若发现资金或时间已超出可承受的程度，则可以调整后续开发，或在一个适当时刻结束开发，但仍然要有一个具有部分功能的、可使用的产品。

（7）开发人员早日见到产品的雏形，可在心理上获得一种鼓舞。

（8）提高产品开发各过程的并行化程度。用户可以在新的一批功能开发测试后，立即参与验证，以提供有价值的反馈。此外，销售工作也有可能提前进行，因为可以在产品开发的中后期取得包含了主要功能的产品原型去向客户作展示和试用。

演化模型同时也存在一些不足之处：在一开始如果所有的产品需求没有完全弄清楚，会给总体设计带来困难并削弱产品设计的完整性，最终影响产品性能的优化及产品的可维护性；如果缺乏严格的过程管理，这个生命周期模型就很可能退化为一种原始的、无计划的"试验—出错—改正"模式；心理上松懈，可能会认为虽然不能完成全部功能，但还是构造出了一个有部分功能的产品；如果不加控制地让用户接触开发中尚未测试稳定的功能，可能对开发人员和用户都会产生负面的影响。

理想情况下原型可以作为标识软件需求的一种机制，但它仍然存在问题，如下所示：

（1）客户看到的似乎是软件的工程版本，但他们不知道原型只是拼凑起来的，不知道为了使原型很快能够工作而没有考虑软件的总体质量和长期的可维护性。为了达到用户高质量的需求，程序员不得不反复修改原型使其成为最终的工作产品，但却放松了软件开发管理。

（2）开发者为使原型能够尽快工作，原型中常常会存在一些考虑欠成熟的方面，长时间后开发者可能已经习惯了这些选择，忘记了它们不合适的初始原因，最终这些不理想的选择就会成为系统的组成部分。

尽管存在以上问题，原型仍是软件工程的一个有效模型，关键是定义开始时的执行规则，即客户和开发商两方面必须达到一致：原型被建造仅是为了定义需求，之后就被抛弃（或至少部分被抛弃），实际软件在充分考虑了质量和可维护性之后才能被开发。

原型法在软件过程中的地位如图 1-14 所示。

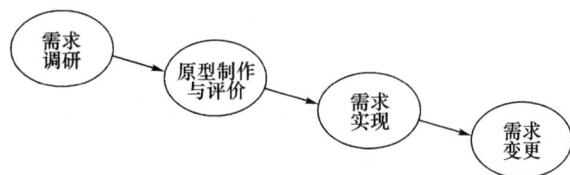

图 1-14 软件原型的地位

采用原型模型的一般过程如图 1-15 所示。

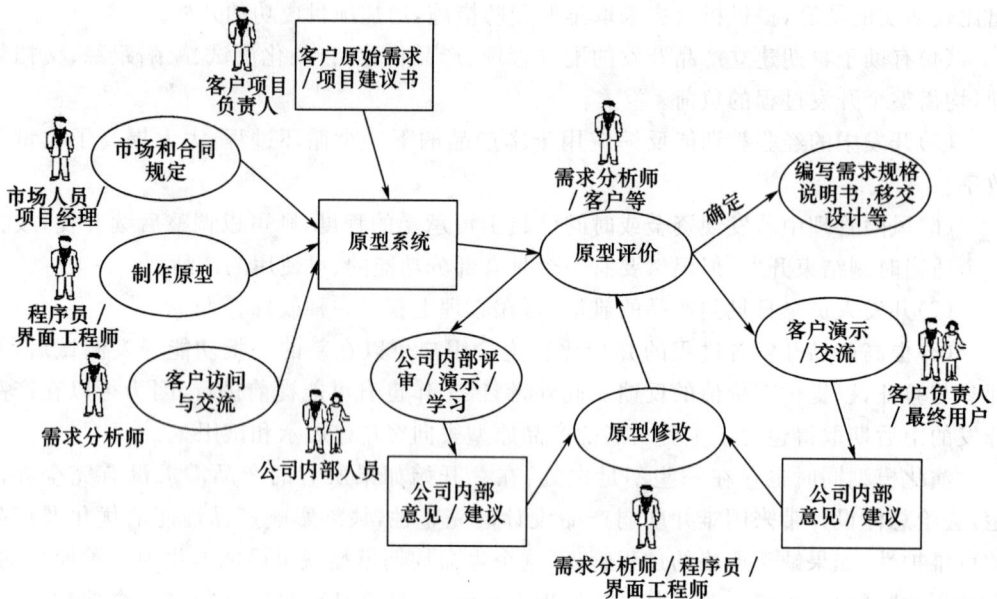

图 1-15　原型模型的处理过程

最后还要注意界面设计的引入。将界面风格在原型阶段就基本确定是一种优化的做法,可以避免后期开发时对界面进行统一调整所带来的不必要的成本花费。良好的界面可以增加客户对系统的好感,这与系统功能的全面思考并不矛盾。

3. 螺旋模型

1998 年美国 TRW 公司(B. W. Boehm)提出的螺旋模型是一种特殊的原型方法,适用于规模较大的复杂系统,它将原型实现的迭代特征与瀑布模型中控制和系统化的方面结合起来,并加入两者所忽略的风险分析,使得软件的增量版本的快速开发成为可能。软件项目风险的大小作为指引软件过程的一个重要因素,引入这一概念后可使软件开发被看做一种元模型,因为它能包容任何一个开发过程模型。在螺旋模型中,软件开发是一系列的增量发布:在早期的迭代过程中发布的增量可能是一个纸上的模型或者原型,在以后的迭代过程中逐步产生被开发系统的更加完善的版本。

螺旋模型被划分为若干个任务区域(或称框架活动),典型情况下沿着顺时针方向划分为 3～6 个任务区域。图 1-16 画出了包含 6 个任务区域的螺旋模型,在笛卡尔坐标的 4 个象限上分别表达了不同方面的活动,即:

(1)客户交流。确定需求、选择方案和设定约束条件。

(2)制订计划。定义资源、进度及其他相关项目信息所需的任务。

(3)风险分析。评估技术及管理的风险,制订控制风险措施的任务。

(4)实施过程。建立应用一个或多个表示所需要的任务。

(5)构造及发布。构造、测试、安装和提供用户支持(如文档和培训)所需要的任务。

(6)客户评估。对在工程阶段产生的或在安装阶段实现的软件表示的评估并获得客户反馈所需要的任务。

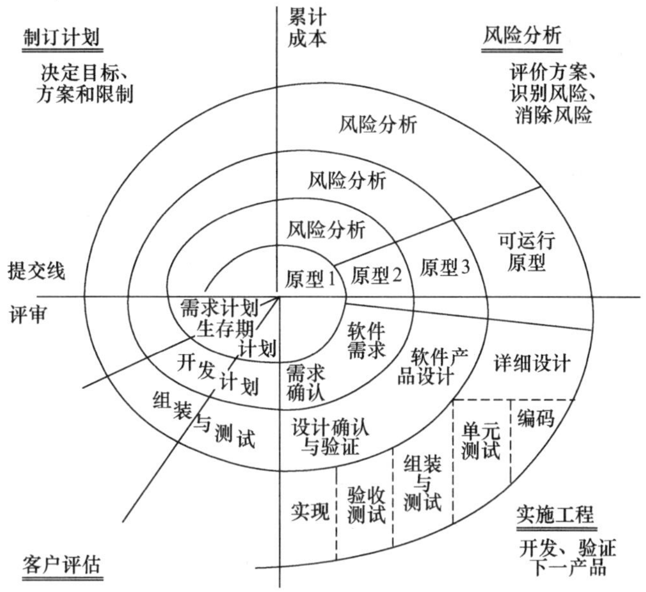

图 1-16 螺旋模型

每一个区域都含有一系列适应待开发项目特点的工作任务,称为任务集合。对于较小的项目,工作任务的数目及其形式化程度均较低;而对于较大的、关键的项目,每一个任务区域包含较多的工作任务以得到较高级别的形式化。

随着演化过程的开始,软件工程项目组按顺时针方向从核心开始沿螺旋移动,依次产生产品的规约、原型、软件更完善的版本。经过计划区域的每一圈都对项目计划进行调整,基于从客户评估得到的反馈调整费用和进度,并且项目管理者可以调整完成软件所需计划的迭代次数。

螺旋模型在"瀑布模型"的每一个开发阶段之前引入了非常严格的风险识别、风险分析和风险控制,直到采取了消除风险的措施之后,才开始计划下一阶段的开发工作。否则,项目就很可能被取消。另外,如果有充足的把握判断遗留的风险已降低到一定的程度,项目管理人员可做出决定,让余下的开发工作采用另外的生命周期模型。

对于大型系统及软件的开发,螺旋模型是一个很实用的方法。在软件过程的演化中,开发者和客户能够更好地理解和对待每一个演化级别上的风险,所以,螺旋模型可以使用原型实现作为降低风险的手段,而且开发者在产品演化的任一阶段都可应用原型实现方法。螺旋模型在保持传统生存周期模型中系统的、阶段性的方法的基础上,对其使用迭代框架,这就更真实地反映了现实世界,而且螺旋模型可以在项目的所有阶段直接考虑到技术风险,如果应用得当,就能够在风险出现之前降低它。因此,螺旋模型具有以下优点:

(1)强调严格的全过程风险管理。

(2)强调各开发阶段的质量。

(3)提供机会检讨项目是否有价值继续下去。

但是,螺旋模型相对比较新,可能难以使客户(尤其在合同情况下)相信演化方法是可行的,而且不像瀑布模型或原型实现模型那样广泛应用,对其功效的完全确定还需要时间。此外,它需要非常严格的风险识别、风险分析和风险控制的专门技术,且其成功依赖于这种专门技术,这对风险管理的技术水平提出了很高的要求,还需要人员、资金和时间的较大投入。

4. 快速应用开发模型(RAD)

RAD 模型是一个增量型的软件开发过程模型,强调极短的开发周期,它是瀑布模型的一个"快速"的变种,通过使用基于构件的建造方法来快速开发。RAD 方法主要用于信息系统,包含如下阶段:

(1)业务建模。描述系统基本信息,例如,什么信息驱动业务流程,谁生成信息,生成什么信息,该信息流往何处以及之后谁处理它。

(2)数据建模。业务建模阶段定义的信息流被精化后,作为一组数据对象用来进行数据建模,这时需要标识出每个对象的特性(或属性),并定义这些对象之间的关系。

(3)过程建模。数据建模阶段定义的数据对象变换为信息流以实现一个业务功能,通过创建过程描述来增加、修改、删除或检索一个数据对象。

(4)应用生成。创建软件时,RAD 没有采用传统的第三代程序设计语言,它采用第四代技术以尽可能复用已有程序构件或者创建可复用的构件。

(5)测试及反复。由于 RAD 过程强调复用,许多程序构件已经过测试,但是新构件及其接口必须完全测试到。

RAD 过程模型如图 1-17 所示。一个业务应用在模块化时,如果其中每一个主要功

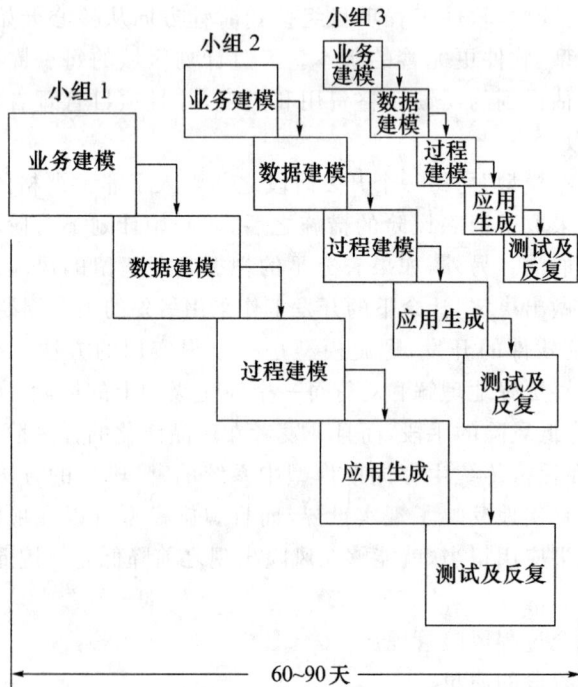

图 1-17 RAD 模型

能使用上述方法都能在 2～3 个月内完成,它就可作为一个候选的 RAD。每一个主要功能可由一个单独的 RAD 组来实现,最后集成为一个整体。

类似于所有其他过程模型,RAD 方法也有缺陷,包括:

(1)对于可伸缩的大型项目,需要足够的人力资源来建立足够多的 RAD 组。

(2)RAD 要求开发者和客户在一个很短的时间内快速地完成一个系统,如果任何一方没有实现其承诺,都会导致 RAD 项目失败。

(3)有些应用不适合 RAD。如果一个系统难以适当进行模块化,建造 RAD 所需的构件就会出现问题;如果必须通过调整接口来适应系统才能满足构件的高性能指标的话,RAD 方法也有可能无法奏效。此外,RAD 不适合技术风险很高的情况,比如一个新应用要采用很多新技术或者当新软件要求与已有计算机程序的互操作性很高时。

5. 并发模型

并发模型也称并发工程,它表达了在软件项目任一阶段的活动之间存在的并发性。试图根据传统生存周期的主要阶段来跟踪项目状态的项目管理者是根本不可能了解其项目状态的,这种过于简单的模型无法跟踪非常复杂的活动。大多数软件开发过程模型均为时间所驱动,靠近模型的后端就意味着处于开发过程后面的阶段,而一个并发过程模型是由用户要求、管理决策和评审结果驱动的。

并发过程模型大致可以表示为一系列的主要技术活动、任务以及它们的相关状态。

图 1-18 给出了并发过程模型中一个活动的图形表示。分析活动在任一给定时刻可能处于任一状态,其他活动(如设计或用户通信)也同样能用类似方式来表示。

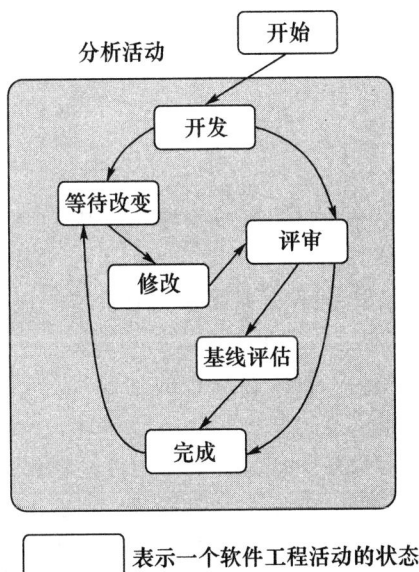

图 1-18　并发过程模型的一个活动

并发过程模型定义了一系列事件,对于每一个软件活动,这些事件触发了从一个状态到另一个状态的转变。并发过程模型常用于客户机/服务器应用的开发范例,此时并发过程模型在系统维和构件维上定义活动。系统维包含设计、组装和使用三个活动,构件维包含设计和实现两个活动。并发性通过两种方式实现:系统维和构件维活动同时发生,并可使用上述面向状态的方法进行建模;一个典型的客户机/服务器应用通过多个构件实现,其中每个构件均可以并发地设计和实现。

实际上,并发过程模型可应用于所有类型的软件开发,并能提供关于一个项目当前状态的准确视图。该模型没有把软件工程活动限定为一个事件序列,而是定义为一个活动网络,其上每一个活动均可与其他活动同时发生。在一个给定的活动或活动网络中,其他活动中产生的事件将触发一个活动状态的转变。

6. 基于构件的开发模型

面向对象模型为软件工程的基于构件的过程模型提供了技术框架。基于构件的开发模型(Component-Based Software Development),简称 CBSD(如图 1-19 所示),它融合了螺旋模型的许多特征,本质上是演化型的,要求软件创建迭代过程,但是基于构件的开发模型是利用预先封装好的软件构件(或类)来构造应用的。

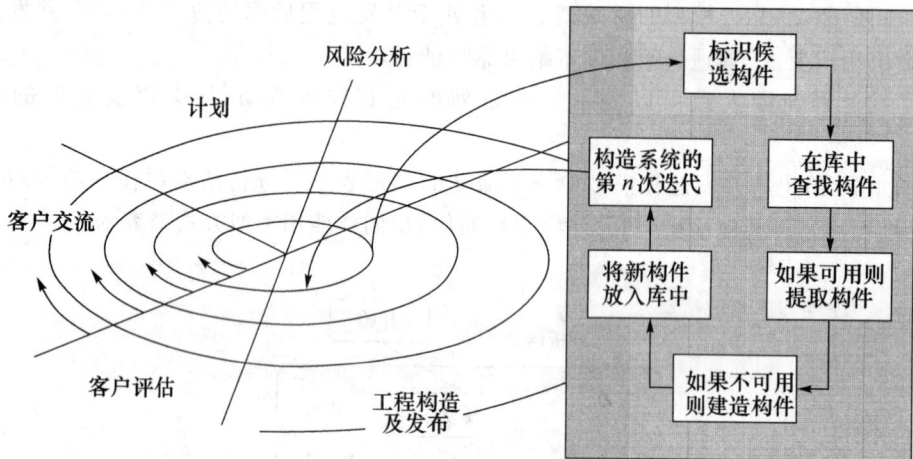

图 1-19 基于构件的开发模型

构件的典型定义介绍:

(1)Pressman 在书中的定义:构件是某系统中有价值的、几乎独立的并可替换的一部分,它在良好定义的体系结构语境内满足某清晰的功能。

(2)Brown 的定义:构件是一个独立发布的功能部分,可以通过其接口访问它的服务。

(3)"计算机科学技术百科全书"的定义:软件构件是软件系统中具有独立功能,可以明确标识,接口由规约指定,与语境有明显依赖关系,可独立部署,且由第三方提供的可组装软件实体;软件构件承载有用的功能,并遵循某种构建的模型;可复用构件是指具有可复用价值的构件。

从以上构件的定义可以看出,对于构建的描述由三个不同的方面来描述。概念,关于"构件做什么"的抽象描述,可以通过概念去理解构件的功能。概念包括接口规约和语义描述两部分,语义描述和每个操作相关联。内容,是概念的具体实现,描述构件如何完成概念所刻画的功能。上下文,描述构件和外围环境在概念和内容级的关系,刻画构件的应用环境,为构件的选用和适应性修改提供指导。

基于构件的开发模型实现软件复用,而可复用性对软件工程师大有益处。统一软件开发过程在产业界已提出一系列基于构件的开发模型,它使用统一建模语言(UML)定义被用于建造系统的构件和用于连接构件的接口。组合使用迭代和增量开发,从用户的视角统一过程,通过应用基于场景的方法来定义系统功能,再将功能和体系结构框架结合起来,通过体系结构框架来标识出软件所要表现的形式。

体系结构建立之后,需要用构件去充实,这些构件可从复用库中得到,或者根据需要专门定制开发。产生的新构件被提交复用后即可进行一系列基于构件的开发:先进行构件鉴定,保证其所选构件将要完成所需的功能,将其合适地"安装"到为系统选定的体系结构风格中,并将展示该应用所需的质量特征(如性能、可靠性、可用性);然后需要做适应性修改,通过构件的白盒包装或者黑盒包装来缓解多个区域中可能出现的冲突,软件小组必须确定应该是适应性包装构件还是应该开发定制新构件;最后进行构件组装,将认证、适应性能修改后以及开发的构件组装到为应用建立的体系结构中。

目前已经有一些主要的公司和产业提出了构件软件的标准。根据应用的类别和依赖的平台已有一些大型软件组织选择使用以下标准:

(1)OMG/CORBA。对象管理组织(OMG)发布了公共对象请求代理体系结构(CORBA)。一个对象请求代理(ORB)提供一系列的服务使得可复用构件(对象)可以同其他构件通信,而不管它们在系统中的位置如何。当构件用 OMG/CORBA 标准建立时,通过对每个构件创建一个接口定义语言(IDL)接口,可保证那些构件在系统内无需修改地集成。

(2)微软的 COM 构件。微软开发的构件对象模型(COM)提供了在运行于 Windows 操作系统之上的单个应用中使用不同厂商生产的对象的规约。COM 包含两个元素: COM 接口(实现为 COM 对象)和在 COM 接口间注册和传递消息的一组机制。对象通过接口在系统中注册,且使用构件系统和其他 COM 对象通信。

(3)Sun 的 JavaBean 构件 EJB。JavaBean 构件系统是一个可移植的、平台独立的 CASE 基础设施,使用 Java 程序设计语言开发。JavaBean 系统扩展了 JavaApplet 以适应基于构件的软件开发所需的更为复杂的软件结构。JavaBean 构件系统包含一组工具,称为 Bean 开发工具箱(BDK),可帮助用户分析现存的 Bean(构件)如何工作、定制它们的行为和外观、建立协同和通信机制、开发用于特定应用的定制 Bean,以及测试和评估 Bean 的行为。

7. 形式化方法模型

形式化方法模型通过一组指定的活动产生计算机软件的数学规约。软件工程师能够通过形式化方法应用一个严格的、数学的符号体系进行规约、开发和验证基于计算机的系统。净室软件工程是该方法的一个变种,目前已被一些软件开发组织采用。

在开发时使用形式化方法,可以消除很多使用其他软件工程模型难以克服的问题,例如二义性、不完整性和不一致性。在设计中使用形式化方法作为程序验证的基础,软件工程师就能够发现和纠正在其他情况下发现不了的错误。

形式化方法模型尽管不是主流方法,但它完全可以产生无缺陷的软件。不过,在业务环境中使用该方法还需要考虑到以下情况:

(1)目前采用形式化方法模型进行开发很费时而且很昂贵;

(2)很少有软件开发者能够使用形式化方法实施软件工程项目,所以需要对开发者进行多方面的培训;

(3)使用形式化方法模型难以与对其一无所知的客户进行交流。

8. 喷泉模型

瀑布模型的另一个不足之处在于,它对软件复用技术和生存期中的多项开发活动的集成并未提供支持,因而难于支持面向对象的开发。"喷泉"一词体现了迭代和无间隙性。系统某个部分常常重复工作多次,即相关的功能在每次迭代中均随之加入演进的系统。无间隙是指开发活动,即分析、设计和编码之间不存在明显的边界。

喷泉模型是一种以用户需求为动力、以对象为驱动的模型,主要用于描述面向对象的软件开发过程。该模型认为软件开发过程自下而上,且周期的各阶段是相互重叠和多次反复的,就像水喷上去又可以落下来,类似一个喷泉。喷泉模型的各个开发阶段没有特定的次序要求,并且可以交互进行,可以在某个开发阶段中随时补充其他任何开发阶段中的遗漏。采用喷泉模型的软件过程如图1-20所示。

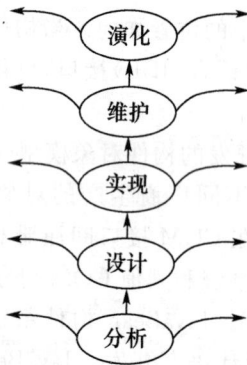

图 1-20 采用喷泉模型的软件过程

喷泉模型主要用于面向对象的软件项目,软件的某个部分通常被重复多次,相关对象在每次迭代中随之加入渐进的软件成分。各活动之间无明显边界,例如设计和实现之间没有明显的边界,这也称为"喷泉模型的无间隙性"。由于对象概念的引入,表达分析、设计及实现等活动只用对象类和关系,从而可以较容易地实现活动的迭代和无间隙。

喷泉模型不像瀑布模型那样,需要分析活动结束后才开始设计活动,当然也不要求设计活动结束后才开始编码活动。该模型的各个阶段没有明显的界线,开发人员可以同步进行开发,其优点是可以提高软件项目开发效率,节省开发时间,适应于面向对象的软件开发过程。由于喷泉模型在各个开发阶段是重叠的,因此在开发过程中需要大量的开发人员,因此不利于项目的管理。此外这种模型要求严格管理文档,使得审核的难度加大,尤其是面对可能随时加入各种信息、需求与资料的情况。

9. 第四代技术

第四代技术(4GT)是各种软件开发工具的总称,或称它们为第四代语言(4GL)。这种语言的特点是面向应用和对象,兼有过程性和非过程性两种特性。

第四代技术能使软件工程师在较高级别上规约软件的某些特征,它包含一系列的软件工具,可根据开发者的规约自动生成源代码。软件工程的 4GT 模型集中于规约软件的能力,即使用特殊的语言形式或采用客户可以理解的术语描述待解决问题的一种图形符号体系。显然,软件在越高的层次上被规约,就能越快地构造出程序。

目前,一个支持 4GT 模型的软件开发环境可部分或全部包含以下工具:数据库查询的非过程语言、报告生成器、数据操纵、屏幕交互及定义和代码生成、高级图形能力、电子表格能力以及通过使用高级软件工具进行 HTML 和类似用于 Web 站点创建的语言的自动生成。最初上述许多工具仅能用于特定应用领域,而现在 4GT 环境已经被扩展以满足大多数软件应用领域的需要。

4GT 也是从需求收集开始的,理想情况下客户能够描述出需求,这些需求能被直接转换成可操作的原型。但是现实中客户可能无法确定需要什么,在规约已知时仍可能出现二义性,有时可能不能够或者不愿意使用 4GT 工具能理解的形式来规约信息。因此,其他模型中所描述的用户/开发者间的沟通在 4GT 方法中仍旧无法避免。

对于较小的应用,使用非过程的第四代语言(4GL)或由图形模型可直接从需求收集过渡到实现,但对于较大的应用就需要制定一个系统的设计策略,否则,使用 4GT 也会产生和采用传统方法来开发软件所遇到的同样问题(例如质量低、可维护性差、难以被用户接受等)。

如果相关信息的数据结构已经存在且能够被 4GL 访问,则使用 4GL 可使软件开发者能够通过自动代码生成来创建或表示输出结果。要将一个 4GT 变成最终产品,开发者还必须进行彻底的测试,开发有意义的文档并完成其他软件工程范围中同样要求的所有集成活动。此外,还必须以便于维护的方式建造采用 4GT 开发的软件。

像其他所有软件工程模型一样,4GT 模型也有其优点和缺点。它可以极大地降低软件开发时间并显著提高软件生产效率,但目前 4GT 使用不方便,生成的源代码低效且不便于维护。

总的来说,对许多应用领域来说,使用 4GT 是可行的。与计算机辅助软件工程(CASE)工具和代码生成器结合起来,4GT 为许多软件问题提供了可靠的解决方案。从使用 4GT 的公司收集来的数据表明:对于中小型的应用,生产软件所需的时间大大降低,且对于小型应用来说,分析和设计所需的工作量也降低了;但在大型软件项目中使用 4GT 需要同样的,甚至更多的分析、设计和测试(软件工程活动)才能够获得通过编码量的减少而赢得的时间节省。

所以说,第四代技术仍然是软件工程的一个重要方法,尤其当它与基于构件的开发方法结合使用时,4GT 模型有可能成为软件开发的主流方法。

1.6 软件开发工具

软件开发所需要的工具按照其类型分为两种:用于软件开发的分析工具(例如逐步求精法和成本效益分析法)和用于开发和维护产品的工具(又称为 CASE Computer-Aided Software Engineering 工具)。在这里,我们主要介绍后一种形式的工具。

在软件产品的开发过程中,需要评估资源要求、写出规约文档、进行集成测试以及编写用户操作指南等,虽然这些基本活动和软件开发过程中的其他操作不能完全由计算机自动执行,但是计算机可以辅助其中每一步的开发过程。借助于 CASE,可以完成与软件开发有关的大部分繁重工作,包括创建并组织所有诸如计划、合同、规约、设计、源代码和管理信息等人工产品。

除了对文档的帮助之外,应用 CASE 还可以帮助软件工程师解决软件开发的复杂性问题,并有助于小组成员之间的沟通,它包含计算机支持软件工程的所有方面,但是同时要注意,CASE 仅仅代表计算机辅助软件工程,而不是计算机自动化软件工程。

使用 CASE 工具的目标一般是:降低开发成本,达到软件的功能要求,取得较好的软件性能,开发易于移植的软件,降低维护费用,按时完成开发工作,及时交付产品等。

在软件开发过程的需求阶段、规约说明阶段和设计阶段等较早阶段帮助开发者的 CASE 工具称为高端 CASE 或者前端工具,而那些帮助实现、集成和维护的 CASE 工具被称为低端 CASE 或者后端工具。图 1-21(a)表示了一个在需求阶段起辅助作用的 CASE 工具。

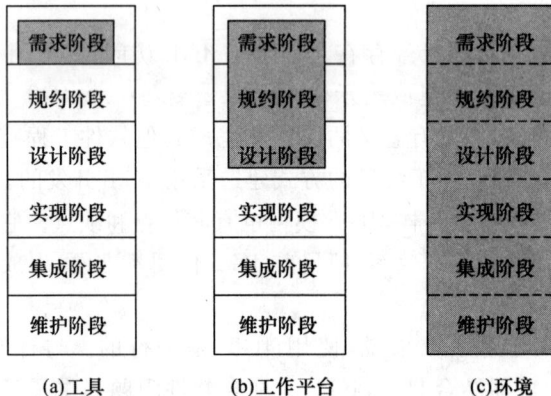

图 1-21 CASE 工具、工作平台和环境的表示

软件工具是一类最简单的 CASE,它可用于软件生命周期的任一阶段,只在软件生产的某一方面起辅助作用。例如,公司的工具可用来帮助构建软件产品的图形表示,如流程图以及静态模型、动态模型等。

另一类重要的 CASE 工具——数据字典,以列表的形式定义了产品中的所有数据。数据字典记录的最重要部分是对产品中所包含的数据词条的描述。一致性检查器对数据字典起辅助作用,它检验规约文档中每个数据项是否反映在设计中,反过来也检验设计中的每一项在规约文档中是否有定义。

　　通常，一个 CASE 工作平台是一个工具集，它们共同支持一个或者多个活动，其中每一个活动是一个相关任务的集合，其任务甚至可以跨越生命周期模型的边界。例如，一个项目管理工作平台显然可用于项目的每个阶段；而一个编码工作平台可用于产生快速原型，也可用于实现、集成和维护阶段；一个测试工作平台则可以用于项目从需求分析到交付使用的整个生命期。图 1-21(b)表示了一个高端 CASE 工具的工作平台，该平台包括了图 1-21(a)的需求阶段工具，也包括了规约阶段和设计阶段的工具。

　　CASE 环境与支持一两个活动的工作平台不同，它可以支持整个软件开发过程或者至少是大部分的软件开发过程。图 1-21(c)表示了一个支持软件生命周期的各个阶段的所有方面的环境。

　　在软件开发过程各阶段可用的 CASE 工具有：建造工具、编码工具、配置控制工具、一致性检查器、数据字典、接口检查器、在线文档、操作系统前端工具、版本控制工具、源代码调试器、报表生成器、屏幕生成器、灵巧打印机、电子数据表格、结构化编辑器、字处理器、万维网浏览器等。在构建大型产品时，需求管理、版本控制、配置控制和建造工具是最基本的。据不完全统计，目前各国使用的主要评测工具如表 1-5 所示。

表 1-5　　　　　　　　　　　各软件评测单位常用的测试工具

软件名称	所属国家/公司	功　能
Code Test	美国 AMD 公司	硬件仿真测试环境。能够在不损失资源、性能的情况下收集运行信息、进行故障定位。适用于指挥控制、飞行控制等实时嵌入式软件测试
Hindsight	美国 Integrisoft 公司	硬件仿真测试环境。可进行结构图、调用关系、复杂度等结构分析，与 Logiscope 功能相同
Statemate	美国 I-logic 公司	针对全过程，支持需求建模、文档审查、仿真分析、模型检查、回归测试等
McCabe	美国 McCabe 公司	用于应用程序静态分析中程序质量的度量以及反映动态测试中的语句、条件和分支覆盖率等
Logiscope	法国 Teleogic 公司	包括 Audit、RuleChecker 和 TestChecker 三部分，对代码分别进行静态度量、编程风格检测和测试覆盖率分析
WinRunner	Mercury 公司	质量评估
Load Runner	Mercury 公司	质量评估
Test Director	Mercury 公司	质量评估
TMS320C6201 开发系统	美国 DSPResearch	硬件仿真测试环境
AD21020 开发系统	美国 AD 公司	硬件仿真测试环境
VXI 高速模块	美国 HP 公司	硬件仿真测试环境

(续表)

软件名称	所属国家/公司	功 能
Caliber-RTB	美国 IBI 公司	硬件仿真测试环境
ADS-3000	德国 Tech S. A. T 公司	质量评估
Cantata	美国 IPL 公司	质量评估、动态测试、Cantata-Analysis 分析、代码覆盖分析、静态分析
Testware	法国 ATPOL 公司	质量评估
Matrix	美国	连续系统仿真
ADS2	美国	系统测试工具
TRACE32	德国 LAUTERACH 公司	嵌入式通用开发系统/软件测试执行工具
Reconcile	COMPUWARE 公司	测试需求管理工具
QALoad 负载测试工具	美国	模拟大量用户的活动,进而发现大量并发用户对系统的影响
QADirector	COMPUWARE 公司	测试管理工具。计划和组织测试需求,观察和分析测试结果,可以在缺陷跟踪软件中方便地加入信息,针对需求验证应用测试
QARun	COMPUWARE 公司	企业级应用测试工具(功能测试)
TrackRecord	COMPUWARE 公司	缺陷跟踪工具。可以查询和报告项目跟踪的信息,包括任务、功能、项目组中的缺陷报告及一些里程碑事件进度等
WebCheck	COMPUWARE 公司	Web 站点测试工具
File-Aid CS	COMPUWARE 公司	测试数据维护管理
QACenter Performance 服务器数据库应用监控 Server Vantage (EcoTOOLS)	COMPUWARE 公司	自动加载(压力)测试工具(与 QACenter Performance 集成做加载测试)。采用软件探测技术无干扰地监控网络,能够自动识别网络中的应用、跟踪 LAN/WAN 上的应用流量以及采集详细的性能指标
NetWork Vantage (EcoScope)	COMPUWARE 公司	网络应用监控
Application Expert	COMPUWARE 公司	应用性能分析
Application Vantage	COMPUWARE 公司	网络应用故障分析
QA Center Enterprise Edition	COMPUWARE 公司	QA Load 负载测试、File-Aid/CS、EcoTools 性能检测

1.7　未来之路

软件工程在世界范围内面临着越来越多的挑战。

(1)需求多样化的挑战。随着软件应用水平的提高和计算机的普及,人们越来越看重软件非功能属性的实现,对可维护性、可靠性、保密性、安全性、有效性、可用性等的要求日益提高,例如,要求开发出满足要求的高可靠性系统、网络分布式系统、实时系统等。这些无疑都对软件开发提出了极高的要求。

(2)遗留系统的挑战。用户目前的很多工作仍然是由许多年前开发的大型软件来完成的,但是随着计算机技术日新月异的发展,用户不得不继续维护和更新这些软件,既要能够完成不断交付的基本业务,又要满足对它新提出的要求,所以经常需要对遗留系统进行改造或者是进行软件再造工程。

(3)对开发管理的挑战。近年来兴起了对软件项目管理的研究,深入到软件开发的不同要素来设法改善软件开发工程中的人员管理、质量管理、过程管理、变更管理以及配置管理,最终希望做到如何在不损及系统质量的前提下,缩短大型、复杂系统的移交时间,以满足人们对软件制作的快速响应、快速更换(升级)需求。

未来是难于预测的——无论是博学者、评论家还是领域专家都不能准确预测未来。预测未来之路是一门艺术,而不是科学。本书不准备去预测未来,仅仅是讨论在未来几年内可能需要思考的某些软件和软件工程问题。

(1)新的信息表示模式。数据是未加工的信息,必须经过处理后它才具有意义。信息是经过将事实和特定的语境相关联后形成的,知识则是将某个语境中得到的信息(与一个语境相关联)和在不同语境中得到的信息(与多个语境相关联)进行归纳,最后从完全不同的知识导出一般性的原理。例如,Microsoft 的 XML 就是一种知识的表示模式。因此,软件工程所面临的一个重要问题就是建造一个如何从数据和信息中以实用和有益的方式抽取知识的系统。

(2)新的软件建造方式。随着硬件技术向计算领域提供越来越大的潜能,非传统硬件(例如神经网络机、大规模并行机、量子计算机、光处理器)的发展可能会为软件业的发展带来启示;复用和基于构件的软件工程(尽管还不成熟)提供了快速开发软件的手段。净室方法以很多方式将软件工程提升到另一个层次,它要求在规约和设计中消除缺陷,以避免可能产生的严重危险。净室方法不再强调单元测试和调试的作用,从而大量减少(或取消)了软件开发者的测试工作量。

(3)新的软件工程过程。以上因素必然会使得软件工程过程出现新的变化。对象技术结合基于构件的软件工程是向着迭代甚至增量演化过程模型发展的自然结果。它们对软件开发效率和产品质量会产生深远影响,将导致更高的终端客户满意度和更好的软件质量。越来越多的大型软件的复杂度与日俱增,它们一旦出错将会引起十分严重的后果。软件形式语言及形式化的研究大量减少规约错误,提供了更完整、一致和无二义性的分析模型。虽然使用该方法必须考虑启动成本和相关的文档变更,但形式化方法对于安全和业务至关重要的系统具有很高的回报。此外，软件开发过程的质量控制也将逐步得到重视。而基于 Web 的应用把技术专家和领域专家更好地融合在一起，这对原有的软件工程过程的经济文化背景和工程环境提出了更高的要求，以至于会对软件工程过程进行适应性修改来开发软件的新功能。

虽然软件工程会发生一些变化，软件的非功能属性会引起更多人们的关注，所有活动的进行始终都是以保证产品质量为核心，细致的分析和设计以及有效的测试仍然是对软件工程师们最大的挑战。

此外，随着软件工程理论与方法的不断丰富与实践，还需要针对软件企业管理、软件项目管理、软件质量管理的主题，围绕软件业中的技术、过程、产品、人四个维度，从国外软件企业和软件项目的管理实施方法、管理经验与教训、成功与失败的案例中，认真吸取经验与教训，以指导我国软件企业的未来之路，帮助软件企业实施科学管理，把软件项目从失控的梦魇中摆脱出来，以更短的时间、更高的质量、可预测的成本生产出功能更为丰富的软件产品。

软件失控项目是指未能显著实现目标和（或）至少超出原定预算 30% 的项目。一些调查表明，大约 70% 的软件开发项目超出了估算的时间，大型项目平均超出计划交付时间 20%～50%，90% 以上的软件项目开发费用超出预算，并且项目越大，超出项目计划的程度越高。很不幸，有一个通常证明是正确的软件格言，叫做霍夫斯塔特定律，是循环论证的，它说软件开发所花费的时间总会比你所想象得更多，即使你考虑到霍夫斯塔特定律也是这样。

Robert L. Glass 提供了 17 个重大软件开发项目失控的案例，总结了软件开发项目失控的 6 大特征，讲解了典型的造成项目失控的潜在因素，以及如何通过风险管理、问题管理等手段，辨识、避免、转移这些失控的风险。项目失控的主要特征及原因简要归纳如表 1-6 所示。

那么，对于失控的软件项目，还有没有对应的补救措施呢？在项目开始和进行过程中，需要使用风险管理；在项目进行过程中出现没有料到的障碍时，可以使用问题管理。但这些都是解决萌芽的失控项目的书本方法。经多次调查，在实际的失控项目中，人们所尝试过的补救措施主要有：扩展进度表、更好的项目管理程序、更多的人、更多的资金、通过停止支付来给供应商施加压力、减小项目覆盖面、争取新的外来帮助、更好的开发方法、以提出诉讼威胁给供应商施加压力、改变项目中使用的技术、放弃项目及其他手段等。这里，除"减小项目覆盖面"和"放弃项目"两种之外，都会导致成本增加。在项目紧张进行时，失控项目的补救措施会受到限制，但任何补救措施都必须符合项目过程的框架。一旦项目结束，就应该整理出失控项目中所学到的教训，以备在以后的实践中使用。

最终，在实时补救措施及长期补救措施中，不谋而合地都提出了需要更好的项目管理。出现问题的公司笃信，项目管理正在是、将继续是软件失控的主要原因，直到它们进行某种改变为止。对此方向的探索与实践，是人们将来朝着根除软件项目失控目标迈出的最大一步。

表 1-6   软件项目失控的原因及特征

特 征	主要原因	典型案例	案例失败分析
拙劣的计划和估算（48%）	拙劣的估算、不稳定的需求、过于巨大的项目、无法扩展的新技术、拙劣的管理重点	• 痛苦的诞生——创建新软件成为 ON Technology 公司极其痛苦的任务 • 来自地狱的项目①	• 涉及几乎任何可能出错的事情，从工作原理、索引问题到延长进度、调试悲剧、缩小规模及其他的意外 • 客户一直在改变着需求，软件开发商拒绝改变他们的方法，且没有从头到尾负责整个开发过程的人
企业采用新技术（45%）	技术无法扩展、技术错误问题的解决方案、技术不具有所要求的功能性，尤其是缺少经验的人使用不成熟的技术组合则极为危险	• 1994 年福克斯迈尔医药公司遭遇失败 • 智能电子公司认识到新技术隐藏的危险 • 美国机动车协会新泽西分部 DMV 系统的 4GL 灾难 • 维斯特帕克银行 CS90 项目失控的剖析	• 广泛的自动化，如果正常工作的话，可以为公司极大地改进效率并节约大量资金，但福克斯迈尔遇到的计算机集成问题是导致破产的重要因素 • 基于新技术的解决方案经常在理论上看起来不错，但是很难学习，部署也很昂贵 • 项目小组的主要失误是误用了 Ideal，同时也存在着管理失败（忽视了对使用 Ideal 的警告）。使用 4GL 的关键在于应用到合适的项目中 • 泛滥使用时髦词语，组合了野心勃勃的商业计划和根本不存在的技术，结果超出了控制范围
缺乏或根本不具备有条理的项目管理方法（42%）	在失控原因中（可能是技术障碍、拙劣的计划、需求发生变化等），最显著的是恶劣的项目管理	• 每年花费纳税人 500 亿美元的 IRS② 项目的失败 • 无路可走的政府机构——加利佛尼亚州 DMV 数据库项目 • 美洲银行的 MasterNet 系统——风险评估的案例研究	• 规划差、合同订得差、实现也差，ISR 问题源于文化、政治、组织性问题，ISR 项目有 3 个任职 5 年的委员和 2 个代理委员没有技术背景…… • 没有人质疑项目要用多少时间、需要多少成本、可以获得什么利益或者什么时候可以完成，只是简单地采用了未经测试的关系型数据库技术，DMV 把自己逼进了角落，从而无法另寻迁移路径…… • MasterNet 提供了如何不冒管理风险的最佳实例，模块化设计、有限的功能、全负载测试都被取消了，BofA 也没能在管理中保持其连续性

(续表)

特　征	主要原因	典型案例	案例失败分析
团队中缺少资深人员(42%)	对软件生产率冲击最大的是进行工作的人和团队的素质,而单个软件工作人员的能力差距可以达到5:1～30:1,资深人员是项目失控问题的一部分	· 无法控制的突发性灾难——Adidas 的库房分布系统 · 专业标准变得松懈——美国航空公司机票预订系统 CONFIRM 的失败及其教训	· 它们换人就像流水一样……信息系统部只有 3 个人从头到尾经历了项目,Adidas 还解聘了主集成商 · 外包商 AMR 负责 CONFIRM 的人员被证明是"不称职的";另外,他们很明显地隐藏了一些重要的技术和性能问题;AMR 直接从大街上找个人来,在没有合适的经理人管理下就开始进行了;指派到 CONFIRM 的员工中有一半都在寻找新的工作机会;CONFIRM 中出现的技术纠纷与政治纠纷一样弱不禁风
供应商的拙劣(42%)	供应商的硬件或软件性能不足,通常项目是和供应商一起沉没的,但难以确定是不是由他们掌舵,把项目引向了失败	在到处都听到责备之声的地方,却没有多少指责说供应商是引起失败的主要原因,由于种种困难,此处不提供失控项目的案例	
其他——性能(效率)问题	互动计算机要求高性能,通常,性能问题和可靠性问题密不可分	· NCR 库存管理系统实际上成为了怠工者——几乎摧毁了客户关系的 NCR 库房管理系统 · Lisp 错误毁坏了 MCC 的③CAD 项目	· 系统的响应时间慢得如蜗牛在爬,应该在几秒内执行的命令要用几分钟,使得客户等待排队越来越长 · 因为性能问题,MCC 的一个花了 4 年开发的大型原型 CAD 系统,需要从基于 LISP 的系统转换到 UNIX 环境下,MCC 开发的原型 CAD 系统不具有所需要的性能或者稳定性……LISP 是有前途的技术,但是没有必要在大型系统中使用

　　注:①这里是美国联邦航空管理局(FAA)在 1981 年宣布实施的高级自动化系统(AAS)项目,结束于 1994 年;

　　②指国税局(ISR)税收现代化系统;

　　③MCC 是 Microelectronics&Computer Technologies(微电子和计算机技术)的缩写,LISP 通常指一种解释性语言。

小　结

　　软件工程的研究热点是随着软件技术的发展而不断变化的。最初重点着眼于提高程序员的工作效率,于是开发了各种软件工具(编辑、编译、跟踪、排错、源程序分析、反汇编和反编译等），随后把零散的工具整合在一起成为在一定程度上配套的工具箱，再后来又增加了文件管理、数据库支持、版本管理和软件配置管理等功能，逐步形成了所谓的计算机辅助软件工作环境（CASE）。接下来，软件工程所关心的就是"模型"问题，"瀑布模型"的出现就是要把其他行业中实施工程项目的经验搬到软件行业中，其隐含的基本假设之一就是项目目标固定不变，所以强调一定要把需求彻底弄明白，并且上一阶段的工作没有彻底做好之前决不开始下一阶段的工作。然而对于软件来说，项目目标固定不变这一假设通常不现实，许多大型项目的开发周期比较长，当项目进行到后期时，往往发现前面规定的项目目标已经没有意义了。为了解决这一问题，在"瀑布模型"中添加了种种反馈，随后又针对"用户自己也不知道到底需要什么"的问题提出了原型化开发思想以及与之相关的若干变形。由此看来，软件工程在实践中不断发展和完善，特别是近年来，随着软件规模的迅速扩大，以及各行各业对软件需求的增长，更促进了软件工程的发展。

习　题

1.在你平时开发软件时，遇到过类似于"软件危机"的现象吗？你通常是怎么解决的？

2.通过对本章内容的学习，你认为软件工程主要研究哪些问题。谈谈你对这些问题的理解。

3.假如你的客户需求很模糊，或者他不是很了解软件开发的一些概念，这时，你拟采取什么过程模型，为什么？

4.假设你开发一个软件，它的功能是把 73624.9385 这个数开平方，所得到的结果应该精确到小数点后 4 位，一旦实现并测试完之后，该产品将被抛弃。你打算选用哪种生命周期模型，请说明理由。

第 2 章

软件工程管理

软件工程管理几乎与软件工程同时于 20 世纪 70 年代中期引起人们的广泛关注。美国国防部立题专门研究的结果发现,70%的项目是因为管理不善而非技术原因不能很好完成,这表明软件管理是影响软件研发的关键因素,而技术则处于次要位置。到了 20 世纪 90 年代中期,软件工程管理不善带来的问题仍然存在。对美国软件工程实施现状的调查表明,软件研发的成本和周期依然很难预测,大约只有 10%的项目能够在规定的费用内按期完成。1995 年,美国共取消了 810 亿美元的软件项目,其中 31%的项目未做完就被取消,53%的软件项目进度通常要延长 50%的时间,只有 9%的软件项目能够及时交付并且费用也不超支。

软件项目失败的主要原因有:需求定义不明确,缺乏一个好的软件开发过程,没有一个统一领导的产品研发小组,子合同管理不严格,没有逐步改善软件过程,对软件构架很不重视,软件界面定义不善且缺乏合适的控制,关心创新而不关心费用和风险,军用标准太少且不够完善等。在关系到软件项目成功与否的众多因素中,软件度量、工作量估计、项目规划、进展控制、需求变化和风险管理等都是与工程管理直接相关的因素。由此可见,软件工程管理至关重要。

软件工程管理和其他工程管理相比有其特殊性。首先,软件是知识产品,进度和质量都难以度量,生产效率也难以保证;其次,软件系统复杂程度也是超乎想象的。例如,宇宙飞船的软件系统源程序代码多达 2000 万行,如果按过去的生产效率(一个人一年只能写 1 万行代码),那么需要 2000 人年的工作量,这是非常惊人的。正因为软件如此复杂和难以度量,软件工程管理的发展还很不成熟。本章所讲的软件工程管理不仅仅是软件工程过程本身的管理,还包括软件工程过程有关的外部影响因素的管理,是全面的软件工程管理。

软件管理的目标就是保证软件项目的成功,即保证在规定的时间内、预算计划内开发出令用户满意的软件产品。软件开发的所有成员都紧紧围绕这一目标进行工作。

软件管理包括软件项目范围(需求)管理、软件项目估算、计划与进度管理、软件项目配置管理、软件项目组织管理、软件项目质量管理、软件项目风险管理、关键文档管理等内容。

2.1 软件项目管理

2.1.1 软件项目产品的特点

软件项目是以软件为产品的项目。软件产品的特质决定了软件项目管理和其他领域的项目管理存在着一定的差异。

1. 抽象性

软件是脑力劳动的结果,是一种逻辑实体,具有抽象性。在软件项目的开发过程中没有具体的物理制造过程,因而不受物理制造过程的限制,其结束以软件产品交付为标志。软件一旦研制成功,就可以大量复制,因此软件产品需要进行知识产权的保护。

2. 缺陷检测的困难性

在软件的生产过程中,检测和预防缺陷是很难的,需要进行一系列的软件测试活动以降低软件的错误率。但即使如此,软件缺陷也是难以杜绝的,这就像一些科学实验中的系统误差,只能尽量减小,但不能够完全避免。

3. 高度的复杂性

软件的复杂性可以很高。有人甚至认为,软件是目前为止人类所遇到的最为复杂的事物。软件的复杂性可能来自实际问题的复杂性,也可能来自软件自身逻辑的复杂性。

4. 缺乏统一规则

作为一个学科,软件开发是年轻的,还缺乏有效的技术,目前已有的技术也还未经过很好的验证。不可否认,软件工程的发展带来了许多新的软件技术,例如软件复用技术和软件的自动生成技术,其中还包括一些有效的开发工具和开发环境,但这些技术在软件项目中采用的比率仍然很低,直到现在,软件开发还没有完全摆脱手工的方式,也没有统一的方法,否则它早已通过装配生产线实现了。具有不同经验和学科教育背景的人们为软件开发的方法论、过程、技术、实践和工具的发展做出了贡献,这些多样性也带来了软件开发的多样性。

2.1.2　软件项目管理的内容

IT 项目管理是以信息技术为基础的项目管理,它是项目管理的一种特殊形式,是随着信息技术的发展而诞生并不断完善的一种新的项目管理。一般项目管理的科学理论、思想方法和技术在 IT 项目管理中依然适用,同时由于它的特殊性也使其有特殊的管理问题需要研究和讨论。

1. 软件项目管理的定义

软件项目管理的概念涵盖了管理软件产品开发所必需的知识、技术及工具。根据美国项目管理协会(PMI)对项目管理的定义:在项目活动中运用一系列的知识、技能、工具和技术,以满足或超过相关利益者对项目的要求,我们可以给出软件项目管理的一种定义:在软件项目活动中运用一系列知识、技能、工具和技术,以满足软件需求方的整体要求。

2. 项目管理的要素

项目管理的主要要素包括范围、时间、成本和质量等,其中时间、质量和成本这三个要素简称为 TQC。

(1)范围,也称工作范围,指为了实现项目目标必须完成的所有工作。一般通过定义交付成果和交付成果的标准来定义工作范围。

（2）时间，也称为项目进度。与项目时间相关的因素用进度计划来描述，进度计划不仅说明了完成项目工作范围内所有工作需要的时间，也规定了每个活动的具体开始日期和完成日期。

（3）成本，也称为项目费用，指完成项目所需要的所有款项的费用，包括人力成本、原材料、设备租金、分包费用和咨询费用等。

（4）质量，指项目满足明确或隐含需求的程度，与绩效和满意度密切相关。一般通过定义工作范围中的交付物标准来明确定义，这些标准包括各种特性及这些特性需要满足的要求。

在实际工作中，工作范围在"项目合同"中定义，时间在"项目进度计划"中进行规定，成本通过"项目预算"来约束，质量则在"质量保证计划"中规定。项目合同、项目进度计划、项目预算和项目质量保证计划是一个项目立项的基本条件。

在项目中很难保证每个指标都能同时达到最佳。在实际工作中往往只能均衡多种要素做出取舍，使最终的方案对项目的目标影响最小。

一般来说，目标、成本、进度三者是相互制约的。其中，目标可以分解为任务范围和质量两个方面。项目管理的目的就是谋求（任务）多，（进度）快，（质量）好，（成本）省的有机统一，通常，对于一个确定的合同项目，其任务的范围是确定的，项目管理就演变成在一定的任务范围下如何处理好质量、进度和成本三者的关系。

3. 软件项目管理的过程

为保证软件项目获得成功，必须清楚其工作范围、要完成的任务、需要的资源、需要的工作量、进度的安排、可能遇到的风险等。软件项目的管理工作在技术工作开始之前就应开始，在软件从概念到实现的过程中仍要继续进行，且只有当软件开发工作最后结束时才终止。管理的过程分为如下几个步骤：

（1）启动软件项目。启动软件项目是指明确项目的目标和范围，考虑可能的解决方案，明确技术和管理上的要求等，这些信息是软件项目运行和管理的基础。

（2）制订项目计划。软件项目一旦启动，就必须制订项目计划。计划的制订以下面的活动为依据：

①估算项目所需要的工作量；

②估算项目所需要的资源；

③根据工作量制订进度计划，继而进行资源分配；

④做出配置管理计划；

⑤做出风险管理计划；

⑥做出质量保证计划。

在软件项目进行过程中，应严格遵守项目计划，对于不可避免的变更，要进行适当的控制和调整，但要确保项目计划的完整性和一致性。

（3）评审项目计划。对项目计划的完成程度进行评审，并对项目的执行情况进行评价。

（4）编写管理文档。项目管理人员根据软件合同确定软件项目是否完成。项目一旦完成，则检查项目完成的结果和中间记录文档，并把所有的结果记录下来形成文档而保存。

4. 软件项目管理的内容

软件项目管理的内容涉及上述软件项目管理过程的方方面面,概括起来主要有如下几项:

(1)软件项目范围(需求)管理。

(2)软件项目估算、计划与进度管理。

(3)软件项目配置管理。

(4)软件项目组织管理。

(5)软件项目质量管理。

(6)软件项目风险管理。

2.2　IT 项目范围管理

2.2.1　IT 项目范围变更

用户需求的不确定、公司上层对产品交付期的严格要求、人员的不合理流动等,使得项目组要制订一个完美的项目需求计划几乎成为奢望;反过来,压缩需求期的工作,减少文档的编写,把相互交流和沟通降到最低限度,又必然造成用户因不满意产品需求的质量而不断修改需求,从而使得后期维护成本增加,造成恶性循环。

IT 项目经常存在范围蔓延的问题,即项目范围存在不断扩大的趋势。项目范围蔓延是指项目范围在人们不注意的情况下逐步地微量增加,尤其在时间跨度较长的项目中经常出现。范围蔓延会导致项目进度无法控制、项目预算严重超支、项目回款延期、项目所交付的产品差强人意等问题,同时会导致项目团队对项目失去了方向、士气低落、项目迟迟不能验收、项目成果不能得到验收并推广使用,使买卖双方两败俱伤。一般来讲,需求的变更通常意味着需求的增加,需求的减少相对而言很少,而且处理需求减少方面的问题也比较容易。

2.2.2　IT 项目范围变更原因

范围变更的表现形式多种多样,如客户临时改变对功能需求的想法,项目预算发生变化等。在 IT 项目中,这些需求范围变更可能来自方案服务商、客户或者产品供应商,也可能来自项目组内部,分析各种需求变更的原因,可以归结为以下 4 个方面:

(1)范围没有明确就开始细化。范围的细化一般是由需求分析人员根据用户提出的描述性的、总结性的短短几句话去细化以提取其中的一个个功能,并给出相应的描述。在客户向需求分析人员提出需求的时候,往往是将自己的想法用自然语言表述出来,这样的表示结果对于真实的需求来说只是某个角度的描述,需求分析人员不能保证对这样的需求描述达到百分之百的正确理解。如果用户对需求不明确甚至提不出需求,或者因为项目组对业务不熟悉或者没有与用户密切配合,造成需求分析工作做得不细致,使得需求范围没有明确就开始了细化工作,当进入项目实施阶段时再对需求范围进行变更,就需要做很大的改动。

（2）系统实施时间过长。大中型 IT 项目的建设需要持续一段时间，当客户得出需求范围时，并不能立刻看到系统的运行情况，往往是双方认为理解没有分歧时，开发方才开始工作。在项目漫长的实施过程中，客户由于自身业务发生变化或突然产生新的想法，会不时地对项目提出新的需求；或者当客户拿到差不多可以试用的交付物时，他们会对系统的功能、性能等从一些亲身的感受出发，提出需求变更请求。

（3）用户业务需求改变。由于客户竞争激烈，运行情况不确定，需要随时对业务或环境变化做出反应，用户自然会经常提出需求变更的请求。

（4）系统正常升级。由于开发方自身版本升级、性能改进、设计调整等要求会产生需求变更。

2.2.3 范围变更控制过程

许多 IT 项目都存在范围蔓延的趋势，无论是项目的开始阶段，还是项目即将结束的阶段，发生范围变更都是不可避免的，因此，再好的计划也不可能做到一成不变。而项目范围的变更必然对项目产生影响，除了需要对项目范围加以核实以外，关键问题还是在于如何对变更进行有效的控制。

范围变更控制就是指对有关项目范围的变更实施控制。控制好范围变更必须有一套规范的变更管理过程，在发生变更时遵循规范的变更程序来管理变更。其过程如图2-1 所示。

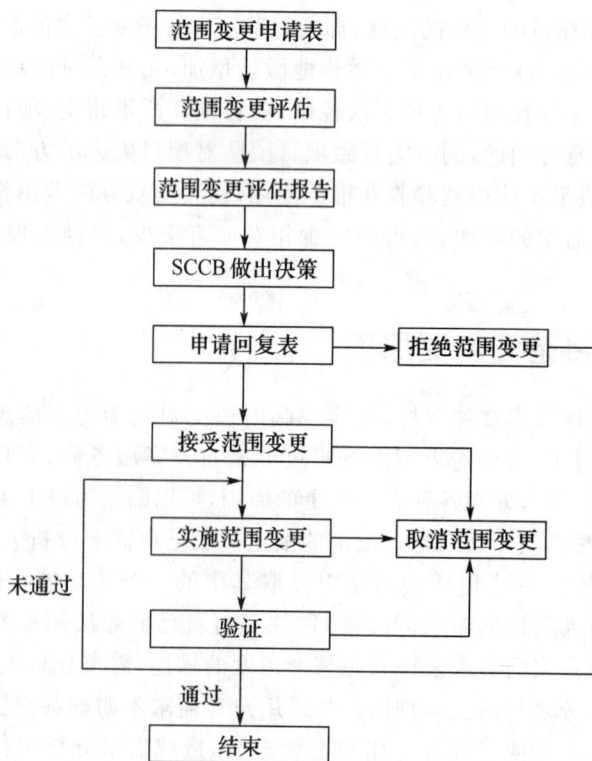

图 2-1 范围变更控制流程

(1)在发生范围变更时,首先需要向变更控制委员会(SCCB)提交范围变更申请表。对于任何范围变更请求,首先要做的是记录下来这个范围变更请求是什么,是由哪一类利益相关者提出来的,以及相应的联系方式,因为有些变更请求如果在本阶段不被接受,也许可以成为以后参考的功能或范围。

(2)SCCB 对范围变更进行评估。SCCB 是决定批准或拒绝特定项目中提出的变更请求的团队,通常由有关各方的代表组成,主要完成决定变更哪些需求,审核变更是否在项目范围之内,评估变更的范围,决定变更是否可以接受,对变更的需求设置优先级以及制定版本规定等工作。SCCB 需要对范围变更请求产生的原因进行分析,比如,分析该范围变更是由于在项目初期没有明确产品范围而产生的项目变更还是由于没有明确项目范围产生的变更,或者是由于外部事件所致。在评估时,SCCB 会进行范围变更分析,精确理解需求,评估系统对范围变更的接纳程度、变更的代价、变更对系统总体架构甚至产品发展的影响,为变更控制委员会决定是否批准范围变更提供依据。在范围变更评估分析中,还要进行需求范围稳定性分析。过于频繁的范围变更表明项目进程已经超出了需求变化的范围,项目经理应该考虑项目组织管理方面是不是出现了问题。

(3)SCCB 根据项目现有进度、进行项目范围变更的项目进度影响、费用及项目可接受影响的程度对项目范围变更排列优先级,提出变更请求采取的应对措施建议并记录风险和相应的风险应对计划;同时与项目赞助人协商项目变更影响,解决变更请求需要的条件,相应的费用变化以及项目赞助人的可接受程度等问题,据此确定是否实施变更。如果拒绝范围变更请求,则范围变更控制过程结束;如果接受范围变更请求,需要将范围变更加入现有项目详细计划中,更新相应的项目文档,通知相应项目有关人员关于项目内容、进度、人员、费用的变更,接下来就应该实施范围变更。

(4)实施范围变更。实施过程主要完成以下任务:跟踪所有范围变更影响的工作产品。当确定某一需求范围发生变更时,根据需求跟踪矩阵,修改与范围变更需求有关的各层、各环节需求项,如涉及需求项的设计模型、代码模块、测试用例等;同时完整地跟踪所有范围变更所影响的地方,甚至包括对最终产品以外的影响。例如,因需求变更,版本控制没有相应的记录,产品使用手册没有做相应的修改等。在实施范围变更的过程中,如果发现范围变更不恰当,如出现了未预料到的高额费用等,可以及时取消范围变更。

(5)确定是否调整需求基线。需求范围变更以后,SCCB 决定是否调整需求基线,新需求是反映为基线的调整,还是版本的变化。基线变化可以作为产品标准的变化,也可以理解为将发布一个新版本的产品,但是新版本产品并不一定就是新产品,因此 SCCB 要决定对新需求全面升级还是局部更改,是基线变化还是个别版本变化。

(6)维护范围变更记录和文档。决定变更基线或提升版本以后,需要做好记录,修改相应的文档。范围变更记录要记录范围变更原因、内容、影响、实现过程、其他相应的变更等。范围变更记录越完整,对于追溯甚至以后可能发生的回退就越有帮助。

(7)范围变更后还需要进行验证,如果未通过验证的话,要取消范围变更。如果通过验证,则范围变更实施结束。这时,需要记录实际项目范围变更带来的影响,总结经验教训。

2.2.4　实施范围变更管理原则

(1)建立需求范围基线,需求范围基线是指是否容许需求变更的分界线。在开发过程中,需求确定并经过评审后(用户参与评审),可以建立第一个需求基线,随着项目的进展,需求的基线也在变化,此后每次变更并经过评审后,都要重新确定新的需求基线。

(2)制定简单、有效的变更控制流程,并形成文档。在建立了需求基线后,提出的所有变更都必须遵循这个控制流程,同时,这个流程具有一定的普遍性,并对以后的 IT 项目和其他项目都有借鉴作用。

(3)成立项目变更控制委员会或具有相关职能的类似组织,负责裁定接受哪些变更。

(4)需求变更一定要先申请然后再评估,最后经过与变更级别相当的评审确认。

(5)需求变更后,受影响的软件计划、产品、活动都要进行相应的变更,以保证和更新的需求一致。

(6)妥善保存变更产生的相关文档。

2.2.5　IT 项目范围变更控制

IT 项目的生命周期分为启动、计划、实施、控制和收尾 5 个过程。范围变更的控制不应该只是项目实施过程考虑的事情,而是要贯穿于整个项目生命周期。项目中不可避免地会发生范围的变更,不论是在项目的开始阶段或是将要结束阶段,都有可能会发生项目范围的变更,而项目范围的变更自然会对项目产生影响。所以,怎样控制项目的范围变更是项目管理的一个重要内容。

项目所处的阶段越早,项目的不确定性越大,项目范围调整或变更的可能性就越大,此时带来的代价比较低。随着项目的进行,不确定性逐渐减小,变更的代价、付出的人力、资源逐渐增加,就会增加决策的难度。为了将项目范围变更的影响降到最小,就需要采用综合变更控制方法。综合变更控制主要内容有找出影响项目变更的因素、判断项目变更范围是否已经发生等。

进行综合变更控制的主要依据是项目计划、变更请求和提供了项目执行状况信息的绩效报告。为了保证项目变更的规范和有效实施,通常项目实施组织会采取以下措施。

1. 项目启动阶段的需求范围变更预防

任何 IT 项目的范围变更都是不可避免的,只能从项目启动的需求分析阶段就开始积极应对。对一个需求分析做得很好的项目来说,基准文件定义的范围越详细清晰,客户跟项目经理不断提出需求范围变更的机会就越少。如果需求没做好,基准文件里的范围含糊不清,往往要付出许多无谓的代价。如果需求做得好,文档清晰且又有客户签字,那么后期客户提出的变更一旦超出了合同范围,就需要另外收费。这并非要刻意赚取客户的钱财,而是不能让客户养成经常变更范围的习惯,否则对于项目来说后患无穷。

2.项目实施阶段的需求范围变更

成功项目和失败项目的区别在于项目的整个过程是否可控。项目经理应该树立一个理念——范围变更是必然的、可控的、有益的。项目实施阶段的变更控制需要分析变更请求、评估变更可能带来的风险和修改基准文件,特别需要注意以下几点:

(1)范围一定要与投入有联系,如果范围变更的成本由开发方来承担,则项目范围的变更就会频繁发生。所以,在项目的开始,无论是开发方还是出资方都要明确这一条:需求变,项目的投入也要变。

(2)范围的变更要经过出资者的认可,保证关键利益相关者对范围的变更有成本的概念,能够慎重地对待范围的变更。

(3)小的范围变更也要经过正规的范围变更流程。人们往往不愿意为小的范围变更去执行正规的范围变更流程,认为降低了开发效率,浪费了时间。但这种观念经常使得范围逐渐变得不可控,最终导致项目的失败。

(4)精确的需求与范围定义并不会阻止需求的变更。并非对需求定义得越细,就越能避免需求的渐变,这是两个层面的问题。太细的需求定义对需求渐变没有任何效果,因为需求的变化是永恒的,并非需求写细了,它就不会变化了。

(5)注意沟通的技巧。实际情况是用户、开发者都认识到了上面的几点问题,但是由于需求的变更可能来自客户方,也可能来自开发方,因此,作为需求管理者,项目经理需要采用各种沟通技巧来使项目的各方各得其所。

(6)在开发上尽量根据情况采用多次迭代的方式,在每次迭代的同时让客户参与和使用软件,对下一步的开发提出建议,争取在项目前期有效地减少后期可能出现的变更情况。

3.项目收尾阶段的总结

能力的提高往往不是由于成功的经验,而是失败的教训。范围变更过程的结果之一就是教训的总结。许多项目经理不注意经验教训总结和积累,即使在项目运作过程中碰得头破血流,也只是抱怨运气、环境和团队配合不好,很少系统地分析和总结,或者不知道如何分析总结,以至于同样的问题反复出现。

事实上,项目总结工作应作出现有项目或将来项目持续改进工作的一项重要内容,同时也可以作为对项目合同、设计方案内容与目标的确认和验证。项目总结工作包括对项目中事先识别的风险和没有预料到而发生的变更等风险的应对措施的分析和总结,也包括对项目中发生的变更和项目中发生问题的分析统计的总结。

2.3　IT 项目估算、计划与进度管理

进度是 IT 项目的一个关键因素,项目进度控制和监督的目的是增强项目进度的透明度,以便项目进展与项目计划出现严重偏差时,可以采取适当的纠正措施。已经归档和发布的项目计划是项目控制和监督中活动、沟通、采取纠正和预防措施的基础。

2.3.1　影响 IT 项目进度的因素

要有效地进行进度控制,必须对影响进度的因素进行分析,事先或及时采取必要的措施,尽量缩小计划进度与实际进度的偏差,实现对项目的主动控制。IT 项目中影响进度的因素很多,如人为因素、技术因素、资金因素、环境因素等,其中人为因素是最重要的因素,技术因素归根到底也是人的因素。常见的有以下几种情况。

1. 低估 IT 项目实现的条件

(1)低估技术难度。IT 项目的高技术本身,说明其实际实施中会有很多的技术难度,除了需要高水平的技术人员实施外,还要考虑为解决性能问题而进行的科研攻关和项目实验。实际中,项目主管通常会低估项目技术上的难度,使得项目不能按照项目计划顺利实施。

(2)低估了多个项目团队参加项目时工作协调、复杂度以及难度。IT 项目团队成员通常比较强调个人的智慧,强调个性,这就会增加需要团队合作的项目在协调工作时复杂度,尤其对于由很多子项目组成的大项目来说,更会增加项目协调和进度控制上的难度。

(3)低估环境因素。企业项目主管和项目经理也经常低估环境因素,没有充分了解项目情况,从而低估了项目实现的条件。

2. 项目参与者的失误

每个项目参与者的行为都会影响到项目进度。若项目计划本身有错误,如计划制订者在系统框架设计上的错误、成本预算编制的错误等,那么执行过程也难免出错,进而对进度产生影响。即使项目计划正确,项目执行上也一样会出现错误,如项目所需款项没有到位、关键人员离职等,都会影响项目进度。此外,如果没有很好地管理项目转包的部分,也会造成进度的延误。

3. 不可预见事件的发生

项目会因为一些不可预见的事件,如计划中要采购的设备没有货等,对项目进度产生影响。

通常项目进入实施阶段之后,项目经理所关注的活动都是围绕进度展开的。进度控制的目标与成本控制和质量控制的目标是对立统一的关系,三者互相制约。比如,一般情况下,进度快需要增加投资,而项目的提前完工可能会提高投资效益;进度快有可能影响质量,而严格控制质量又有可能影响进度,有时也有可能因为严格控制质量而不出现返工,反而加快了进度。这三个目标是一个系统,寓于一个统一体中,必须协调和平衡它们之间的关系才能得到全局的最优解。项目经理需要系统地考虑三者之间的制约关系,既要进度快,又要成本省、质量好,使三个目标的控制达到最优。

4. 项目状态信息收集的情况

离开了信息,对项目进行成功的控制就是无源之水、无本之木。由于项目经理的经验或素质原因,对项目状态信息收集掌握不足,及时性、准确性、完整性比较差。比如,某些项目团队成员报喜不报忧,在软件程序的编制过程中,可能会先编制一些表面的东西,给领导造成比较乐观的感觉,而实际上只是一个原型系统或演示系统。如果项目经理或者管理团队没有及时地发现这种情况,将对项目的进度造成严重的影响。

5. 计划变更调整的及时性

IT 项目不是一个一成不变的过程,开始时的项目计划可以制订得比较粗一些,随着项目的进展,特别是需求明确以后,项目的计划就可以进一步地明确,这时候应该对项目计划进行调整和修订,通过变更手续取得利益相关者的共识。计划应该随着项目的进展而逐渐细化、调整、修正。没有及时调整计划或者是随意的、不负责任的计划是难以控制的。

IT 项目计划的制订需要在一定条件的限制和假设之下采用渐近明细的方式,随着项目的进展进行不断细化、调整、修正和完善。对于较为大型的 IT 项目的工作分解可采用二次甚至多次 WBS 方法。由于需求的功能点和设计的模块或组件之间并不是一一对应的关系,所以只有在概要设计完成以后才能准确地得到详细设计或编码阶段的二次WBS,根据代码模块或组件的合理划分而得出的二次 WBS 才能在详细设计、编码阶段乃至测试阶段起到有效把握和控制进度的作用。有些项目的需求或设计做得不够详细,则无法对工作任务的分解、均衡分配和进度管理起到参考作用,因此要随着需求的细化和设计的明确,对项目的分工和进度进行及时的调整,使项目的计划符合项目的变化,使项目的进度符合项目的计划。

2.3.2　IT 项目进度控制

项目进度控制应该以项目进度计划为依据。项目经理通过各种有效沟通途径,获取项目进度的实际信息,比照进度计划基准,识别进度方面是否存在偏差。如果发现偏差,要分析偏差形成的原因,以及该偏差对项目总体的影响程度,同时要确定偏差是否可以接受。如果利益相关者认为偏差可以接受,则可以调整项目进度计划,反之,则需要制定具体的措施,将偏差纠正到可以接受的范围之内。纠正措施合并到项目的总体计划中,一起进行跟踪管理。

由此可以看出,项目进度偏差是项目进度控制的重要依据。如果不能及时有效地管理项目进度偏差,可能会对项目造成很大的影响。比如,项目延期引起客户满意度的下降,影响了和客户的继续合作;人力资源投入时间延长,增加了项目成本,并间接影响到其他项目的实施;项目延期导致团队情况消极,士气低落,生产率下降;不能及时收回款项,降低资金流动速度;公司名誉受到影响等。这些结果往往比进度偏差本身严重得多。

1. 识别偏差

在进行 IT 项目进度控制时,应检查是否存在偏差,通常从分析项目关键路径上的任务是否存在偏差开始,然后检查项目近关键路径上的任务,再检查其他任务的进展情况。通常项目团队使用项目进度管理一览表来管理项目实施过程中出现的进度偏差,如表2-1所示。在表的最左边,将出现偏差的任务分为三类:关键路径上任务、近关键路径上任务和非关键路径上任务。在每一类中,按照进度偏差的大小进行排序。

表 2-1　　　　　　　　　　　　　　　项目进度管理一览表

项目名称：										
项目编号：							项目经理：			
本文件所依据计划基准文件名称及编号：										
文件编号：						发布日期：		发布人：		
WBS 编号	任务 名称	计划 日期	实际 日期	进度 偏差	偏差 原因	影响	偏差是否可以 接受，若不 能接受，提供 纠正措施	计划解 决日期	实际解 决日期	责任人
关键路径上任务										
近关键路径上任务										
非关键路径上任务										

2. 分析偏差原因

识别了进度偏差之后，项目经理应该与存在进度偏差的任务的负责人一起分析偏差原因。如果任务责任人对偏差原因没有清晰的认识，项目经理应该帮助其分析探讨。通常将鱼刺图作为分析原因的工具，如图 2-2 所示。

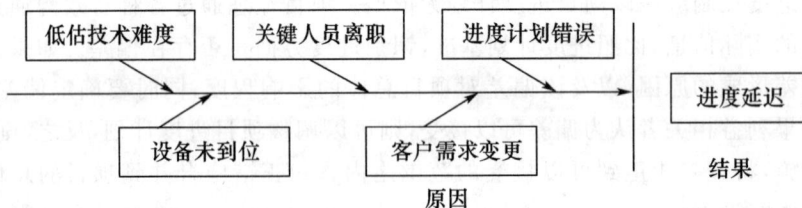

图 2-2　进度偏差原因分析

在 IT 项目中，造成项目进度延误的原因主要包括项目团队内部原因、项目执行组织原因、客户原因和外部原因 4 个方面。

项目团队内部原因主要包括：进度计划本身存在漏洞，人员技能达不到预想水平，团队士气不高、内部沟通不畅，协作配合不力，项目技术不成熟等。项目执行组织原因，如组织中管理层或者其他职能部门的不支持，使得项目所需资源不能及时到位，流程不合理影响项目进展等；客户原因，如客户没有按期准备所需事项、客户配合不力、客户需求更改过多等；外部原因，如分包商配合不力导致项目延误，以及一些不可控因素导致进度拖延等。

只有真正了解进度偏差发生的原因，才能确定对偏差的态度，决定是否需要采取措施。

3. 确定对既发偏差的态度

项目经理和团队应该重点关注项目进度管理一览表中排在前面的偏差。如果接受了某一项进度偏差,并因此调整进度计划时,项目的关键路径和近关键路径通常会发生变化,相应地,位于关键路径和近关键路径上的任务也会发生变化。

并非所有的偏差都需要采取纠正措施。比如,一些发生在非关键路径上的偏差,如果其小于此路径上的总浮动时间,不会直接导致项目整体进度的延误,这时可以接受此偏差,不采取纠正措施。当然如果发生在非关键路径上的偏差大于此路径上的浮动时间,那么该路径就成了项目的关键路径,这时如果不采取措施就会影响项目的总进度。

一般来说,项目本身通常留有一定的进度冗余。当存在较大的进度冗余时,在进度偏差不超过冗余的情况下,利益相关者可以容忍一定的进度偏差,但是如果进度偏差发生在项目实施早期,项目团队为了给以后的实施留出足够的冗余来抵御不可预见的风险,往往会纠正早期出现的进度偏差。

接受偏差一定要取得客户、公司管理层等关键利益相关者的认可,并及时与相关任务的负责人进行协调,避免潜在的人力资源冲突。

如果不接受偏差,就要及时制定纠正措施。例如,把非关键路径上的资源转移到关键路径上;投入更多的人力资源或加班赶进度,提高生产效率;使用项目中预留的时间冗余;更换不称职的团队成员;与客户主动沟通争取客户的谅解和配合;将组织内部问题升级以取得管理层注意和支持等,都是常使用的措施。当面对具体的进度偏差时,应该尽可能地找出所有可能的纠正措施,项目经理与项目团队成员、利益相关者、专家等一起从技术可行性、经济可行性、是否易于维护、是否会对项目其他任务造成影响等角度来进行筛选,并选择合适的纠正措施。

4. 关注进度正偏差

当项目团队成员的工作效率提高、技术改进时,进度会出现正偏差,表明项目进度超前,这时应该提出表扬,并推广其经验。但并不是所有的进度正偏差都是积极的,尤其是当出现较大幅度的正偏差时,一定要谨慎分析原因。比如,项目进度计划的编制是否有误,项目范围是否有所遗漏,项目的质量是否得以保证,项目进度报告是否有误,是否投入了过多的资源导致成本的迅速上升等。这些因素都预示了项目的潜在风险,需要采取必要的措施。

5. 调整项目进度计划

在项目实施过程中,难免会调整进度计划。通常对项目进度计划进行调整有以下几种情况:

(1)客户由于业务或需求变化提出变更申请,经批准后对进度计划进行相应调整。

(2)项目团队由于客观条件变化或者设计了更好的方案,提出变更申请,经批准后对进度计划进行相应调整。

(3)计划本身存在缺陷需要修正,应及时调整计划,并尽最大可能减少调整计划造成的负面影响。

（4）关键利益相关者接受项目进度出现的偏差,对进度计划进行相应的调整。

（5）纠正项目其他方面的偏差引起的项目进度偏差,经批准后对进度计划进行相应调整。

（6）随着项目的实施和内容的细化,对进度计划进行调整,以增加更加详细的内容。

对项目进度计划的调整,可能引起项目关键路径转移,因此每当对计划进度调整之后,项目经理需要重新确定关键路径。

2.4   配置管理

软件开发过程有许许多多资料,例如需求分析说明、设计说明、源代码、可执行码、用户手册、测试用例和测试结果等文档,此外还有合同、计划、会议记录和报告管理文档。如何有序高效地产生、存放、查找和利用如此庞大且不断变动的资料,确保在需要的时候能够及时获得正确的资料,尽可能少地出现混乱(如差错)成为软件工程项目十分突出的问题。软件配置管理正是为解决这个问题而提出的,它为软件开发提供了一套管理办法和活动原则,是软件开发过程质量保证活动的重要一环。

配置管理包括项目源代码、文档版本的控制与管理。具体内容有标识软件配置项、建立产品基准库、对配置项的修改加以系统的控制等。软件有一种进化的本性,从一个软件产品的定义一直到它被停止使用的过程中会经历许多变更,每一次变更的结果就是该产品的一个新版本。配置管理的目的就是在初始、评估以及执行这些变更的同时,维护产品的完整性。它提供了一个理性的框架来处理包括用户需求和资源限制的非理性事件。配置管理的目的就是标识每一软件项,管理并控制软件项的变更,便于追踪各软件项和后期维护。

2.4.1   配置管理的意义

在质量体系的诸多支持活动中,配置管理处在支持活动的中心位置。它有机地把其他支持活动结合起来,形成一个整体,使各个活动相互促进,相互影响,有力地保证了质量体系的实施。

同发达国家相比,我国的软件企业在开发管理上过分依赖个人的能力,没有建立起协同作战的氛围,没有科学的软件配置管理流程;在技术上只重视系统和数据库以及开发工具的选择,而忽视配置管理工具的选择,导致即使有配置管理的规程,也由于可操作性差而搁浅。以上种种原因导致开发过程中普遍存在如下一些问题:

（1）开发管理松散。部门主管无法确切得知项目的进展情况,项目经理也不知道各开发人员的具体工作,项目进展随意性很大。

（2）项目之间沟通不够。各个开发人员各自为政,编写的代码不仅风格各异,而且编码和设计脱节。开发大量重复且难以维护的代码。

（3）文档与程序严重脱节。软件产品是公司的宝贵财富，代码的重用率相当高，如何建好知识库、用好知识库对优质高效开发产品具有重大的影响。如果程序既无像样的文档，开发风格又不统一，将会给系统维护与升级带来极大的困难。

（4）测试工作不规范。传统的开发方式中，测试工作只是人们的一种主观愿望，根本无法提出具体的测试要求，测试工作往往是走过场，测试结果既无法考核又无法量化，当然就无法对以后的开发工作起到指导作用。

（5）施工周期过长且开发人员必须亲临现场。由于应用软件自身的特点，各个不同的施工点有不同的要求，开发人员要手工地保持多份不同的拷贝，即使是相同的问题，但由于在不同地方提出，由不同人解决，其做法也不同，程序的可维护性越来越差。

通过科学的配置管理能够大大地改善软件开发的环境与软件开发的效益，能够节约费用、缩短开发周期，有利于知识库的建立及规范管理，从而保证软件开发工程能够在规定的时间内保质、保量地完成，开发出易于维护、易于升级的软件。有效的配置管理可以帮助我们提高软件产品质量、提高开发团队工作效率。很多软件企业已经逐渐认识到配置管理的重要性，在国外一些成熟的配置管理工具的帮助下，制定相应的配置管理策略，取得了很好的成效。

软件配置管理的目标是：规划软件配置管理活动，经由选择的软件工作产品能够被识别、控制及获取，对被识别的软件工作产品的调整进行控制，相关的组和个人能获知软件基准的情况和具体内容。

软件配置管理方面的工作包括：在指定的时间及时确定软件的配置（比如软件产品和它们的描述）；在整个软件生命周期中系统地控制这些配置的调整，并维持其完整性和可跟踪性；被置于软件配置管理之下的工作产品包括发布给用户的软件产品（比如软件需求文档和代码）以及创建软件产品所必需的内容（比如编译器）。

2.4.2　配置管理的实施过程

软件配置管理活动在整个开发活动中是一项支持性、保障性的工作，它本身并不直接为企业产出可以直接赢利的工作成果；而配置管理的每一项活动都需要消耗企业的人力资源，有些还需要购置专门的工具来支持活动的进行，这些都会导致企业生产成本的增加。所以，在计划实施配置管理时，要小心地界定每一项活动。取舍的标准是：从事这项活动是不是真正有助于我们实施活动的成功，它对于提高产品的质量有多大的帮助以及它能否帮助开发团队更高效率地工作。配置管理的实施要注意以下几个方面的问题。

1. 评估开发团队当前配置管理现状

对于本部管理现状的评估，可以自己进行，也可以引入外部专业咨询人员来完成。引入外部专业咨询人员进行评估有两个好处：一是通常这样的咨询人员有比较丰富的配置管理实施经验，评估工作可以进行得更好、更细致，而且通常咨询人员会在评估结果的基础上提出实施的建议；二是引入外部人员，通常评估结果会比内部自我评估更客观。坏处是要花钱。不管以何种方式进行，评估这个步骤的工作是一定要仔细进行的，有了评估的结果,才谈得上改进。

2. 定义实施的范围

对于没有正式实施过软件配置管理的开发团队,在配置管理方面存在的问题可能会比较多,经过评估,会找出很多需要改进的点。那么,怎样来计划改进的工作步骤呢? 原则就是利用管理学中的黄金法则抓住团队最头疼的几个问题,努力想办法解决这些问题。能找出 20% 对软件开发带来 80% 的困扰和痛苦的问题,然后集中 80% 的精力来解决这些问题。流程改进是一个持续的历程,一个阶段会有一个阶段改进的重点,抓住重点、做出成绩,才是有效的改进之道。

3. 计划资源要素

具体来说,配置管理实施主要需要两方面的资源要素:一是人力资源,二是工具。人力方面,因为配置管理是一个贯穿整个软件生命周期的基础支持性活动,所以配置管理会涉及团队中比较多的人员角色,比如,项目经理、配置管理员、开发人员、测试人员、集成人员和维护人员等。但是,一个良好的配置管理平台上并不需要开发人员、测试人员等角色了解太多的配置管理知识,所以,配置管理实施的主要人力资源集中在配置管理员上。配置管理员对一个实施了配置管理并建立了配置管理工作平台的团队来说,是非常重要的。整个开发团队的工作成果都在他的掌管之下,他负责管理和维护的配置管理系统如果出现问题的话,轻则影响团队其他成员的工作效率,重则可能出现丢失工作成果、发布错误版本等严重的后果。在国外一些比较成熟的开发组织中,对于配置管理员都很重视,在选拔配置管理员的时候,也有相当高的要求,比如,有一定的开发经验,对于系统(操作系统、网络和数据库等方面)比较熟悉,掌握了一定的解决问题的技巧,在个人性格上,要求比较稳重、细心。

在配置管理员这个资源配置方面,要注意后备资源的培养。在大家越来越重视配置管理的大环境下,经验丰富的配置管理员会成为抢手的人才;而配置管理员的离开可能会给团队的工作进度带来一定的影响,所以聪明的管理者会为自己留好备用人选。

选择什么样的配置管理工具一直是大家关注的热点问题。配置管理工作更强调工具的支持。在配置管理工具的选型上,可以综合考虑下面的一些因素。首先是经费,一般来说,如果经费充裕的话,采购商业的配置管理工具会让实施过程更顺利一些,商业工具的操作界面通常更方便一些,与流行的集成开发环境(IDE)通常也会有比较好的集成,实施过程中出现与工具相关的问题也可以找厂商解决。如果经费有限,不妨采用自由软件(如 CVS 之类的工具)。如果准备选择商业配置管理工具,就应当重点考虑下面几个因素:

(1)工具的市场占有率。大家都选择的东西通常会是比较好的东西,而且市场占有率高也通常表明该企业经营状况会好一些,被人收购或者倒闭的可能性小一点。

(2)工具本身的特性,如稳定性、易用性、安全性、扩展能力等。在投资以前应当仔细地对工具进行试用和评估。比较容易忽略的是工具的扩展能力(Scalability)。

(3)厂商支持能力。工具使用过程中出现的问题,有些是因为使用不当引起的,有些则是工具本身的毛病,这样的问题会影响到开发团队的工作进度,要确保能够找到厂商的专业技术人员帮助解决这些问题。

配置管理工具不是用一次两次的工具,因此,选择配置管理工具其实是选择和哪个厂商来建立一种长期的关系,所以一定要慎重选择。

4. 建立有关的数据库

(1)建立代码知识库实现对程序资源进行版本管理和跟踪。保存开发过程中每一过程版本,这样将大大提高代码的重用率,还便于同时维护多个版本和进行新版本的开发,防止系统崩溃,最大限度地共享代码;同时项目管理人员可以查看项目开发日志,测试人员可以根据开发日志对软件的不同版本进行测试,工程人员可以得到不同的运行版本,并且供外地施工人员存取最新版本,无需开发人员亲临现场。科学地应用知识库可以大大提高开发效率,避免了代码覆盖、沟通不够、开发无序的混乱局面。如果利用了公司原有的知识库,则更能提高工作效率,缩短开发周期。

(2)建立业务及经验库。通过配置管理可形成完整的开发日志及问题集合,以文字方式伴随开发的整个过程,不依某个人的转移而消失,有利于公司积累业务经验,无论对版本整改或版本升级,都具有重要的指导作用。

(3)建立代码对象库。软件代码是软件开发人员脑力劳动的结晶,也是软件公司的宝贵财富,长期开发过程中形成的各种代码对象就像一个个零件一样,是快速生成系统的组成部分。许多组织的现实是一旦某个开发人员离开工作岗位,其原来所做的代码便基本成为垃圾,无人过问,究其原因,就是没有专门对各人的有用对象进行管理,把其使用范围扩大到公司一级,进行规范化,加以说明和普及,建立代码对象库就能解决这些问题。

5. 建立开发管理规范

把版本管理档案挂接在公司内部的 Web 服务器上,工程人员可获取所需的最新版本。开发人员无需下现场,现场工程人员通过对方系统管理员收集反馈意见,书面提交到公司内部开发组项目经理,开发组内部讨论决定是否修改,并作出书面答复。这样可以同时管理多个项目点,克服开发人员分配到各个项目点时力量分散、人员不够的弊端,同时节约大量的差旅费用。规范管理能带来以下好处:量化工作量考核,传统的开发管理中,工作量一直是难以估量的指标,靠开发人员自己把握,随意性相当大,而靠管理人员把握,主观性又太强;规范测试,测试工作人员根据每天的修改细节描述每一天的工作,对测试人员也具有可考核性,这样环环相扣,大大减少了其工作的随意性;加强协调与沟通,通过文档共享及其特定机制与电子邮件的集成,大大加强了项目成员之间的沟通,做到有问题及时发现、及时修改、及时通知,但又不额外增加很多的工作量。

6. 建立基准

经过正式评审和认可的一组配置项(文档和其他软件工作产品)可以作为进一步开发的基础,并且只有通过正式的更改控制规程才能被更改。

7. 更改控制

在合同阶段与客户明确系统更改的控制方法,以确保系统的成功实施。因客户的业务需求变更而进行更改时应有客户的确认,以防开发人员的软件项的随意更改。在各项目开发结束后,所有代码和文档备份到专用的代码备份服务器归档。后期的维护作为新任务的开始,定期整理维护活动产生的结果,追加到原项目的备份中去,同时更新配置状态报告。

在初期的软件开发过程中人们常常忽略文档的管理,往往认为程序是软件的核心,而文档则是可有可无的,对文档不重视也是产生软件危机的一个原因。所幸的是,现在人们对文档的重要性已经有某种程度的认识。文档是用来表示对活动、需求、过程或结果进行描述、定义、规定、报告或认证的书面信息。它们描述和规定了软件设计和实现的细节,说明使用软件的操作命令,是软件使用、升级和维护的最重要的依据。文档是软件的一部分,没有文档的软件是一个不完整的软件。在整个软件生存期中,各种文档作为半成品或是最终成品,会不断地生成、修改或补充。为了最终得到高质量的产品,达到质量要求,必须加强对文档的管理。在文档管理方面要注意以下几点:

(1)软件开发小组应设一位文档保管人员,负责集中保管本项目已有文档的两套主文本。两套文本内容完全一致,其中的一套可按一定手续办理借阅。

(2)软件开发小组的成员可根据工作需要在自己手中保存一些个人文档。这些一般都应是主文本的复制件,并注意和主文本保持一致,在作必要的修改时,也应先修改主文本。

(3)开发人员个人只保存着主文本中与他工作相关的部分文档。

(4)在新文档取代了旧文档时,管理人员应及时注销旧文档。在文档内容有变动时,管理人员应随时修订主文本,使其及时反映更新了的内容。

(5)项目开发结束时,文档管理人员应收回开发人员的个人文档。发现个人文档与主文本有差别时,应立即着手解决。这常常是未及时修订主文本造成的。

(6)在软件开发过程中,可能发现需要修改已完成的文档,特别是规模较大的项目,主文本的修改必须特别谨慎。修改以前要充分估计修改可能带来的影响,并且要按照提议、评议、审核、批准和实施等步骤进行严格的控制。在整个软件生存期中,各种文档作为半成品或是最终成品,会不断地生成、修改或补充。为了最终得到高质量的产品,达到质量要求,必须加强对文档的管理。

2.4.3 配置控制

为配合整个软件开发过程的管理,保证各阶段成果具有完备、一致、可追踪性和技术状态的可控制性,在整个产品实现过程中标识、组织和控制修改项,需要在软件产品开发和维护过程中实施软件配置管理活动。

软件配置管理(Software Configuration Management,SCM)的真正含义可以从以下角度理解和掌握。

(1)《ISO/IEC12207(1995)信息技术——软件生存期过程》关于配置管理的定义如下:配置管理过程是在整个软件生存期中实施管理和技术规程的过程,它标识、定义系统中软件项并制订基线,控制软件项的修改和发布,记录和报告软件项的状态和修改申请,保证软件项的完整性、协调性和正确性以及控制软件项的存储、装载和交付。

(2)《ISO9000-3(1997)质量管理和质量保证标准——第 3 部分：ISO9001：1994 在计算机软件开发、供应、安装和维护中的使用指南》：软件配置管理是一个管理学科，它对配置项的开发和支持生存期给予技术上和管理上的指导。配置管理的应用取决于项目的规模、复杂程度和风险大小。

(3)巴比齐(W. Babich)：软件配置管理能协调软件开发，使得混乱减少到最小。软件配置管理是一种标识、组织和控制修改的技术，目的是最有效地提高生产率。

(4)《GB/T11457(1995)软件工程术语》：软件配置管理是标识和确定系统中配置项的过程，在系统整个生存周期内控制这些项的投放和更动，记录并报告配置的状态和更动要求，验证配置项的完整性和正确性。

总之，软件配置管理是指通过在软件生命周期的不同时间点上对软件配置进行标识，并对这些被标识的软件配置项的更改进行系统控制，从而达到保证软件产品的完整性和可溯性的过程。

为了达到上述目的，SCM 必须完成下面 4 项工作：

(1)配置标识。配置标识是软件生命周期中选择定义各类配置项、建立各类基线、描述相关软件配置项及其文档的过程。首先，软件被分成一系列软件配置项，一旦各配置项和它们各自应包含的内容被选定，就制订一套框架方案，包括对代码、数据、文档进行命名，最后，对这些配置项的功能、性能和物理特性生成描述文档。在配置管理系统中，基线就是一个配置项或一组配置项在其生命周期的不同时间点上通过正式评审而进入正式受控的一种状态，是产品中所有模块的配备(版本集)。

(2)配置控制。即控制对配置项的修改，指对配置项的变更申请进行初始化、评估、协调、实现，包括将通过和实现的变更加入到基线中的更改控制过程。更改控制是为了确保各类变更被正式地初始化、分类、评估、批准或不批准。获批准的变更请求将得到正确的实现、记录和验证。

(3)配置状态发布。配置状态发布跟踪对软件更改的过程，它保证对正在进行和已完成的变更进行记录、监视并通报。

(4)配置评审。确认受控软件配置项满足需求并就绪。配置评审用于验证一个可发布的软件基线是否包含了它应包括的所有内容，通常包括两类评审：功能配置评审和物理配置评审。前者确认软件已通过测试并满足基线规定的需求说明，即确保配置的正确性；后者确认将发布的软件包含了所有必需的组成部分，包括代码、文档、数据等，确保配置的完整性。

模块代码通常以 3 种形式存在：源代码(现在常使用 C++、Java 或 Ada 等高级语言编写)、目标代码(通过编译源代码生成)和可执行载入映像(目标代码与运行时例程结合)，如图 2-3 所示。程序员可使用每个模块的多种不同版本。软件配置是指一个软件产品在软件生存周期各个阶段所产生的各种形式(机器可读或人工可读)和各种版本的文档、程序及其数据的集合。该集合中的每一个元素称为该软件产品软件配置中的一个配置项(Configuration Item)。

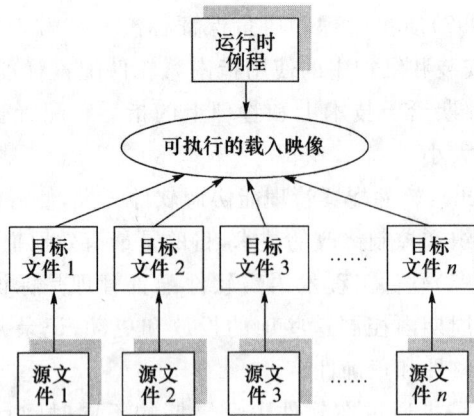

图 2-3　模块代码的 3 种存在形式

　　需要指出,"配置"和"配置项"是两个不同的概念。"配置"是在技术文档中明确说明并最终组成软件产品的功能或物理属性,因此,它包括了即将受控的所有产品特性、相关文档、软件版本、变更文档、软件运行的支持数据以及其他一切保证软件一致性的组成要素。相对于硬件类配置,软件产品的"配置"包括更多的内容并具有易变性。

　　受控软件经常被划分为各类"配置项",这类划分是进行软件配置管理的基础和前提。"配置项"是逻辑上组成软件系统的各组成部分,比如一个软件产品包括几个程序模块,每个程序模块及其相关文档和支撑数据可能被命名为一个配置项。如果一个产品同时包括硬件和软件部分,那么配置项也同时包括软件和硬件部分。一个纯软件的配置项通常也称之为软件配置项。软件硬件的配置管理有一些相通的地方,但因为软件更易于修改,所以软件配置管理是一个更应该系统化的过程。

　　接受 SCM 过程控制的软件受控"配置项"应包括一切可能对软件产品的完整性和一致性造成影响的组成要素,比如项目文档、产品文档、代码、支撑数据、项目编译建立环境、项目运行环境等,所有这些可以由同一套 SCM 过程统一管理。

　　一般来说,软件开发过程从概念演绎和需求分析开始,然后是设计、各配置项的编码或写作、集成测试,最后是用户手册的编写等。软件配置管理包括了软件生命周期的时间分散点上对各配置项进行标识并对它们的修改进行控制的过程。在一个开发阶段结束或一组功能开发完成后,要对相应的配置项进行基线化并形成各类基线。

　　在进行软件测试时,为了重现模块在某组测试数据上的问题,必须使用一个配置控制工具(否则需要查看二进制的可执行载入映像才能指出错误源头)来确定是模块哪个变种版的哪个修订版进入了该产品失效的哪个配置版本。所以,处理多个版本时必须解决两个问题:区分版本以便将每个模块的正确版本编译并链接到产品中;对一个可执行映像还要确定每个组件的哪个版本进入它了。

　　解决这个问题首先要有版本控制工具。许多操作系统支持版本控制(尤其是大型计算机的操作系统)。对于不支持版本控制的操作系统可以使用一个单独的版本控制工具。在版本控制中,文件的名称常常包含两个部分:文件名本身和修订版本号,程序员借此可以准确指明为完成某任务需要哪一个修订版。

版本控制在管理模块的多个版本和整体产品方面的帮助很大,但是在维护 V 个变种版本时,如果其中一个发现了错误,则全部 V 个变种版都需要恢复,较好的处理方法是只存储一个变种版,然后其他任何变种版都依据从最初的版本到那个变种版本所做改变的存储列表修改获得。这些差异的列表被称为"增量",所以,存储的只是一个变种版和 V−1 个增量,通过访问最初的变种版并应用不同的增量就可以得到其他变种版。然而对最初的变种版的任何修改都会自动应用到所有其他的变种版中。

使用配置控制工具不仅可以自动管理多个变种版,而且还能处理小组开发和维护时出现的其他问题。例如,在产品维护期间的配置控制中,如果多个程序员同时维护一个产品,就会出现修复错误的变更不同步问题。对于团队维护来说,应该每次只允许一个用户修改模块。配置控制不仅在维护阶段需要,在产品开发过程中的实现和集成阶段也需要。管理者为了充分监控开发过程,一有可能就会使用配置控制来管理,这样就能掌握每个模块的状态。一个可用的软件配置状态报告如表 2-2 所示。

表 2-2　　　　　　　　　　　　　软件配置状态报告

项目名称		项目编号		项目周期		开发环境	
报告期间		所属部门		报告编制		流水号	

常用的软件配置管理工具如下:

(1)Source Integrity(SI)——版本管理工具。

(2)Track Integrity——问题跟踪、变更管理工具。

(3)Rational 公司的产品:ClearCase(版本控制工具)和 ClearQuery(变更管理工具)。

(4)微软的 Studio Package 中带的 VSS。

(5)UNIX 版本控制工具:SCCS(源代码控制系统)、RCS(修订版控制系统)和 CVS(并行版本控制系统)。

(6)较早被使用的版本管理工具——PVCS。

此外,还使用辅助工具来进行配置管理。配置库系统是实现配置管理的一种辅助自动化工具,它提供对配置项的增量式存储和对各类流程(比如变更控制流程、配置状态发布)的支持。项目应根据其规模和配置管理的复杂程度使用专门的配置管理系统建立配置库系统。

为了体现对配置项的分层控制,在逻辑上可将配置库分为 3 类:基线库、开发库、产品库。

(1)基线库。包含通过评审的各类基线及变更统计数据。

(2)开发库。即程序员的工作空间,始于某一基线,为某一目的的阶段开发服务,最终通过正式的评审过程归并到某一基线,回归到基线库。

(3)产品库。保存各基线的静态复件。基线库进入发布阶段形成产品库,可以在产品数据库中形成相应的复件。

通常情况下,用软件配置管理工具的分支和合并功能实现基线库、开发库和产品库的分离。版本树主干作为基线库,在进行功能增强或错误、缺陷修改时,建立相应的版本分支作为开发库,修改完成后归并到基线库中。

上面提到的基线按照软件开发的不同阶段,可以分为下面几种类型:

(1)功能基线(Functional Baseline),指在系统分析与软件定义阶段结束时,经过正式评审和批准的系统设计规约书中对待开发系统的规约;或是指经过项目委托单位和项目承办单位双方签字同意的协议书或合同中所规定的对待开发软件系统的规约;或是由下级申请经上级同意或直接由上级下达的项目任务书中所规定的对待开发软件系统的规约。功能基线是最初批准的功能配置标识。

(2)指派基线(Allocated Baseline),指在软件需求分析阶段结束时,经过正式评审和批准的软件需求的规约。指派基线是最初批准的指派配置标识。

(3)产品基线(Product Baseline),指在软件组装与系统测试阶段结束时,经过正式评审批准的有关所开发的软件产品的全部配置项的规约。产品基线是最初批准的产品配置标识。

2.4.4　配置管理报表

在系统的运行与维护过程中,还要注意一些常用的配置管理报表及其格式。

1. 软件问题报告单(SPR)

在系统的运行与维护阶段对软件产品的任何修改建议,或在软件开发的任一阶段中对前面各个阶段的阶段产品的任何修改建议,都应填入软件问题报告单。软件问题报告单的格式见表 2-3。

表 2-3　　　　　　　　　　软件问题报告单(SPR)

软件问题报告单								登记号(A)						
								登记日期(B)				年月日		
								发现日期(C)				年月日		
项 目 名 (D)			子项目名 (E)					代号(F)						
阶段名	软件定义	需求分析	概要设计	详细设计	编码测试	组装测试	安装验收	运行维护	状态	1	2	3	4	5	6	7
报告人	姓名								电话						
	地址														
问题(G)	例行程序　　程序　　数据库　　文档　　改进														
子例行程序/子系统: (H)				修改版本号:(I)					媒体(J)						
数据库: (K)				文档:(L)											
测试实例: (M)				硬件:(N)											
问题描述/影响:(O)															
附注及修改建议:(P)															

(1)配置管理人员填写内容。表中 A、B、C、P 和状态等项是由负责修改控制的配置管理人员填写的,其他各项即 D、E、F、G、H、I、J、K、N 和 O 各项是由发现问题的人或申请配置管理的人填写的,他可能还要填写 J、L 和 M 三项内容。前四项内容的意义如下:

①A 是由配置管理人员确定的登记号,一般按报告问题的先后顺序编号;

②B 是由配置管理人员登记问题报告的日期;

③C 是发现软件问题的日期;

④P 是填写若干补充信息和修改建议。

(2)配置管理状态。状态一栏分成 7 种情况,分别为:软件问题报告正被评审,已确定采取什么行动;软件问题报告已由指定的开发人员去进行维护工作;修改已经完成且测试已通过,正准备释放给主程序库;主程序库已更新,主程序库修改后的测试工作;已经进行了复测,但发现问题仍然存在;已经进行了复测,已经顺利完成所做的修改,软件问题报告单被关闭(维护已完成);留待以后关闭,因问题不可重现,或者是属于产品改善方面的,或者只具有很低的优先级等。

(3)配置管理申请人员填写的内容。在软件问题报告单中,属于配置管理申请人填写的各项内容的意义如下:

①D、E 两项是项目和子项目的名称,F 是该子项目的代号。这应按配置标识的规定来命名代号。

②阶段名和报告人的姓名、住址和电话等的含义显而易见。

③G 表示问题属于哪一方面,是程序的问题还是例行程序的问题,是数据库的问题还是文档的问题,是功能适应性修改还是性能改进性修改问题,也可能是它们的某种组合。

④H 表示子例行程序/子系统,即要指出出现问题的子例行程序名字。如果不知是哪个子例行程序,可标出子系统名,总之,尽可能给出细节。

⑤I 是修订版本号,指出出现问题的子例行程序版本号。

⑥J 是媒体,表示包含有问题的子例行程序的主程序库存储媒体的标识符。

⑦K 是数据库,表示当发现问题时所使用的数据库标识符。

⑧L 是文档号,表示有错误的文档的编号。

⑨M 表示出现错误的主要测试实例的标识符。

⑩N 是硬件,表示发现问题时所使用的计算机系统的标识。

⑪O 是问题描述/影响,填写问题征候的详细描述。如果可能则写明实际问题存在,还要给出该问题对将来测试、界面软件和文档等的影响。

2. 软件修改报告单(SCR)

对软件产品或其阶段产品的任何修改,都必须经过评审、批准后才能重新投入运行或作为阶段产品释放,这一过程用软件修改报告单(Software Change Report)记录。软件修改报告单的格式见表 2-4。当收到了软件问题报告单之后,配置管理人员便填写软件修改报告单。软件修改报告单要指出修改类型、修改策略和配置管理状态,它是供配置控制小组进行审批的修改申请报告。

表 2-4 　　　　　　　　　　软件修改报告单（SCR）

软件修改报告单				登记号（A） 登记日期（B） 评审日期（C）	年月日 年月日
项目名（D）		子项目名（E）		代号（F）	
响应哪些 SPR：（G）					
修改类型（X）		修改申请人（Y）		修改人（Z）	
修改：（H）					

修改描述：（I）

批准人：（J）

改动：					
语句类型：（K）	I/O　计算　逻辑　数据处理				
程序名：（L）		老版本号：（M）		新版本号：（N）	
数据库（O）	DBCR：（P）	文档：（Q）		DUT：（R）	
修改已测试否：（S）	单元	子系统工程	组装	确认	运行
成功否：（S）					
SPR 的问题叙述准确否？（T）	是　　否				
附注：（U）					
问题来自：（V）	系统设计规约书　需求规约书　设计说明书　数据库　程序				
资源来自：（W）	人工数：（单位：人日）计算机时间：（单位：小时）				

表中各项内容的意义如下：

①A 是登记号，它是配置修改小组收到软件修改报告单时所作的编号。

②B 是配置管理人员登记软件修改报告单的日期。

③C 是准备好软件修改报告单后，可以对它进行评审的时间。

④D、E 和 F 的意义是软件修改报告单的编号。如该编号中提出的问题只是部分解决，则在填写时要在该编号后附以字母 P（PART 表示部分之意）。

⑤H 指出是程序修改、文档更新、数据库修改还是它们的组合，如果仅是指出用户文档的缺陷则在解释处做上记号。

⑥I 是修改的详细描述。如果是文档更新,则要列出文档更新通知单的编号;如果是数据库修改,则要列出数据库修改申请的标识号。

⑦J 是批准人。经批准人签字、批准后才能进行修改。

⑧K 是语句类型。程序修改中涉及的语句类型包括:输入/输出语句类、计算语句类、逻辑控制语句类、数据处理语句类(如数据传送、存放语句)。

⑨L 是程序名,即被修改的程序、文档或数据库的名字。如果只要求软件修改报告单做解释性工作,则是重复软件问题报告单中给出的名字。

⑩M 指当前的版本/修订本标识。

⑪N 指修改后的新版本/修订本标识。

⑫O 指数据库,如果申请数据库修改,这里给出数据库的标识符。

⑬P 是数据库修改申请号 DBCR。

⑭Q 指文档,即如果要求文档修改,这里给出文档的名字。

⑮R 是文档更新通知单编号 DUT。

⑯S 表示修改是否已经测试,指出已对修改做了哪些测试,如单元、子系统、组装、确认和运行测试等,并注明测试成功与否。

⑰T 指出在软件问题报告单中给出的问题描述是否准确,并回答是或否。

⑱U 是问题注释,准确地重新叙述要修改的问题。

⑲V 指明问题来自哪里,如系统设计规约书、软件需求规约书、概要设计说明、详细设计说明书、数据库、源程序等。

⑳W 说明完成修改所需要的资源估计,即所需要的人工数和计算机终端时数。

㉑X 指出所要进行修改的类型,由执行修改的人最后填写。修改类型主要有适应性修改、改进性修改以及计算错误、逻辑错误、输入和输出错误、接口错误、数据库错误、文档错误以及配置错误等的修改。

㉒Y 是提出对软件问题进行修改的人员或单位。

㉓Z 是完成软件问题修改的人员或单位。

2.5　组织管理

小型软件项目成功的关键是高素质的软件开发人员,然而大多数软件产品的规模都很大,以致单个的软件开发人员无法在合理的时间内完成软件产品的生产,因此必须把许多软件开发人员组织起来,使他们分工协作共同完成软件开发的工作。因而大型软件项目成功的关键除了高素质的开发人员以外,还必须有高水平的管理。没有高水平的管理,软件开发人员的素质再高,也无法保证软件项目的成功。

为了成功地完成大型软件的开发工作,项目的组成人员必须以一种有意义、有效的方式彼此交互与通信。如何安排项目组成人员是一个管理问题,管理者必须合理地组织项目组,使项目组具有尽可能高的生产率,能够按照预定的进度计划完成所承担的工作。经验表明:影响项目进展和质量的最重要因素是组织管理水平,项目组组织得越好,生产效率就越高,产品质量也越高。本节介绍几种常见的项目组织形式。管理人员应该了解这些常用的组织形式,根据项目的具体情况决定具体的项目组织形式,此外不要拘泥于这几种组织形式,在实践中还要不断地探索新的组织形式,完善已有的组织形式,这也是CMM 最高级对一个组织的要求。

软件工程项目的管理涉及需求分析人员组织管理、规格说明人员组织管理、计划与设计人员的组织管理、编码人员的组织管理等。开发规模较小的软件时,可能由一个人负责需求分析、规格说明、计划和设计工作,而编码则有 2~3 个程序员来完成,此时主要涉及的是程序员的管理。开发大型软件过程的每一阶段都需要大量的开发人员协同工作,而编码阶段是由多个开发人员分担,其中每个程序员独立完成自己负责的模块。因为程序员组主要用在编码阶段,所以程序员组的组织问题在编码阶段最突出。无论是大型软件项目还是小型软件项目,程序员的组织管理问题都是组织管理的重点,因此我们主要研究程序员组的管理问题。有两种极端方式可用来组织程序员组,一种是民主制程序员组,另一种是主程序员组。

2.5.1 民主制程序员组

民主制程序员组的指导思想是民主决策、民主监督,它要求改变评价程序员价值的标准,使得每个程序员都鼓励该组织中的其他成员找出自己编写的代码中的错误,每个程序员都不认为发现存在的错误是坏事,把找出模块中的一个错误看做是取得了一个胜利,任何人都不应该嘲笑其他程序员所犯的错误。程序员组作为一个整体,将培养一种平等的团队精神,要树立这样的概念:每个模块都是属于整个程序员组的,而不是属于某个人的。一组无私的程序员构成了一个程序员组。民主制程序员组的结构图如图 2-4 所示(假设该程序员组由 4 个程序员组成)。

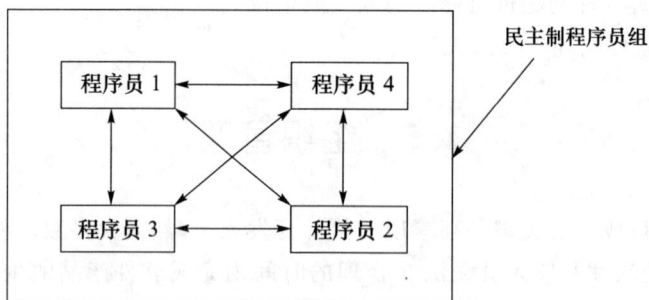

图 2-4 民主制程序员组

民主制程序员组的一个不足之处是,小组成员完全平等,享有充分的民主,通过协商作出技术决策,责任不明确,可能出现表面上人人负责,实际上人人都不负责的局面。再者,小组成员之间的通信是平行的,如果一个小组有 n 个成员,则要占用 $n(n-1)/2$ 个信道,由于这个原因,程序组的人数不能太多,否则将会由于过多的通信而导致效率大大降低。此外,通常不能把一个软件系统分成大量独立的单元,如果程序设计小组人员太多,则每个组员所负责开发的程序单元与系统其他部分的界面将非常复杂,接口出现错误的可能性增加,而且软件测试既困难又费时。

一般说来程序设计小组的规模应该比较小,以 2～8 名成员为宜。如果软件规模很大,用一个小组无法在预定的时间内完成开发任务,则应该采用模块化层层分解的方法,使用多个程序开发小组,每个小组承担工程项目的一部分任务,在一定程度上独立自主地完成各个小组的任务。系统的总体设计应该能够保证各个小组负责开发的各部分之间的接口是经过良好定义的,并且要尽可能简单。

民主制程序员组通常采用非正式的组织形式,也就是说,虽然名义上有一个组长,但是他和组内其他成员是完全平等的,他们完成同样的任务。这样的小组中,由全体成员讨论决定应该完成的工作,并且根据个人的能力和经验分配适当的任务。

民主制程序员组的优点是:对发现的错误抱着积极的态度,这种积极态度有助于更快速地发现错误,从而生产出高质量的代码;小组成员享有充分的民主,小组具有高度的凝聚力,组内学术气氛浓厚,有利于攻克技术难关。因此,当有难题需要解决时,即当所要开发的软件产品的技术难度较高时,采用民主制程序员组是适宜的。

如果组内大多数成员都是经验丰富技术熟练的程序员,那么非正式的组织形式可能非常成功。在这样的小组内组员享有充分的民主,通过协商,在自愿的基础上作出决定,因此能够增强团结,提高工作效率。但是,如果组内成员多是技术水平不高,或是缺乏经验的新手,那么这种非正式的组织方式也可能产生严重的后果:由于没有明确的权威指导开发工程的进行,组员间将缺乏必要的协调,最终可能导致工程失败。

为了使少数经验丰富、技术高超的程序员在软件开发过程中能够发挥更大的作用,程序设计组可以采用下面介绍的主程序员组形式。

2.5.2　主程序员组

这种组织形式于 20 世纪 70 年代在美国出现,由 IBM 公司首先开始采用。当时采用这种组织形式主要出于以下几方面的考虑:

(1)软件开发人员多数缺乏经验。

(2)程序设计过程中有许多事务性的工作,例如有大量的信息存储和更新。

(3)多信道通信量费时间,降低程序员工作的效率。

由于以上问题,为了责任分明地做好软件开发工作,发挥少数经验丰富、技术高超的程序员在软件开发过程中的关键作用,通过对其他软件开发人员的专业化训练与专业化分工从而高效率地开发出高质量的软件,所以采用了主程序员组的组织形式。

这种主程序员组形式有两个关键特性:

(1)专业化。该组每名成员仅完成那些他们受过专业训练的工作。

(2)层次性。主程序员指挥组内的每个程序员,并对软件全面负责。

一个典型的主程序员组如图 2-5 所示。一个小组由主程序员、后备程序员、编程秘书以及 1～3 名程序员组成。在必要的时候,小组还可以有其他领域的专家协助。

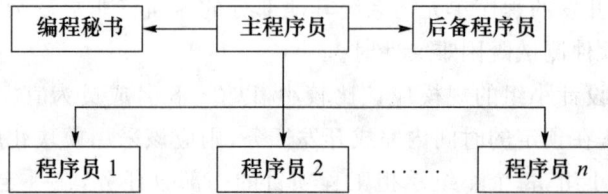

图 2-5 主程序员组的组织形式

主程序员组核心人员的分工如下：

(1)主程序员既是成功的管理人员又是经验丰富、能力强的高级程序员,负责总的软件体系结构设计和关键部分的详细设计,并且负责指导其他程序员完成详细设计和编码工作。程序员之间没有通信渠道,所有接口问题都由主程序员处理。因为主程序员为每行代码的质量负责,所以他还要对其他成员的工作成果进行复查。

(2)后备程序员也应该技术熟练而且富于经验,他协助主程序员工作并且在必要的时候接替主程序员的工作。因此后备程序员必须在各个方面都和主程序员一样优秀,并且对本项目的了解也应该和主程序员一样多。平时,后备程序员的主要工作是设计测试方案、测试用例、分析测试结果及其他独立于设计过程的工作。

(3)编程秘书也就是主程序员的秘书或助手,他必须负责完成与项目有关的全部事务性工作,例如维护项目资料和项目文档,编译、链接、执行程序和测试用例。但是现在各个程序员都已经有了自己的终端或工作站,他们在自己的终端或工作站上完成代码的输入、编辑、编译、链接和测试等工作,无需由编程秘书统一做这些工作,因此编程秘书很快就退出了软件工程领域。

1972 年完成的纽约时报信息库管理系统的项目中,由于使用结构程序设计技术和主程序员组的形式,从而获得了巨大的成功。83000 行程序只用 11 人/年就全部完成,验收测试中只发现 21 个错误,系统在第一年运行中只暴露出 25 个错误,而且仅有一个错误造成系统失效。

主程序员组的组织形式是一种比较理想化的组织形式,但是在实际中很难组成这种典型的主程序员组的软件开发队伍,典型的主程序员组在许多方面是不切实际的。

首先,如前所述,主程序员应该是高级程序员和成功的管理者的结合体,承担这项工作需要同时具备这两方面的才能。但是,在现实社会中很难找到这样的人才,通常,既缺乏成功的管理者,也缺乏技术熟练的程序员。

其次,后备程序员更难找到。人们总是期望后备程序员像主程序员一样出色,但是他们必须坐在替补席上,拿着较低的工资等待随时接替主程序员的工作。任何一个优秀的高级程序员或高级管理人员都不愿意接受这样的工作。

实际工作中需要一种更合理、更现实的组织程序员组的方法,这种方法应该能充分结合民主制程序员组和主程序员组的优点,并能用于实现更大规模的软件产品。

2.5.3　现代程序员组

　　民主制程序员组的最大优点是小组成员都对发现程序错误持积极、主动的态度。由于它固有的一些缺点,使得它不适合大型软件项目中的程序员组织,所以产生了主程序员组的组织形式。但是,使用主程序员组的组织方式时,主程序员对每行代码的质量负责,因此必须参与所有代码的审查工作。由于主程序员同时又是负责对小组成员进行评价的管理员,他参与代码审查工作就会把所发现的错误与小组成员的工作业绩联系起来,从而造成小组成员不愿意发现错误的心理。

　　摆脱上述矛盾的方法是取消主程序员的大部分行政管理工作。前面已经介绍过很难找到一个既是高度熟练的程序员又是成功的管理员的人,取消主程序员的行政管理工作,不仅摆脱了上述矛盾也使得寻找主程序员的人选不再那么困难。于是,实际的主程序员由两个人来担任:一个技术负责人,负责小组技术活动;一个行政负责人,负责所有非技术的管理决策。这样的组织结构如图 2-6 所示。

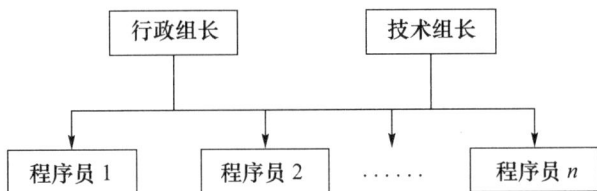

图 2-6　现代程序员组

　　图 2-6 所示的组织结构并没有违反雇员不应该向多个管理者汇报工作的基本管理原则。负责人的负责范围定义得很清楚:技术组长只对技术工作负责,因此他不处理诸如预算和法律之类的问题,也不对组员业绩进行评价;另一方面,行政组长全权负责非技术事务,因此,他无权对产品的交付日期做出许诺,这类承诺只能由技术组长来做。

　　技术组长自然要参与全部代码的审查工作,因为他对全部代码的质量负责;相反,不允许行政组长参加代码审查工作,因为他的职责是对程序员的业绩进行评价,行政组长的责任是在常规调度会议上了解小组中每个程序员的技术能力。

　　在项目开始前,明确划分技术组长和行政组长的管理权限是很重要的,但是,有时也会出现职责不清的矛盾,例如,考虑年度休假问题,行政组长有权批准某个程序员年度休假的申请,因为这是一个非技术问题;但是技术组长可能马上会否决这个申请,因为已经接近预定的产品完工期限,人手非常紧张。解决这类问题的办法是求助于更高层次的管理人员,对于行政组长和技术组长都认为是属于自己职责范围的事务,制订一个处理方案。

　　由于程序员组的组成人员不宜过多,当软件项目规模较大时,应该把程序员分成若干个小组,采用如图 2-7 所示的组织结构。该图描绘的是技术管理的组织结构,非技术管理的组织结构与此类似。由图可以看出,产品的实现作为一个整体是在项目经理的指导下进行的,程序员向他们的组长汇报工作,而组长向项目经理汇报工作。当产品规模更大时,可以增加中间管理层次。

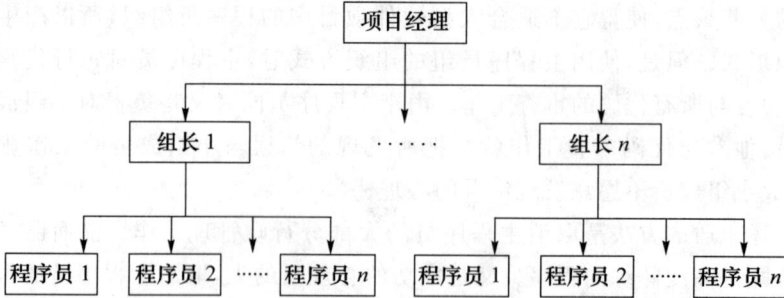

图 2-7　大型项目的技术管理组织结构

把民主程序员组和主程序员组的优点结合起来的另一种方法是在合适的地方采用分散决定的方法,如图 2-8 所示。这样做有利于形成畅通的通信渠道,以便充分发挥每个程序员的积极性和主动性,集思广益攻克技术难关。

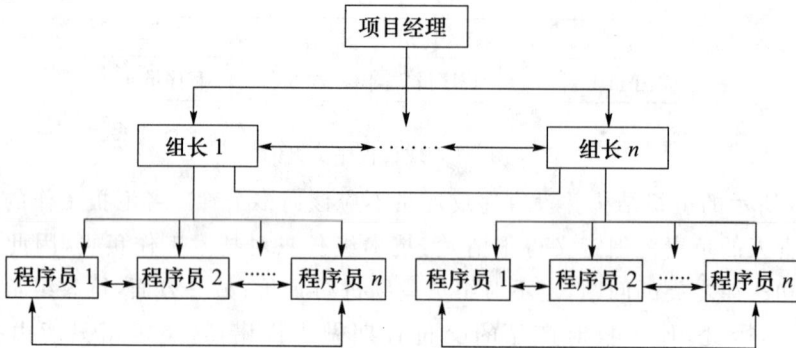

图 2-8　包含分散决策的组织方式

这种组织方式对于适合采用民主方法的那类问题非常有效。尽管这种组织方式适当地发扬了民主,但是上下级之间的箭头仍然是向下的,也就是说,是在集中指导下发扬民主。显然,如果程序员可以指挥项目经理,则只会引起混乱。

2.5.4　软件项目组

如前所述,程序员组的组织方式主要用于实现阶段,当然也适用于软件生命周期的其他阶段。

1. 3 种组织方式

Mantei 提出了 3 种通用的项目组织方式。

(1)民主分权式。这种软件工程小组没有固定的负责人,任务协调人是临时指定的,随后将由新的协调人取代。用全体组员协商一致的方法对问题及解决问题的方法作出决策。小组成员间的通信是平行的。

（2）控制分权式。这种软件工程小组有一个固定的负责人，协调特定任务的完成并指导负责子任务的下级领导人的工作。解决问题仍然是一项群体活动，但是，通过小组负责人在子组之间划分任务来实现解决方案。子组和个人之间的通信是平行的，但是也有沿着控制层的上下级之间的通信。

（3）控制集权式。小组负责人管理顶层问题的解决过程并负责组内协调。负责人和小组成员之间的通信是上下级式的。

选择软件工程小组的结构时，应该考虑下述 7 个项目因素：

（1）待解决问题的困难程度；

（2）要开发程序的规模；

（3）小组成员在一起工作的时间；

（4）问题能够被模块化的程序；

（5）待开发系统的质量和可靠性的要求；

（6）交付日期的严格程度；

（7）项目的社交（通信）程度。

集权式结构能够更快地完成任务，它最适合处理简单问题；分权式的小组比起个人来，能够产生更多、更好的解决方案，这种小组在解决复杂问题时成功的可能性更大。因此，控制分权式或者控制集权式小组结构能够成功地解决简单的问题，而民主分权式结构则适合于解决难度较大的问题。

小组的性能与必须进行的通信量成反比，所以开发规模很大的项目最好采用控制分权式或者控制集权式小组结构。

小组生命周期长短影响小组的士气。经验表明，民主分权式结构能够导致较高的士气和较高的工作满意度，因此适合于生命周期长的小组。

民主分权式结构最适合于解决模块化程度较低的问题，因为解决这类问题需要更大的通信量。如果能达到较高的模块化程度，则控制分权式或者控制集权式小组结构更为适宜。

人们曾经发现，控制分权式或者控制集权小组结构产生的缺陷比民主分权式结构少，但这些数据在很大程度上取决于小组采用的质量保证的问题。

完成同一个项目，分权式结构通常需要比集权式结构更多的时间；不过当需要高通信量时，分权式结构是最适宜的。

历史上最早的软件项目组是控制集权式结构，当时人们把这样的软件项目组称为主程序员组。表 2-5 概括了项目特性对项目组织方式的影响。

表 2-5   **项目特性对项目结构的影响**

项目特性 \ 小组类型		民主分权式	控制分权式	控制集权式
困难程度	高	√		
	低		√	√
规模	大		√	√
	小	√		
小组生命周期	长			√
	短			
模块化程度	高		√	√
	低	√		
可靠性	高	√	√	
	低			√
交付日期	紧			√
	松	√	√	
通信	高	√		
	低		√	√

2. 软件工程小组的组织范型

软件工程小组有 4 种组织范型。

(1)封闭式范型。按照传统的权力层次来组织项目组。当开发与过去已经做过的产品相似的软件时,这种项目组可以工作得很好,但是,在这种封闭范型下难以进行创新性的工作。

(2)随机式范型。松散地组织项目组,小组工作依靠小组成员发挥个人的主动性。当需要创新性或技术上的突破时,用随机式范型组织起来的项目组能够工作得很好,但是,当需要"有次序地执行"才能完成任务时,这样的项目组就可能陷入困境。

(3)开放式范型。这种范型试图以一种既具有封闭式范型的控制性,又包含随机式范型的创新性的方式来组织项目组。通过大量协商和基于一致意见做出决策,项目组成员相互协作完成任务。用开放式范型组织起来的项目组适合解决复杂问题,但是可能没有其他类型小组的效率高。

(4)同步式范型。按照对问题的自然划分组织项目组,成员各自解决一些子问题,他们之间很少有主动的通信要求。

2.5.5 IT 组织管理

前面从微观方面介绍了软件开发程序员组的组织形式,下面从宏观方面讨论如何构建 IT 组织(或企业)才有利于软件项目的实施。

无论是项目型公司还是产品型公司,从事软件开发的组织或公司应该有一定的软件开发组织结构。一个合理的软件开发组织结构是确保软件开发质量的最基本保证,各个组织各负其责,可以确保软件开发按拟订的质量控制规则与软件开发计划进行,有利于软件公司软件质量与成本的控制。

1. 软件开发组织机构设置

一般而言,对于产品型软件公司,其公司内部均会有一个类似于产品管理小组这样的组织和一个专门负责产品发展的产品经理部门;而项目型公司则相对简单一些,主要是针对项目进行定制开发,一般对项目的发展方向不做控制。但从项目开发演变为可推广产品则另当别论。图 2-9 是一个典型的软件公司软件开发的组织机构设置。

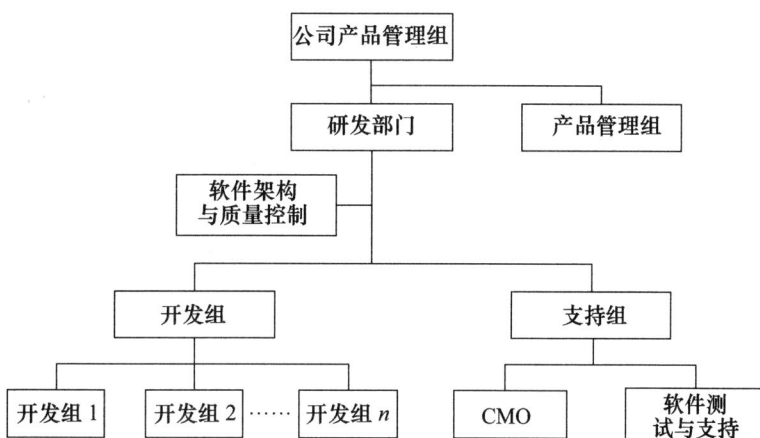

图 2-9　软件公司的组织机构设置

2. 组织机构的职责分工

在上述的组织机构中,各职能组织有各自明确的责权范围,完成各自的本职工作。各组织相互协调完成相应的软件开发与维护工作。

(1)公司产品管理组。对于产品型软件公司而言,软件产品是其生存与发展的基础。公司对新产品立项、现有产品的发展方向及有关产品发展的重大决定均需由公司产品管理组来决定。公司产品管理组一般由公司的执行总裁、技术总监、市场总监、产品经理、研发经理及其他必要人员组成。

(2)产品管理部门。产品管理部门是介于研发部与市场部之间的一个桥梁部门。产品管理部门的主要职责是负责产品发展策略的制订与执行。这里的执行包括软件开发前期的市场及需求调研,完成可行性分析报告,制订产品规格。它参与软件开发项目组并完成相关工作。

(3)研发部门。研发部是软件开发的主体,主要任务是完成软件或项目的开发工作。其工作内容通过各职能组实现,主要包括:功能规范、开发活动、支持工作、项目计划、定义项目里程碑、软件定版等。

(4)软件架构与质量控制。是软件开发的质量控制机构,主要职责是负责软件开发过程的质量控制,及时发现问题、解决问题,确保进入下一阶段的设计符合设计规范要求,实现软件开发全程监控。软件架构与质量控制为非常设机构,主要由研发经理、产品经理、资深系统分析员、测试经理等人员组成。根据项目进展需要,由研发经理召集进行项目阶段评审。

(5)软件开发组。主要由各种角色的开发人员构成,完成开发任务。

(6)软件配置管理员(Configuration Management Officer,CMO)。任何一个具有一定规模的软件公司都会有一个软件配置管理机构,小型公司一般由项目经理代管。CMO 的主要职责是进行软件开发过程中的软件配置管理以及软件定版后的维护管理。在软件开发过程中,由于多个开发人员协同工作,需要对其工作协同管理,确保协同工作的顺利进行,同时,由专人进行配置管理,使得大部分开发人员不会得到全部源代码,也有利于软件公司的安全保密工作。在软件定版后,由于软件的 Bug、功能的完善等各种原因导致的对软件的修改,版本控制就显得极为重要,软件配置管理可以确保得到不同时间的软件版本。

(7)软件测试组。软件是软件工程的重要组成部分。软件测试组承担的工作主要是测试。模块测试与集成测试由软件开发人员完成。对于项目软件开发,用户的计算机技术人员参加到软件测试与支持工作组,使用户参与整个软件的测试工作。确保交付的应用系统是用户可信赖的系统。

在以上的软件开发组织机构中,不论公司规模大小,以上的各个职能应该是健全的。明确的责任分工有利于软件开发的顺利进行与质量控制,同时,也必将有利于公司的成本控制,降低了软件开发风险。

3. 软件开发项目组的角色

一般来讲,一个软件开发项目组由多个不同角色的人员构成,每种角色在软件开发中起不同的作用,各个不同角色的人员协同工作,共同完成软件开发工作。

典型的软件开发项目组由下列角色构成,如图 2-10 所示。

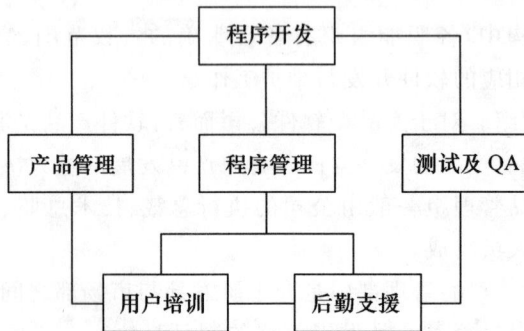

图 2-10　软件开发项目组的主要角色

在软件开发项目组中一般有 6 种角色,分别是产品管理、程序开发、程序管理、测试及质量保证、用户培训和后勤支援。

在大型软件开发项目中,可以将每个角色赋予不同的个人。对小型项目,一个人可以肩负多个不同的角色。每种角色的人员在项目中起着同等重要的作用,每种角色都有其特定的任务及技能要求。

(1)产品管理。产品管理负责建立及更新项目的商业模型,在确定及设置项目目标方面起关键作用。产品经理应确保项目成员清楚理解项目的商业目的,并根据商业需求的优先级确定功能规范。

(2)程序管理。程序管理负责确定软件特色及功能规范,根据软件开发标准协调日常开发工作,确保及时交付开发任务。协助产品经理完成项目需求文档,并根据需求文档起草软件功能规范,同时负责与系统分析、规范及框架结构有关的各种活动,参与管理与协调同外部标准与系统的互操作性,控制项目进度。程序经理是项目组成员间沟通与协调的核心。

(3)程序开发。开发队伍负责交付符合功能规范的软件系统。开发队伍应积极参与功能规范的制订,在建立项目原型时开发人员与程序经理可以同步进行并提供技术可行性。在功能规范确立后,开发人员必须与程序经理就如何解决重大疑难问题达成一致。

(4)测试与质量保证。测试与质量保证是保证系统符合功能规范的保证。为保证零误码,测试/QA 人员应积极参与开发过程,确保开发、交付符合功能规范的软件系统。测试/QA 人员负责准备测试计划、测试用例、自动测试程序、执行测试工作、管理并跟踪Bug。测试工作与开发工作是独立并行的。

(5)用户培训。培训人员负责设计编写离线及在线培训文档,包括演示材料。培训人员应参与用户界面和系统的设计与构造,并参与安装程序与安装过程的设计,参与系统的可用性测试及设计改进,它与程序管理和开发有密切的关系,并确保系统的变化及时反映到文档中去。

(6)后勤支援。后勤支援包括确保项目顺利进行的各方面工作。

对于一个项目组,建立一个良好的团队氛围是非常重要的,每个角色在项目中都是不可缺少的,项目的成功是团队成员共同努力的结果。鼓励成员的积极进取、高效参与的团队精神,提高成员的责任感,避免造成团队或项目的成功依赖于少数个人的贡献的局面。

2.6　质量管理

根据国际标准组织(ISO)的定义,质量是依靠特定的或暗指的能力满足特定需要的产品或服务的全部功能和特征。这个定义说明了质量是产品的内在特征,描绘了产品的质量观点。质量不是单独以产品为中心的,而是与客户和产品都有联系。其中客户是出资金者或受影响的部分人,而产品包括利益和服务。进一步讲,质量的概念会随着时间响应和环境价值的改变而改变,价值是人们区分好与坏的依据。因此,软件的质量作为产品或服务需要的功能/特征,也必须是定义于客户和组织间的内容。

2.6.1　软件质量概述

质量管理是企业管理的核心内容之一。由于软件产业本身的特殊性,即主要靠脑力劳动,而非靠设备和材料等的传统工业化生产,因此,软件企业开展质量管理工作就变得十分困难。软件产品的开发涉及方方面面的人员,历经多个生产环节,产生大量的中间软件产品,各个环节都可能带来产品质量问题;同时,由于软件产品是逻辑体,不具备实体的可见性,因而难以度量,质量也难以把握。因此如何有效地管理软件产品的质量一直是软件企业面临的挑战。归纳起来,软件质量管理大体分为 3 种:事后检验、全面质量管理和权威认证。

1. 事后检验

事后检验的方式是在产品生产的最后环节进行质量检查,合格的产品准许出厂,不合格的产品作为次品处理。这种质量管理方式对于制造批量大、成本较低的产品是一种较好的质量管理方式,但这是传统产业生产的最初的质量管理方式,是低级的质量管理方式。虽然在传统产业这仍然是质量控制的最后一个环节,但已不是质量管理的主流方法,也不适应软件产品的质量管理要求,因为软件产品的生产没有批量可言。

2. 全面质量管理

ISO9000 质量管理体系就是全面质量管理体系的一个范例,它要求从影响软件产品质量的各个方面加强对软件质量的全面管理。ISO9000 中列出的影响软件质量的因素包括了管理职责、质量体系、合同评审等 20 个方面。实现对这些影响因素的全面管理就是全面质量管理,当然多数组织不能做到完全符合 ISO9000 的规定,但只要做到其中的绝大多数方面,就可以认为实现了全面质量管理。

3. 权威认证

认证的概念来自于这样的事实:如果一个组织具有合格的技术人员,且这个组织的管理水平很高,比如完全实现了全面质量管理,那么这样的组织具备了一定的生产合格产品的能力,应该能够生产出合格的软件产品。所以要考察一个组织的产品质量,可以首先看该组织通过了哪一个级别的质量体系认证(是 ISO9000 还是 CMM2 或是 CMM5)。认证已经成为一个组织资质的证明,也成为买方选择合格供应方的首要考虑。

软件质量管理的目的是建立对软件产品质量的定量理解和实现特定的质量目标。软件质量管理着重于确定软件产品的质量目标,制订达到这些目标的计划,并监控及调整软件计划、软件工作产品、活动及质量目标以满足顾客及最终用户对高质量产品的需要及期望。软件质量管理的实践基于集成软件管理、软件产品工程、定量过程管理的实践,定量过程管理建立了对项目明确定义的软件过程达到期望目标的结果能力的定量理解。有以下几个要点:

(1)对项目的软件质量活动做出计划。

(2)对软件产品质量的可测量的目标及其优先级进行定义。

(3)确定实现软件产品质量目标的实现过程是可量化的和可管理的。

(4)为管理软件产品的质量提供适当的资源和资金。

(5)对实施和支持软件质量管理的人员进行所要求的培训。

(6)对软件开发项目组和其他与软件项目有关的人员进行软件质量管理方面的培训。

(7)按照已文档化的规程制订和维护软件项目的质量计划。

(8)项目的软件质量管理活动要以项目的软件质量计划为基础。

(9)在整个软件生命周期,要确定、监控和更新软件产品的质量目标。

(10)在事件驱动的基础上,对软件产品的质量进行测量、分析,并将分析结果与产品的定量目标相比较。

(11)对软件产品的定量质量目标进行合理分工,分派给向项目交付软件产品的承包商。

(12)对软件产品进行测试,并将测试结果用于软件质量管理活动的状态。

(13)高级管理者定期参与评审软件质量管理的活动。

(14)软件项目负责人定期参与评审软件质量管理的活动。

(15)软件质量保证评审小组负责评审软件的质量管理活动和工作产品,并填写相关报告。

软件质量管理过程要注意 4 点:

(1)从一开始就要保证不出错,至少应该努力使错误尽量不在编写代码时发生。为了做到这一点,包括采用适当的软件工程标准和过程建立独立的质量保证标准和过程,根据过去的经验和教训制订正式的方法,以及像软件工具和合同软件一样的高质量输入。

(2)确保尽早发现错误并纠正。错误隐藏得越久,修正错误花的代价就越大。因此,质量控制必须在开发生命周期中的每一个阶段都要重视,如需求分析、设计、文档和代码。这些都隶属于所有的回顾方法,如检查、预先排除与技术回顾。

(3)消除引起错误的引导因素,还没有找到错误的诱因就纠正错误是不恰当的。通过排除错误的诱因就达到了改良过程的目的。

(4)质量管理的基本原则实际上就是贯彻全面质量管理的原则。具体地说就是坚持下面的质量管理原则:

控制所有过程的质量;过程控制的出发点是预防不合格;质量管理的中心任务是建立并实施文件化的质量体系;持续的质量改进;有效的质量体系应满足顾客和组织内部双方的需要和利益;定期评价质量体系;搞好质量管理关键在于领导。

2.6.2　软件质量因素

一个软件的质量如何,可以用一套质量指标来衡量。这些指标包括:

(1)正确性。系统满足规格说明和用户目标的程度,即在预定环境下能正确地完成预期功能的程度。它要求软件没有错误,能够满足用户的目标。

(2)健壮性。在硬件发生故障、输入的数据无效或操作错误等意外环境下,系统能做出适当响应的程度。

(3)效率。为了完成预定的功能,系统需要的计算资源的多少。这可以用系统需要占用的计算机硬件资源或者所需要的时间来表示。

(4)完整性(安全性)。对未经授权的人使用软件或数据的企图,系统能够进行控制(禁止)的程度,以及为某些目的能够保护数据,使系统免受偶然的破坏、改动或遗失的能力。

(5)可用性。系统在完成预定应该完成的功能时令人满意的程度,即用户学习、使用软件及程序准备输入和解释输出所需要的工作量的大小。

(6)风险。按预定的成本和进度把系统开发出来,并且为用户所满意的概率。

(7)可理解性。理解和使用该系统的容易程度。

(8)可维修性。为了满足用户的新需求或者由于环境发生了变化,又或者发现了新的错误,而在诊断和改正在运行现场发现的错误所需要的工作量的大小。

(9)灵活性(适应性)。修改或改进正在运行的系统需要的工作量的多少。

(10)可测试性。软件容易测试的程度,及测试软件以确保其能够执行预定功能所需要的工作量的大小。

（11）可移植性。把程序从一种硬件配置和（或）软件系统环境转移到另一种配置和环境时，需要的工作量的大小。有一种定量度量的方法是：使用原来程序设计和调试的成本除移植时需用的费用。

（12）可再用性。在其他应用中该程序可以被再次使用的程度（或范围）。

（13）互运行性。把该系统和另一个系统结合起来需要的工作量的大小。

2.6.3　质量认证

质量认证也叫合格评定，它是国际上通行的管理产品质量的有效方法。ISO/IEC 指南 2:1986 中对"认证"的定义是：由可以充分信任的第三方证实某一鉴定的产品或服务符合特定标准或规范性文件的活动。质量认证按认证的对象分为产品质量认证与质量体系认证；按认证的作用可分为安全认证和合格认证。

产品质量的认证对象是特定的产品或服务。质量体系认证的对象是企业的质量体系，或者说是企业的质量保证能力。认证的根据或者说获准认证的条件是企业的质量体系应符合申请的质量保证标准即 ISO9001 或 ISO9000-3。随着 ISO9000 系列标准的广泛应用，以 ISO9000 为基础的第三方质量体系认证得到了迅速发展，使得贯彻标准和获取质量认证成为市场竞争的重要手段之一。

质量体系与 IT 项目管理内容如下：

（1）ISO9000:2000 标准体系。ISO9000 是目前比较通行的质量管理体系，是组织在质量管理方面的最低标准。现在很多的 IT 企业都通过了 ISO9000 的认证。IT 企业贯彻实施 ISO9000 质量体系认证，可以选择质量标准 ISO9001 和 ISO9003。其中 ISO9001 是 1994 年的《质量体系：设计、开发、生产、安装和服务的质量保证模式》，ISO9003 是 1994 年的《质量体系：最终检验和试验的质量保证模式》。

ISO9001:2000 把 ISO9001-3 合并为一，并结合了 CMM 的一些精髓，使其适合 IT 企业作为实施 ISO9001 质量保证模式的指南。通过对 IT 产品从市场调查、需求分析、编码、测试等开发工作，直至作为商品软件销售，以及安装、维护整个过程进行控制，保障 IT 产品的质量。

（2）CMM 标准体系。CMM(Capability Maturity Model) 是能力成熟度模型的简称，是 Carnegie Mellon 大学(CMU)软件工程研究所(SEI)为美国国防部研究的实用软件工程管理技术，可以用来衡量、评估软件企业过程管理水平的成熟度，指导企业不断改进软件工程，达到较高的软件质量和生产率，现在已被广泛用于评定软件企业的授证标准。

CMM 模型描述和分析了软件过程能力的发展过程，确立了一个软件过程成熟度的分级标准，如图 2-11 所示。CMM 的结构包含 5 个成熟度级别，每一个级别都由若干个关键过程方面(KPA)组成。初始级为最低级，不存在明显的 KPA，过程基本处于无序管理，软件产品所取得的成功往往依赖极个别人的努力和机遇。第 2 级为可重复级，企业有基本的项目管理，主要 KPA 为需求管理、项目计划、问题跟踪、质量保证、配置管理和子合同管理等，可用于对成本、进度和功能特性进行跟踪。对类似的应用项目，有章可循并能重复以往所取得的成功。这是承接美国政府项目最起码的等级。第 3 级为已定义级，着重过程的工程化，用于管理和工程的软件过程均已文档化，并形成了整个软件组织的标准软件过程。主要的 KPA 有：企业过程目标和定义、同级评审、培训程序、组间协调、软件产品工程和集成软件管理。第 4 级称为可管理级,注重过程和产品质量,软件过程和产品质量有详细的度量标准。对软件过程和产品质量有定量的认识和控制。主要KPA 有:软件质量管理和定量的过程管理。第 5 级为最高级,称优化级,着眼于连续的过程改进,通过对来自过程、新概念和新技术等方面的各种有用信息进行定量分析,能够不断地、持续地对过程进行改进,主要 KPA 为:过程改变管理、技术改变管理和缺陷防止。

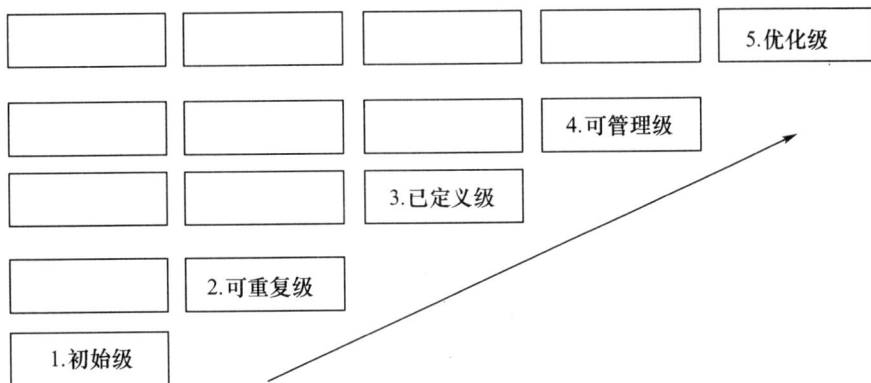

图 2-11　CMM 模型的 5 个成熟度级别

CMMI 的全称为:Capability Maturity Model Integration,即能力成熟度模型集成。CMMI 是 CMM 模型的最新版本。早期的 CMMI(CMMI-SE/SW/IPPD)1.02 版本是应用于软件业项目的管理方法,SEI 在部分国家和地区开始推广和试用。随着应用的推广与模型本身的发展,演绎成为一种被广泛应用的综合性模型。

CMMI 是美国国防部的一个设想,他们想把现在所有的以及将被发展出来的各种能力成熟度模型集成到一个框架中去,这个框架有两个功能,第一,对现有软件采购方法改革;第二,建立一种从集成产品与过程发展的角度出发、包含健全的系统开发原则的过程改进。就软件而言,CMMI 是 SW-CMM 的修订本。

能力度等级:属于连续式表述,共有六个能力度等级(0~5),每个能力度等级对应到一个一般目标,以及一组一般执行方法和特定方法。

①0:不完整级;

②1:执行级;

③2:管理级;

④3:定义级;

⑤4:量化管理级;

⑥5:最佳化级。

CMMI 与 CMM 差别:

CMMI 模型的前身是 SW-CMM 和 SE-CMM,前者就是 CMM。CMMI 与 SW-CMM 的主要区别就是覆盖了许多领域,到目前为止包括下面四个领域:

①软件工程(SW-CMM)。软件工程的对象是软件系统的开发活动,要求实现软件开发、运行、维护活动系统化、制度化和量化。

②系统工程(SE-CMM)。系统工程的对象是全套系统的开发活动,可能包括也可能

不包括软件。系统工程的核心是将客户的需求、期望和约束条件转化为产品解决方案，并对解决方案的实现提供全程的支持。

③集成的产品和过程开发（IPPD-CMM）。集成的产品和过程开发是指在产品生命周期中，通过所有相关人员的通力合作，采用系统化的进程来更好地满足客户的需求、期望和要求。如果项目或企业选择 IPPD 进程，则需要选用模型中所有与 IPPD 相关的实践。

④采购（SS-CMM）。采购的内容适用于那些供应商的行为对项目的成功与否起到关键作用的项目。主要内容包括：识别并评价产品的潜在来源，确定需要采购的产品的目标供应商，监控并分析供应商的实施过程，评价供应商提供的工作产品，以及对供应协议和供应关系进行适当的调整。

（3）ISO9000-3。ISO9000 国际质量管理标准已包含了 IT 行业的基本质量管理要求，但由于行业本身的特点，ISO9000 国际质量管理标准目前还不能涵盖 IT 行业的一些特殊质量要求，如软件需求分析、软件生存周期、软件测试案例、软件配置和软件复制等都只存在于软件工程的管理之中，而这些环节的管理又对软件质量有着重大的影响。因此，国际标准化组织在 ISO9000 国际质量管理标准之外专门针对软件行业发布了 ISO9000-3。

在 ISO9000-3 中共列出了 20 个影响软件产品质量的因素，如图 2-12 所示。

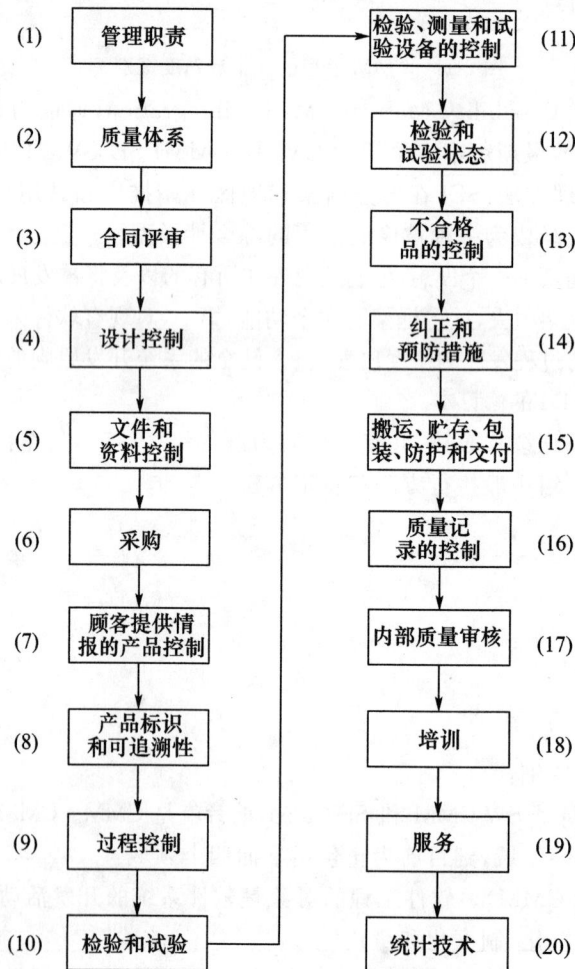

图 2-12　ISO9000-3 中列出的影响质量的因素

ISO9000-3 首先列出了 ISO9000-3 的质量方针:ISO9000 要求负有执行职责的供方管理者,应规定质量方针,包括质量目标和对质量的承诺,并形成文件,还要确保其各级人员都理解质量方针,并坚持贯彻执行。

由上面的介绍可以看出,ISO9000-3 对软件过程中影响软件质量的因素的考虑与规定是非常详细和全面的。在实际工作中,如果严格按照这个标准的规定来执行,一定能够生产出高质量的软件。

(4)ISO9000:2000 与 CMM 的比较。通过表 2-6 对 ISO9000:2000 与 CMM 做一个简单的比较。

表 2-6   ISO9000:2000 与 CMM 的比较

比较内容	2000 版 ISO/S 9001	CMM
管理体系	强调完整的组织体系,可以用来建立符合 ISO9000 管理的组织管理	本身对管理体系没有明确要求,默认组织体系是有效的、健全的
管理上的侧重	组织管理、过程管理	项目管理技术管理过程的控制以 KPA 的形式来强调各环节的管理,但缺乏整个过程的管理
管理职责	强调宏观上的管理职责	强调项目管理中相同角色的职责
文件体系	分层组织和规范文件,并将文件体系划分为质量手册、程序文件和作业指导书,层次清楚	所有的文件同等对待
数据分析	加强了数据分析、测量	在定量过程管理(KPA)中强调
适用范围	所有行业,但对软件行业的适用性不够强,对企业规模无要求	大型软件企业(500 人以上),对于 500 人以下的小型企业需要进行调整
管理理念	以顾客满意为目标	评价承包商的软件成熟能力
配置管理	弱	强
需求管理	强调了合同评审但对需求的管理很弱	对需求管理有很强的控制,但没有对软件合同评审进行控制
内部沟通	强调内部沟通	强调内部沟通,并通过 KPA 不定期来实现
外部沟通	强调外部沟通	强调外部沟通,并通过 KPA 来实现
变更管理	弱	强(由专门的 KPA 进行控制,包括技术变更和过程变更)

2.6.4　测试管理

测试管理是质量管理的重要一环。管理人员必须对软件测试有足够的了解，才能知道软件的测试是否完备、是否充分，才能对软件质量做到心中有数。

软件测试犹如工业产品生产过程中的质量检验，它本身不能改进产品的质量。这种质量检验如果只在产品生产过程完成之后才进行，所能起的唯一作用就是确保不合格的产品不出厂，但是却造成了巨大的损失。如果在生产过程的每一阶段都进行严格的质量检验，前一道工序生产的不合格的产品决不允许流入下一道工序，这样不但能够保证生产出的产品合格，而且最大限度地减少了可能造成的损失。因此软件测试也不能在集成后才进行测试，而是应该在软件开发的各个阶段均进行测试。这是保证软件质量、降低开发成本、保证开发成功的一个重要手段。要想保证软件工程成功，无论是管理人员还是软件开发人员，都必须对软件测试给予高度的重视。

这里讲的软件测试不是软件测试的技术，而是软件测试的人员组织、测试管理，主要是面向管理人员的，所以不涉及测试用例的设计、测试剖面的生成等技术方面的细节。

错误是一种严重的程序缺陷。在一些关键应用（如民航订票系统、银行结算系统、证券交易系统、自动飞行控制软件、军事防御和核电站安全控制系统等）中使用存在缺陷的软件，可能造成灾难性的后果。测试的目的是为了尽可能多地发现缺陷，并期望通过改错来把缺陷消除，以期提高软件的质量。软件测试是软件开发过程中的一个重要步骤，或者说测试应该贯穿于软件开发过程的每一个阶段。软件测试所起到的作用是确保在软件开发的过程中，随时发现问题，方便开发人员及时修改。

国内的软件开发普遍存在"重开发，轻测试"的现象，常常是在项目开发完成之后，才发现软件有严重缺陷问题，不得不全部推倒从头再来。这意味着前期人、财、物的投入全部浪费了，既大大增加了软件的开发成本，又会因为超出了客户的委托时间而付出更大的代价。

测试可以自己进行也可以采用外包的形式。因为国外软件的成熟度高，开发商对软件质量的控制力度很强，所以国外软件测试外包的不是太多；不过在国外有些软件需要比较专业的质量认证，就必须借助第三方机构来完成了。

2.7　风险管理

软件风险是软件开发过程某个时间点以后的关于软件的不确定性因素对于软件开发过程的影响。风险会造成的损失可能是经济上的，也可能是时间上的，或者是无形的其他损失等。如果项目风险变成现实，就有可能会影响项目的进度，增加项目的成本，甚至使软件项目不能实现。如果软件开发项目不关心风险管理，结果就会遭受极大的损失；如果对项目进行良好的项目风险管理，就可以降低软件项目的风险，大幅度增加项目实现目标的可能性。因此任何一个系统开发项目都应将风险管理作为软件项目管理的重要内容。软件风险管理的目的在于标识、定位和消除各种风险因素，在其来临之前阻止或最大限度减少风险的发生，从而避免不必要的损失，以使项目成功操作或使软件重写的几率降低。

在进行软件项目风险管理时,要标识出潜在的风险,评估它们出现的概率及产生的影响,并按重要性加以排序,然后建立一个规划来管理风险。风险管理的主要目标是预防风险,所以必须建立一个意外事件计划,使其在必要时能以可控的和有效的方式做出反应。风险管理目标的实现包含 3 个要素:首先,必须在项目计划书中写下如何进行风险管理;第二,项目预算必须包含解决风险所需的经费,如果没有经费,就无法达到风险管理的目标;第三,评估风险时,风险的影响也必须纳入项目规划中。

2.7.1 风险的分类

根据风险内容,可以将风险分为项目风险与外来风险。项目风险是项目自身具有的风险,包括需求风险(表现为需求的变化或者原来需求分析不准而带来的风险)、项目技术风险(表现为采用了不成熟的技术而使软件开发不能顺利进行下去)、管理风险(公司管理人员是否成熟等)、预算风险(预算是否准确等)等。外来风险包括外来技术风险(由于更新的技术的出现而使得采用的技术过时等)、商业风险(开发出的产品由于不被市场接受而无法销售出去等)、战略风险(公司的经营战略发生了变化)等。

在这些风险中,有些风险是可以预见到的,如员工离职,而有些是不可预见的。可以预见的风险不会造成根本性的损失,不可预见的风险有时会造成系统彻底失败。

2.7.2 风险的识别

风险识别是系统化地识别可预测的项目风险,在可能时避免这些风险,且当必要时控制这些风险。风险识别的有效方法是建立风险项目检查表,对所有可能的风险因素进行提问。主要涉及以下几方面的检查:

(1)产品规模风险。与软件的总体规模相关的风险,即对于软件的总体规模预测是否准确。如果预测规模小于实际软件规模,肯定会导致费用上升,开发时间增加。

(2)需求风险。是否与用户进行了充分的交流,是否了解用户使用软件所处理的问题域,是否充分理解用户的需求,书面形式的需求分析是否得到用户的认可。

(3)过程定义风险。与软件过程定义相关的风险。

(4)开发环境风险。与开发工具的可用性及质量相关的风险。

(5)技术风险。采用的技术对于解决项目所涉及的问题是否是最适当的技术,技术是否成熟,是否会被淘汰等。技术风险威胁到软件开发的质量及交付的时间,如果技术风险变成现实,则开发工作可能变得很困难或根本不可能。

(6)人员数目及经验带来的风险。与参与工作的软件工程师的总体技术水平及项目经验相关的风险。在进行具体的软件项目风险识别时,可以根据实际情况对风险分类。但简单的分类并不是总行得通的,某些风险根本无法预测。比如美国空军软件项目风险管理(Software Risk Abatement)手册中的风险识别方法,要求项目管理者根据项目实际情况标识影响软件风险因素的风险驱动因子,这些因素包括以下几个方面:性能风险,即产品能够满足需求和符合使用目的的不确定程度;成本风险,即项目预算能够被维持的不确定的程度;支持风险,即软件易于纠错、适应及增加的不确定的程度;进度风险,即项目进度能够被维护且产品能按时交付的不确定的程度。

2.7.3　风险评估

风险评估是对识别出的风险进行进一步的确认分析。假设这一风险将会出现,评估它会对整个项目带来什么样的不利影响,如何将此风险的影响降低到最小,同时确定主要风险出现的个数及时间。进行风险评估时,最重要的是量化不确定性的程度和每个风险可能造成损失的程度。为了实现这点,必须考虑风险的不同类型。识别风险的一个方法是建立风险清单,清单上列举出在软件开发的不同阶段可能遇到的风险,最重要的是要对清单的内容随时进行维护,更新风险清单,并向所有的成员公开,应鼓励项目中的每个成员发现潜在的风险并提出警告。风险清单给项目管理提供了一种简单的风险预测技术,它实际上是一个三元组 $[R_i P_i L_i]$,其中 R_i 是第 i 种风险,P_i 是风险 R_i 出现的概率,L_i 是假设 $P_i = 1$ 时的损失。风险分析表如表 2-7 所示。这种损失可以用增加多少费用、增加多少开发时间或者只是某些定量的影响程度指标来表示,如 $P_i L_i$ 可以刻画这种风险对于软件开发过程的潜在影响,而风险管理的目标就在于尽量减小 P_i 的值。

表 2-7　　　　　　　　　　　　　　风险分析表

风险	风险出现的概率 P_i	风险的影响 L_i	风险排序
风险 1	0.6	6	3.6
风险 2	0.6	5	3.0
…	…	…	…
风险 n	0.01	5	0.05

风险清单中,风险的概率值可以由项目组成员个别估算,然后加权平均,得到一个有代表性的值;也可以通过先做个别估算而后求出一个有代表性的值来完成。对风险产生的影响可以用影响评估因素进行分析。一旦完成了风险清单的内容,就要根据 $P_i L_i$ 值进行排序,该值大的风险放在上方,依此类推。项目管理者对排序进行研究,并划分重要和次重要的风险,对次重要的风险再进行一次评估并排序。对重要的风险要进行管理。从管理的角度来考虑,风险的影响及概率是起着不同作用的,一个具有高影响且发生概率很低的风险因素不应该花太多的管理时间,而高影响且发生率高的风险以及低影响且高概率的风险,应该首先列入管理考虑之中。

2.7.4　风险的驾驭和监控

风险的驾驭与监控是指利用某些技术或方法,比如原型化、软件自动化、软件心理学、可靠性方法及软件项目管理的方法、保险方法等避开或者转移风险,使风险对项目所造成的影响(损失)尽可能小;如无法避免则应该使它降低到一个可以接受的水平。对于风险的驾驭,现在还没有成熟的方法或技术来指导,主要靠管理者的经验,根据不同的情况来实施。风险驾驭的原则如下:

(1)首先抓主要风险。所谓主要风险就是风险分析表中排在最前面的 $P_i L_i$ 值最大的风险因素。通过对该风险的分析,找出避免或转移风险的办法,使该风险的 P_iL_i 值尽可能减小,并计算出该风险的新的 P_iL_i 值。将避免与转移风险的方案形成风险驾驭文档,然后对经过这样处理过的风险分析表重新进行排序。

(2)对新的风险分析表重复第(1)步的方法,又得到一个新的风险分析表。这样多次重复,直到风险分析表中的所有项的 P_iL_i 值都在可以接受的范围内,停止进行。

(3)在项目开始前与项目进行中,时刻注意可能出现的风险,按照风险驾驭文档的方法避免或转移风险。出现新的风险时,要及时对风险分析表进行调整,并形成新的风险驾驭文档。

Boehm 归纳了 6 步风险管理法则,其中有两步关键法则有 3 个子步骤。Boehm 建议采用适当的技术来实现每个关键步骤和子步骤。

第一步是评估,包括:

(1)风险确认。确认详细的影响软件成功的项目风险因素。

(2)风险分析。检查每个风险因素的发生概率和降低其发生概率的可能性。

(3)给确认和分析的风险因素确定级别,即风险考虑的先后顺序。

一旦项目风险因素的先后顺序排列出来了,第二步就是风险管理。这一步中,要对这些风险因素进行控制,包括:

(1)风险管理计划。定位每个风险因素,这些风险因素的管理如何与整个项目计划融为一体。

(2)在每个实现活动或工作中的风险解决方案中,消除或解决风险因素的特殊活动。

(3)风险监视。跟踪解决风险活动的风险过程的趋势。

小　结

本章介绍了软件工程管理的几个主要方面:软件工程管理的基本原则、软件工程的范围(需求)管理、软件工程的计划、进度与控制管理、配置管理、软件工程的组织管理、软件工程的质量管理、软件工程的风险管理等。在软件管理的目标与原则中介绍了软件管理的目标、基本原则与专题原则;在风险管理部分主要介绍了风险分类、风险识别、风险评估和控制;在组织管理部分介绍了 3 种程序员组的组织形式、软件项目组与增量净室开发的组织形式、IT 组织管理形式;在质量管理部分主要介绍了软件质量的概念、软件质量的影响因素,重点介绍了 ISO9000-3 中的质量保证要求;最后是配置管理,主要介绍了配置管理的意义、实施与文档管理以及软件项目管理的基本知识。

习　题

一、选择题

1.项目经理在进行项目管理的过程中用时最多的是＿＿＿＿＿＿。

A.计划　　　　B.控制　　　　C.沟通　　　　D.团队建设

2.项目团队组建工作一般属于_____。

A.概念阶段　　　B.开发阶段　　　C.实施阶段　　　D.收尾阶段

3.项目快要完成时客户想对工作范围做大的变更,项目经理应该_____。

A.进行变更　　　　　　　　B.将变更造成的影响通知客户

C.拒绝变更　　　　　　　　D.向管理当局抱怨

4.项目范围_____。

A.只是在项目开始时才加以考虑

B.合同或其他项目授权文件被批准后通常就不成为问题

C.从项目概念形成阶段到收尾阶段一直加以管理与控制

D.主要是项目执行期间变更控制程序处理的一个问题

5.项目工期紧张时你会集中精力于_____。

A.尽可能多的工作　　　　　B.非关键工作

C.加速关键线路上工作的执行　　　D.通过降低成本加速执行

6.下列哪一项是质量控制的输出_____。

A.统计抽样　　　　　　　　B.质量管理计划

C.工作结果　　　　　　　　D.过程调整

7.下面四个选项中哪一项与风险影响分析最相关_____。

A.风险管理　　　　　　　　B.风险评估

C.风险识别　　　　　　　　D.风险减轻

二、简答题

1.某软件项目需 40 名开发人员。有两种人员组织方案:40 人归为一组,或者将 40 人分为 8 组。试比较两种方案的优劣并说明理由。

2.假定要开发一个图书馆管理系统,你是该项目的负责人。请为该项目的软件开发制订切实可行的规划。

提示:

(1)可根据软件的生命周期进行计划的制订,整个工期设定为 100%,则各阶段所花费的时间可按百分比给出。

(2)人员的分配可按照角色给出。角色包括以下几种:项目经理、系统分析员、软件架构师、程序员、测试人员、集成人员和客户等。

3.比较 CMM 与 ISO9000 两者的异同。

4.假设你被指派为一个软件公司的项目负责人,你的任务是开发一个技术上具有创新性的产品,该产品把虚拟现实硬件和最先进的软件结合在一起。由于家庭娱乐市场的竞争非常激烈,这项工作的压力很大。你将选择哪种项目组结构,为什么?你打算采用哪种(些)软件过程模型,为什么?

第二篇

传统软件工程方法

第 3 章

需求工程

软件工程界一直有一个令人费解的现象:软件开发人员经常困惑一个现象,软件分明是按照需求做出来的,可是客户为什么仍然不满意? 客户总是在困惑为什么软件和自己想要的差距会那么大? 这一现象的起因究竟是什么? 人们常常错误地认为在需求分析阶段,开发者必须确定客户想要什么样的软件。事实上,许多项目开发时,客户可能不很明确他们到底需要什么,即使一个客户对所需要的东西有一个好的想法,他也可能难于准确地将其表达给开发者,因为大多数客户的计算机知识与软件开发小组成员相比要少得多,同时,所有的系统需求都有可能时刻在发生改变,负责开发的软件工程人员随着项目的进展对软件的理解不断地加深,购买软件的客户其本身的组织结构可能发生变化,系统的硬件、软件和组织的环境随着时间的推移也会变。因此,软件开发应从考察需求获取开始。软件需求分析过程不仅仅需要获得最终用户的需求,更需要不断地与用户沟通,提取需求、验证需求、管理需求,最终才有可能取得用户的满意。

将一个软件产品及时而又不超出预算地开发出来的机会经常会很小,除非软件开发小组成员对软件产品将做什么的理解非常准确且一致,同时开发过程的组织也非常有效。

目前,软件工程的焦点正从编写可靠的大型软件转移到确保所设计的软件能够满足用户需要。调查研究和描述用户变化的需求,连同确定该需求所蕴含的系统特性并编写文档,正是需求分析阶段需要完成的工作。

3.1　概　述

什么是需求? 到目前为止还没有公认的定义,比较权威的是 IEEE 软件工程标准词汇表中的需求定义:用户解决问题或达到目标所需要的条件或权能。系统或系统部件要满足合同、标准、规范或其他正式规定文档所要具有的条件或权能。

IEEE 公布的需求定义分别从用户和开发者的角度阐述了什么是需求,以需求文档的方式一方面反映了系统的外部行为,另一方面也反映了系统的内部特性。比较通俗地需求定义如下:需求是指明系统必须实现什么的规约,它描述了系统的行为、特性或属性,是在开发过程中对系统的约束。

需求工程是指系统分析人员通过细致的调研分析,准确地理解用户的需求,将不规范的需求陈述转化为完整的需求定义,再将需求定义写成需求规约的过程。需求工程包含需求开发和需求管理两部分。

软件需求是软件工程过程中的重要一环,是软件设计的基础,也是用户和软件工程人员之间的桥梁。简单地说,软件需求就是确定系统需要做什么,严格意义上,软件需求是系统或软件必须达到的目标与能力。软件需求在软件项目中占有重要地位,是软件设计和实现的基础。需求的改变将导致其后一系列过程的更改,因而软件需求是软件开发成败的关键。

3.1.1 需求的类型

软件需求通常有功能需求、非功能需求、领域需求等。下面对此分别进行阐述。

1. 功能需求

简单地说,功能需求描述系统所应提供的功能和服务,包括系统应该提供的服务和对输入如何响应及特定条件下系统行为的描述。对于用户需求,用较为一般的描述给出;对于功能性的系统需求,需要详细地描述系统功能、输入和输出、异常等,这些需求是从系统的用户需求文档中摘取出来的,往往可以按许多不同的方式来描述。有时,功能需求还包括系统不应该做的事情。功能需求取决于软件的类型、软件的用户及系统的类型等。

理论上,系统的功能需求应该具有全面性和一致性。全面性即应该对用户所需要的所有服务进行描述,而一致性则指需求的描述不能前后自相矛盾。实际上,对于大型的复杂系统来说,要做到全面和一致几乎是不可能的,原因有二,其一是系统本身固有的复杂性;其二是用户和开发人员站在不同的立场上,导致他们对需求的理解有偏颇,甚至出现矛盾。有些需求在描述的时候,其中存在的矛盾并不明显,但在深入分析之后问题就会显露出来,为保证软件项目的成功,不管是在需求评审阶段,还是在随后的软件生命周期阶段,只要发现问题,都必须修正需求文档。

2. 非功能需求

作为功能需求的补充,非功能需求是指那些不直接与系统的具体功能相关的一类需求,但它们与系统的总体特性相关,如可靠性、响应时间、存储空间等。非功能需求定义了对系统提供的服务或功能的约束,包括时间约束、空间约束、开发过程约束及应遵循的标准等。它源于用户的限制,包括预算的约束、机构政策、与其他软硬件系统间的互操作以及如安全规章、隐私权保护的立法等外部因素。

与关心系统个别特性的功能需求相比,非功能需求关心的是系统的整体特性,因而对于系统来说,非功能需求更关键。一个功能需求得不到满足会降低系统的能力,但一个非功能需求得不到满足则有可能使系统无法运行。

非功能需求不仅与软件系统本身有关,还与系统的开发过程有关。与开发过程相关的需求包括:对在软件过程中必须要使用的质量标准的描述,设计中必须使用的 CASE 工具集的描述,以及软件过程所必须遵守的原则等。

按照非功能需求的起源,可将其分为 3 大类:产品需求、机构需求、外部需求。进而还可以细分,产品需求对产品的行为进行描述;机构需求描述用户与开发人员所在机构的政策和规定;外部需求范围比较广,包括系统的所有外部因素和开发过程。非功能需求的分类如表 3-1 所示。

表 3-1　　　　　　　　　　　　　　　　非功能需求的类别

非功能需求	产品需求	可用性需求	
		效率需求	性能需求
			空间需求
		可靠性需求	
		可移植性需求	
	机构需求	交付需求	
		实现需求	
		标准需求	
		互操作需求	
	外部需求	道德需求	
		立法需求	隐私需求
			安全性需求

　　非功能需求检验起来非常困难,因为它们可能来自于系统的易用性、可恢复性和对用户输入的快速反映性能的要求,同时需求描述的不详细和不确定也会给开发者带来许多困难。虽然理论上非功能需求能够量化,通过一些可用来指定非功能性系统特性的度量(如表 3-2 所示)的测试可使其验证更为客观,但在实际操作中,对需求描述进行量化是很困难的,这种困难性体现为客户没有能力把目标需求进行量化或者有些目标(如可维护性)本身也没有度量可供使用。因此,在需求文档的目标陈述中,开发者应该明确用户对需求的优先顺序,同时也要让用户知道一些目标的模糊性和无法客观验证性。

表 3-2　　　　　　　　　　　　　指定非功能需求的度量方法

非功能需求	可使用的度量	度量方法
性能	对用户输入的响应时间 每秒处理的事务数	用户/事件响应时间
		屏幕刷新时间
规模	系统最大的尺寸	K 字节
		RAM 芯片数
易用性	学习 75% 的用户功能所需要的时间 在给定时间内,由用户引起的错误的平均值	培训时间
		帮助画面数
可靠性	出错时间 错误发生率	失败平均时间
		无效的概率
		失败发生率
鲁棒性/ 健壮性	系统出错后重新启动的时间	失败之后的重启次数
		事件引起失败的百分比
		失败中数据崩溃的可能性
可移植性	目标系统数	依赖于目标的语句百分比
有效性	请求后出错的可能性	
完整性	系统出错时,允许丢失数据的最大限度	

3. 领域需求

领域需求的来源不是系统的用户,而是系统应用的领域,反映了该领域的特点。它们主要反映了应用领域的基本问题,如果这些需求得不到满足,系统就不可能正常运转。领域需求可能是功能需求,也可能是非功能需求,其确定所需的领域知识。它经常采用一种应用领域中的专门语言来描述。

4. 业务需求

反映组织机构或客户对软件高层次的目标要求,这项需求是用户高层领导机构决定的,它确定了系统的目标规模和范围。

5. 用户需求

用户使用该软件要完成的任务。

6. 系统需求

容易被忽视的要求,通常是为了保证整个系统能够正常运行的辅助功能,用户一般不会意识到。

事实上,不同类型的系统需求之间的差别并不像定义中的那么明显。若用户需求是关于机密性的,则表现为非功能需求,但在实际开发时,可能导致其他功能性需求,如系统中关于用户授权的需求。

以上软件需求的分类方法视不同类型的软件可能稍有差异。图 3-1 是软件需求各组成部分之间的一种常见关系。

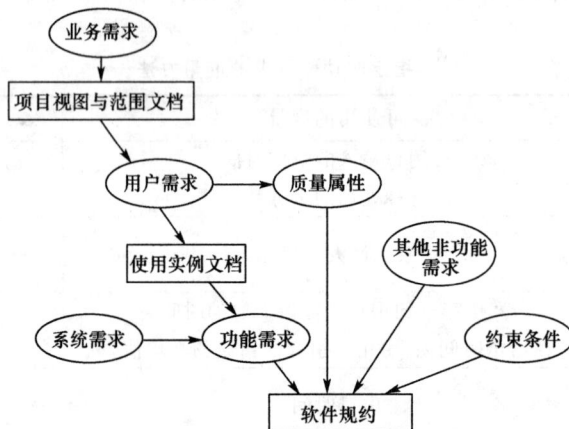

图 3-1   软件需求各组成部分之间的关系

3.1.2   需求开发目标

具体而言,需求开发主要有两个目标:第一,通过对问题及其环境的理解、分析和综合,建立分析模型;第二,完全弄清用户对软件系统的确切要求,在用户和软件开发组织之间就将要开发的软件系统达成一致的协议并产生正式的需求文档。

1. 建立分析模型

一般来说,现实世界中的系统不论表面上怎样杂乱无章,总可以通过分析与归纳从中找出一些规律,再通过"抽象"建立起系统的模型。分析模型是描述软件需求的一种模型,由于各个用户往往会从不同的角度阐述他们对原始问题的理解和对目标软件的需求,因此,有必要为原始问题及其目标软件系统建立模型。这种模型一方面用于精确地记录用户对原始问题和目标软件的描述;另一方面,它也将帮助分析人员发现用户需求中的不一致性,排除不合理的部分,挖掘潜在的用户需求。这种模型往往包含问题及其环境所涉及的信息流、处理功能、用户界面、行为模型及设计约束等,它是形成需求说明以及进行软件设计和实现的基础。

2. 正式需求文档

作为系统需求的最终成果,需求文档必须具有综合性,即必须包括所有的需求。用户和开发组织都应该很谨慎地对待需求文档,因为对于没有包括在需求文档中的需求,用户不要对它可能被最终实现抱任何希望,而一旦在需求中出现的东西,开发组织必须进行实现。当然,也经常会发生需求变更,需要双方互相探讨以决定取舍,但这完全是另外一回事。

正式的需求文档应满足如下要求:

(1)具有准确性和一致性。因为它是连接计划时期和开发时期的桥梁,也是软件设计的依据,任何含混不清、前后矛盾或者一个微小的错漏,都可能导致误解或铸成系统的大错,在纠正时付出巨大的代价。

(2)无二义性。因为它是沟通用户和系统分析员思想的媒介,双方要用它来表达对于需要计算机解决的问题的共同理解。如果在需求说明中使用了用户不容易理解的专门术语,或用户与分析员对要求的内容可以做出不同的解释,便可能导致系统的失败。

(3)直观、易读和易于修改。应尽量采用标准的图形、表格和简单的符号来表示,使不熟悉计算机的用户也能一目了然。

鉴于需求文档的重要性,其编写也应备受重视。编写需求文档时,以下几点是应该注意的:

(1)语句和段落尽量简短;

(2)表达时采用主动语态;

(3)语句要完整,且语法、标点等正确无误;

(4)使用的术语要与词汇表中的定义保持一致;

(5)陈述时要采用一致的样式;

(6)避免模糊的、主观的术语,如性能"优越";

(7)避免使用比较性的词汇,尽量给出定量的说明,含糊的语句表达将引起需求的不可验证。

3.1.3　需求开发过程

需求工程包括需求开发和需求管理两个方面。需求管理是一种系统化方法,可用于获取、组织和记录系统需求并使客户和项目团队在系统变更需求上达成并保持一致。需求开发是一个包括创建和维持系统需求文档所必需的一切活动的过程,它包含 4 个通用的高层需求工程活动:系统可行性研究、需求导出和分析、需求描述和文档编写、需求有效性验证。图 3-2 说明了这些活动之间的关系,也说明了在需求开发过程的每个阶段将产生哪些文档。

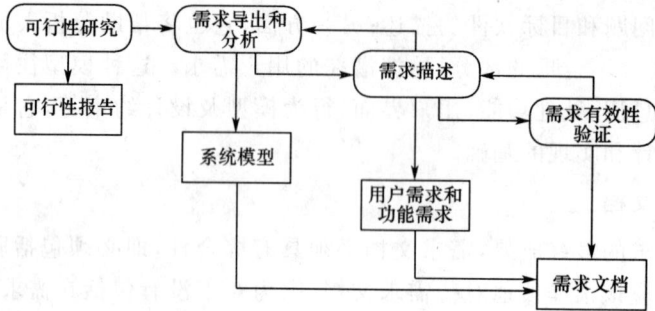

图 3-2　需求开发过程模型

(1)可行性研究。它指明现有的软件、硬件技术能否实现用户对新系统的要求,从业务角度来决定系统开发是否划算以及在预算范围内是否能够开发出来。可行性研究是比较便宜和省时的。结果就是要得出结论:该系统是否值得进行更细致的分析。

(2)需求导出和分析。这是一个通过对现有系统分析、与潜在用户和购买者讨论、进行任务分析等导出系统需求的过程,也可能需要开发一个或多个不同的系统模型和原型。这些都会帮助分析了解所要描述的系统。

(3)需求描述。需求描述就是把在分析活动中收集的信息以文档的形式确定下来。在这个文档中有两类需求:用户需求是从客户和最终用户角度对系统需求的抽象描述;功能需求是对系统要提供的功能的详尽描述。

(4)需求有效性验证。这个活动检查需求实现的一致性和完备性。在这个过程中,不难发现需求文档中的错误,之后必须加以改正。

当然,需求过程中的各项活动并不是严格按顺序进行的,在定义和描述期间,需求分析继续进行,这不排除在整个需求工程过程中不断有新的需求出现。因此,分析、定义和描述是交替进行的。

在初始的可行性研究之后,下一个需求工程过程就是需求导出和分析,在这个活动中,软件开发技术人员要和客户及系统最终用户一起调查应用领域,即系统应该提供什么服务、系统应该具有什么样的性能以及硬件约束等。

需求获取是在问题及其最终解决方案之间架设桥梁的第一步。获取需求的一个必不可少的结果是对项目中描述的客户需求的普遍理解。一旦理解了需求,分析者、开发者和客户就能探讨、确定描述这些需求的多种解决方案。参与需求获取的人员只有在他们理解了问题之后才能开始设计系统,否则,对需求定义的任何改进,在设计上都必须大量返工。把需求获取集中在用户任务上而非用户接口上,有助于防止开发组由于草率处理设计问题而造成的失误。

所有对系统需求有直接或间接影响力的人统称为项目相关人员。项目相关人员包括使用系统的最终用户和机构中其他与系统有关的人员,正在开发或维护其他相关系统的工程人员、业务经理、领域专家等。以下原因增加了系统需求导出和分析的难度:

项目相关人员通常并不真正知道他们希望计算机系统做什么。让他们清晰地表达出需要系统做什么是件困难的事情,他们或许会提出不切实际的需求。项目相关人员用他们自己的语言表达需求,这些语言会包含很多他们所从事工作中的专业术语和专业知识。需求工程师没有客户的领域中的知识和经验,而他们又必须了解这些需求。不同的项目相关人员有不同的需求,他们可能以不同的方式表达这些需求。需求工程师必须发现所有潜在的需求资源,而且能发现这些需求的相容之处和冲突之处。政治上的因素可能影响系统的需求。管理者可能提出特别需求,因为这些允许他们在机构中增加他们的影响力。经济和业务环境决定了分析是动态的,它在分析过程期间会发生变更。因此,个别需求的重要程度可能改变。新的需求可能从新的项目相关人员那里得到。

由于软件开发项目和组织文化的不同,对于需求开发没有一个简单的、公式化的途径。需求开发活动通常包括如下 14 个步骤:

(1)定义项目的视图和范围;

(2)确定用户类;

(3)在每个用户类中确定适当的代表;

(4)确定需求决策者和他们的决策过程;

(5)选择需求获取技术;

(6)运用需求获取技术对作为系统一部分的使用实例进行开发并设置优先级;

(7)从用户那里收集质量属性的信息和其他非功能需求;

(8)详细拟订使用实例使其融合到必要的功能需求中;

(9)评审使用实例的描述和功能需求;

(10)开发分析模型用以澄清需求获取的参与者对需求的理解;

(11)开发并评估用户界面原型以助想象还未理解的需求;

(12)从使用实例中开发出概念测试用例;

(13)用测试用例来论证使用实例、功能需求、分析模型和原型;

(14)在继续进行设计和构造系统每一部分之前,重复(6)~(13)步。

需求导出和分析过程的通用过程模型如图 3-3 所示。

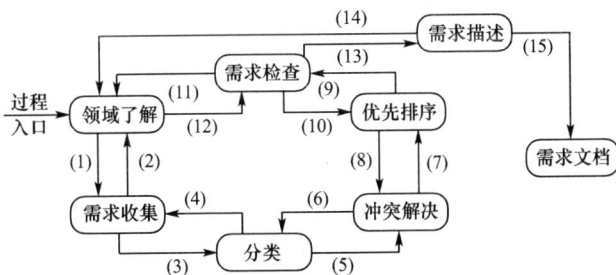

图 3-3 需求导出和分析过程

过程活动包括以下内容:

（1）领域了解。分析人员一定要了解应用领域。举例来说，为一家超级市场做系统开发，则分析人员一定要了解超级市场的运作方式。

（2）需求收集。这是一个与项目相关人员沟通以发现他们需求的过程。很显然，在这个活动期间能对领域有进一步的了解。

（3）分类。收集的需求是无序的，需要对其重新组织和整理，将其分成相关的几个组。

（4）冲突解决。在有多个项目相关人员参与的地方，需求将不可避免地会发生冲突，这个活动就是发现而且解决这些冲突。

（5）优先排序。在任何一组需求中，一些需求总是会比其他的更重要。这个阶段包括和项目相关人员交互以发现最重要的需求。

（6）需求检查。检查需求是否完全、是否一致以及是否与项目相关人员对系统的期待相符合。

从图 3-3 可以看出，需求导出和分析是一个重复过程，从一个活动到另一个活动会有持续不断的反馈。过程循环从领域了解开始，以需求检查结束。分析人员在每个回合中都能进一步加深对需求的理解。

3.2   需求获取

需求获取（Requirements Elicitation）也称为需求收集（Requirements Capture），它是与发现目标系统应该提供的需求相关的活动的统称。

需求开发小组的一个或多个成员与顾客组织之间的交流通常是需求获取的重要前提。为了获取客户的需求，需求小组成员必须熟悉应用领域，并使用正确的术语同客户交谈，消除术语误解问题的一个办法是建立并随时更新术语表。在需求获取时，经常使用访谈、场景（Scenario，也称情景，在面向对象分析中也叫用例）以及其他一些技术（例如，向客户组织成员发放调查表，检查客户工作使用的各种表格）。

Christel 和 Kang 指出，以下问题导致了需求的获取非常困难：

（1）范围问题。开发时经常还未定义好系统边界，或者客户/用户刻画的技术细节不清晰、不必要，系统目标的描述不简明、不全面。

（2）理解问题。客户/用户不能完全确定需要什么，不能完全理解问题领域，与系统工程师在需求沟通上存在歧义，甚至提出一些同其他客户/用户的需要相冲突的需求以及一些不可测试的需求。

（3）易变问题。需求随事件发生变化。

为了克服这些问题，系统工程师必须有组织地收集需求，Sommerville 和 Sawyer 建议采用如下步骤来指导需求的获取：

（1）针对提议的系统评估业务及技术可行性，给出需要和可行性的陈述。

（2）确定那些能够帮助刻画需求和熟悉组织及相关业务的人员，给出参与需求获取活动的客户、用户和其他风险承担者的列表。

（3）定义系统或产品的技术环境（如计算体系结构、操作系统），给出系统的技术环境的描述。

(4)确定"领域约束"(即目标应用领域的业务环境的特征),这些约束将限制待建造系统/产品的功能或性能。需给出系统/产品范围的限制性陈述,以及需求列表和应用于每个需求的领域限制。

(5)定义一种或多种需求获取方法。

(6)要求很多人员参与,以便能从不同视角来定义需求,并确定每个正式需求的理由。

(7)确定有歧义的需求为原型实现的候选对象。

(8)创建并给出使用场景,以帮助客户/用户更好地确定关键需求,提供对在不同运行条件下系统或产品的使用指导意见。

最后,还需要给出原型以更好地定义需求。以上每一个工作产品都要被参与需求获取活动的所有人员评审。

3.2.1　需求获取方法

为了获取正确的需求信息,可以使用一些基本的需求获取方法和技术。

1. 建立联合分析小组

系统开始开发时,系统分析员往往对用户的业务过程和术语不熟悉,用户也不熟悉计算机的处理过程,因此在系统分析员看来,用户提供的需求信息往往是零散和片面的,需要由一个领域专家来沟通。因而,建立一个由用户、系统分析员和领域专家参加的联合分析小组,对开发人员与用户之间的交流和需求的获取将非常有用。通过联合分析小组的工作,可极大地方便系统开发人员和用户的沟通。有些学者也将这种面向联合开发小组的需求收集方法称为"便利的应用规范技术"(Facilitated Application Specification Techniques,FAST)。有人主张,在参加 FAST 小组的人员中,用户方的业务人员应该是系统开发的主体,是"演员"和"主角";系统分析员作为高层技术人员,应成为开发工作的"导演";其他的与会开发人员是理所当然的"配角"。切忌在需求获取阶段忽视用户业务人员的作用,由系统开发人员越俎代庖。

2. 客户访谈

为了获取全面的用户需求,光靠联合分析小组中的用户代表是不够的,系统分析员还必须深入现场,同用户方的业务人员进行多次交流。根据用户将来使用软件产品的功能、频率、优先等级、熟练程度等方面的差异,将他们分成不同的类别,然后分别对每一类用户通过现场参观、个别座谈或小组会议等形式,了解他们对现有系统的问题和新功能等方面的看法。

客户访谈是一个直接与客户交流的过程,既可了解高层用户对软件的要求,也可以听取直接用户的呼声。由于是与用户面对面的交流,如果系统分析员没有充分的准备,容易引起用户的反感,从而产生隔阂,所以分析员必须在这个过程中尽快找到与用户的"共同语言",进行愉快地交谈。在与用户接触之前,先要进行充分的准备:首先,必须对问题的背景和问题所在系统的环境有全面的了解;其次,尽可能了解将要会谈用户的个性特点及任务状况;第三,事先准备一些问题。在与用户交流时,应遵循循序渐进的原则,切不可急于求成,否则欲速则不达。

3. 问卷调查

所谓"问卷调查法",是指开发方就用户需求中的一些个性化的、需要进一步明确的需求(或问题),通过采用向用户发问卷调查表的方式,达到彻底弄清项目需求的一种需求获取方法。这种方法适合于开发方和用户方都清楚项目需求的情况。因为开发方和客户方都清楚项目的需求,则需要双方进一步沟通的需求(或问题)就比较少,通过采用这种简单的问卷调查方法就能使问题得到较好的解决。

4. 问题分析与确认

不要期望用户在一两次交谈中,就会对目标软件的要求阐述清楚,也不能限制用户在回答问题过程中的自由发挥。在每次访谈之后,要及时进行整理,分析用户提供的信息,去掉错误的、无关的部分,整理有用的内容,以便在下一次与用户见面时由用户确认。同时,准备下一次访谈时的进一步更细节的问题。如此循环,一般需要2~5次。

5. 快速原型法

通常,原型是指模拟某种产品的原始模型。在软件开发中,原型是软件的一个早期可运行的版本,它反映最终系统的部分重要特性。如果在获得一组基本需求说明后,通过快速分析构造出一个小型的软件系统,满足用户的基本要求,就使得用户可在试用原型系统的过程中得到亲身感受并受到启发,做出反应和评价,然后开发者根据用户的意见对原型加以改进。随着不断试验、纠错、使用、评价和修改,获得新的原型版本。如此周而复始,逐步减少分析和通信中的误解,弥补不足之处,进一步确定各种需求细节,适应需求的变更,从而提高了最终产品的质量。

作为开发人员和用户的交流手段,快速原型可以获取两个层次上的需求:第一层包括设计界面,这一层的目的是确定用户界面风格及报表的版式和内容;第二层是第一层的扩展,用于模拟系统的外部特征,包括引用了数据库的交互作用及数据操作、执行系统关键区域的操作等,此时用户可以输入成组的事务数据,执行这些数据处理的模拟过程,包括出错处理。

在需求分析阶段采用快速原型法,一般可按照以下的步骤进行:

(1)利用各种分析技术和方法,生成一个简化的需求规约。

(2)对需求规约进行必要的检查和修改后,确定原型的软件结构、用户界面和数据结构等。

(3)在现有的工具和环境的帮助下快速生成可运行的软件原型并进行测试、改进。

(4)将原型提交给用户评估并征求用户的修改意见。

(5)重复上述过程,直到原型得到用户的认可。

表3-3总结了使用原型实现方法的优点和缺点。

表 3-3	原型实现方法的优缺点	
编　号	优　点	缺　点
1	开发者与用户充分交流,可以澄清模糊需求,需求定义比其他模型好得多	开发者在不熟悉的领域中不易分清主次,原型不切题
2	开发过程与用户培训过程同步	产品原型在一定程度上限制了开发人员的创新
3	为用户需求的改变提供了充分的余地	随着更改次数的增多,次要部分越来越大,"淹没"了主要部分
4	开发风险低,产品柔性好	原型过快收敛于需求集合,以致忽略了一些基本点
5	开发费用低,时间短	资源规划和管理较为困难,随时更新文档也带来麻烦
6	系统易维护,对用户更友好	只注意原型是否满意,忽略了原型环境与用户环境的差异

由于开发一个原型需要花费一定的人力、物力、财力和时间,而且用于确定需求的原型在完成使命后一般就被丢弃,因此,是否使用快速原型法必须考虑软件系统的特点、可用的开发技术和工具等方面。表 3-4 中的 6 个问题可用来帮助判断是否要选择原型法。

表 3-4	原型实现方法的选择		
问　题	废弃型原型法	演化型原型法	其他预备性工作
应用领域已被理解了吗?	是	是	否
问题可以被建模吗?	是	是	否
客户能够确定基本需求吗?	是	否	否
需求已被建立而且稳定吗?	否	是	是
有模糊不清的需求吗?	是	否	是
需求中有矛盾吗?	是	否	是

先进的快速开发技术和工具是快速原型法的基础。如果为了演示一个系统功能,需要手工编写数千行甚至数万行代码,那么采用快速原型法的代价就太大,变得没有现实意义了。为了快速开发出系统原型,必须充分利用快速开发技术和复用软件构件技术。

1984 年,Boar 提出一系列选择原型化方法的因素,包括应用领域、应用复杂性、客户特征以及项目特征。如果是在需求分析阶段要使用原型化方法,必须从系统结构、逻辑结构、用户特征、应用约束、项目管理和项目环境等多方面来考虑,以决定是否采用原型化方法。

(1)系统结构。联机事务处理系统、相互关联的应用系统适合于用原型化方法,而批处理、批修改等结构不适宜用原型化方法。

(2)逻辑结构。有结构的系统,如操作支持系统、管理信息系统、记录管理系统等适合于用原型化方法,而基于大量算法的系统不适宜用原型化方法。

（3）用户特征。不满足于预先做系统定义说明、愿意为定义和修改原型投资、不易肯定详细需求、愿意承担决策的责任、准备积极参与的用户是适合于使用原型的用户。

（4）应用约束。对已经运行系统的补充，不能用原型化方法。

（5）项目管理。只有项目负责人愿意使用原型化方法，才适合于用原型化的方法。

（6）项目环境。需求说明技术应该根据每个项目的实际环境来选择。

当系统规模很大、要求复杂、系统服务不清晰时，在需求分析阶段先开发一个系统原型是很值得的，特别是当性能要求比较高时，在系统原型上先做一些试验也是很必要的。

为了有效实现软件原型，必须快速开发原型，以使得客户可以评估其结果并及时变更。可以使用 3 类方法和工具来进行快速原型实现。

（1）第四代技术（4GT）。第四代技术包含广泛的数据库查询和报表语言，程序和应用生成器，以及其他很高级的非过程语言。4GT 使软件工程师能快速生成可执行代码，因此它们是理想的快速原型实现工具。

（2）可复用软件构件。结合原型实现方法和程序，构件复用只能在一个库系统已经被开发以便存在可以被分类和检索的构件的情况下，才可以有效地工作。特殊的是，现有的软件产品可被用做"新的、改进的"替代产品的原型，这在某种意义下也是一种软件原型实现的复用形式。

（3）形式化规约和原型实现环境。过去 20 年中已经开发出了一系列的形式化规约语言和工具来替代自然语言规约技术。现在，正在继续开发交互式的环境，使得分析员能够交互地创建基于语言的系统或者软件规约；激活自动工具把基于语言的规约翻译成可执行代码，使得客户可以使用原型可执行代码去精化形式化需求。

3.2.2　分析人员与用户的合作关系

深入实际是一项能了解社会和机构需求的观察技术，分析人员把自己放在待建系统的工作环境中，观察、记录参与者的实际任务。深入实际的价值是它能帮助发现隐性的系统需求，这些需求是实际存在的但却是非规范化的过程。

优秀的软件产品是建立在优秀的需求基础之上的，而高质量的需求来源于客户与开发人员之间有效的交流与合作。通常，开发人员与客户间的关系反而会成为一种对立关系，双方的管理者都只想自己的利益而搁置用户提供的需求，从而产生摩擦。在这种情况下，不会给双方带来一点益处。

由于项目压力与日渐增，所有风险承担者有着一个共同的目标，这一点容易被遗忘。其实大家都想开发出一个既能实现商业价值，又能满足用户需要，还能使开发者感到满足的优秀软件产品。只有当双方参与者都明白要成功自己需要什么，同时也知道要成功使用方需要什么时，才能建立起一种合作关系。

下面列出 9 条在项目需求工程实施中客户与分析人员、开发人员交流时的合法要求。

（1）要求分析人员使用符合客户语言习惯的表达。需求讨论集中于业务需要和任务，故要使用业务术语，客户可将其教给分析人员，不应要求客户一定要懂得计算机的行业术语。

（2）要求分析人员了解客户的业务及目标。通过与用户交流来获取用户需求,分析人员才能更好地了解客户的业务任务,以及使产品更好地满足客户需要的方法。开发人员和分析人员可以亲自去观察客户是怎样工作的。如果新开发系统是用来替代已有的系统,那么开发人员应使用一下目前的系统,这将有利于他们明白目前系统是怎样工作的,系统工作流程及可供改进之处。

（3）要求分析人员编写软件需求规约。分析人员要把从客户那里获得的所有信息进行整理,区分开业务需求及规范、功能需求、质量目标、解决方法和其他信息。通过这些分析就能得到一份软件需求规约。要评审编写出的规约,确保它们准确而完整地表达了客户的需求。一份高质量的软件需求规约有助于开发人员开发出真正需要的产品。

（4）要求得到需求工作结果的解释说明。分析人员可能采用了多种图表作为文字性软件需求规约的补充,客户很可能对此并不熟悉,可以要求分析人员解释说明每张图表的作用或其他的需求开发工作结果和符号的意义,及怎样检查图表有无错误和不一致等。

（5）要求开发人员尊重客户的意见。如果用户与开发人员之间不能相互理解,关于需求的讨论将会有障碍。共同合作能使大家"兼听则明"。参与需求开发过程的客户有权要求开发人员尊重他们并珍惜他们为项目成功所付出的时间,同样,客户也应对开发人员为项目成功这一共同目标所做出的努力表示尊重与感激。

（6）要求开发人员对需求及产品实施提供建议,拿出主意。通常,客户所说的"需求"已是一种实际可能的实施解决方案,分析人员将尽力从这些解决方法中了解真正的业务及其需求,同时还应找出已有系统不适合当前业务之处,以确保产品不会无效或低效。在彻底弄清业务领域内的事情后,分析人员有时就能提出相当好的改进方法。有经验且富有创造力的分析人员还能提出增加一些用户并未发现的很有价值的系统特性。

（7）描述产品易使用的特性。客户可以要求分析人员在实现功能需求的同时还要注重软件的易用性,因为这些易用特性或质量属性能使用户更准确、高效地完成任务。例如,客户有时要求产品要"友好"、"健壮"、"高效率",但这对于开发人员来说,太主观且并无实用价值。正确的特性应是:分析人员通过询问和调查了解客户所要的友好、健壮、高效所包含的具体特性。

（8）调整需求,允许重用已有的软件构件。需求通常要有一定的灵活性。分析人员可能发现已有的某个软件构件与客户描述的需求很相符,在这种情况下,分析人员应提供一些修改需求的选择,以便开发人员能够在新系统开发中重用一些已有的软件。如果有可重用的机会出现,同时客户又能调整自己的需求说明,那就能降低成本和节省时间,而不必严格按原有的需求说明开发。

（9）获得满足客户功能和质量要求的系统。每个人都希望项目获得成功,但这不仅要求客户要清楚地告知开发人员关于系统"做什么"所需的所有信息,而且还要求开发人员能通过交流了解清楚取舍与限制。一定要明确说明客户的假设和潜在的期望,否则开发人员开发出的产品很可能无法让客户满意。

同时,在软件需求获取过程中客户有下列义务:

(1)给分析人员讲解自己的业务。分析人员要依靠客户讲解的业务概念及术语,但不要指望分析人员会成为该领域的专家;不要期望分析人员能把握业务的细微与潜在之处,他们很可能并不知道那些对于客户来说理所当然的"常识"。

(2)抽出时间清楚地说明并完善需求。客户很忙,经常在最忙的时候还得参与需求开发。但无论如何,客户有义务抽出时间参与"头脑风暴"会议的讨论,接受采访或其他获取需求的活动。有时分析人员可能自以为明白了客户的观点,而过后发现还需要客户的讲解,这时,请耐心一些对待需求和需求的精化工作过程中的反复,因为它是人们交流中的很自然的现象,何况这对软件产品的成功极为重要。

(3)准确而详细地说明需求。编写一份清晰、准确的需求文档是很困难的。由于处理细节问题不但烦人而且又耗时,故很容易留下模糊不清的需求,但是,在开发过程中,必须得解决这种模糊性和不准确性,而客户恰是解决这些问题的最佳人选,不然的话,就只好靠开发人员去猜测了。在需求规约中暂时加上待定(To Be Determined,TBD,也可采用汉语拼音略写为DQD,即待确定)标志是个不错的办法,用该标志可指明那些需要进一步探讨、分析或增加信息的地方。不过,有时也可能因为某个特殊需求难以解决或没有人愿意处理它而注上TBD标志。尽量将每项需求的内容都阐述清楚,以便分析人员能准确地将其写在软件需求规约中。

(4)及时地做出决定。正如一位建筑师修建房屋,分析人员将会要求客户做出一些选择和决定,这些决定包括来自多个用户提出的处理方法或在质量特性冲突和信息准确度中选择折中方案等。有权做出决定的客户必须积极地对待这一切,尽快做处理、做决定,因为开发人员通常只有等客户做出了决定才能行动,而这种等待会延误项目的进展。

(5)尊重开发人员的需求可行性及成本评估。所有的软件功能都有其成本价格,开发人员最适合预算这些成本。客户所希望的某些产品特性可能在技术上行不通,或者实现它要付出极为高昂的代价。而某些需求试图在操作环境中要求达到不可能实现的性能或试图得到一些根本得不到的数据,开发人员会对此做出负面的证明或提出实现上便宜的需求。例如,要求某个行为在"瞬间"发生是不可行的,但考虑另一种更具体的时间需求说法(如在50 ms以内),这就可以实现了。

(6)划分需求优先级别。大多数项目没有足够的时间或资源来实现功能性的每个细节。决定哪些特性是必要的,哪些是得要的,哪些是好的,是需求开发的主要部分,只能由客户来负责设定需求优先级,因为开发者并不可能完全按照客户的观点决定需求优先级。开发者可为客户确定优先级提供有关每个需求的花费和风险的信息,在时间和资源限制下,关于所需特性能否完成或完成多少应该尊重开发人员的意见。尽管没有人愿意看到自己所希望的需求在项目中未被实现,但毕竟是要面对这种现实的。业务决策有时不得不依据优先级来缩小项目范围、延长工期、增加资源或在质量上寻找折中。

(7)评审需求文档和原型。无论是正式的还是非正式的方式,对需求文档进行评审都会对软件质量提高有所帮助。让客户参与评审才能真正鉴别需求文档是否完整、正确说明了期望的必要特性。评审也给客户代表提供一个机会,给需求分析人员带来反馈信息以改进他们的工作。如果客户认为编写的需求文档不够准确,就有义务尽早告诉分析人员并为改进提供建议。通过阅读需求规约,很难想象实际的软件是什么样子的。更好的方法是先为产品开发一个原型,这样客户就能提供更有价值的反馈信息给开发人员,帮助他们更好地理解需求。

(8)需求出现变更要马上联系。不断的需求变更会给在预订计划内完成高质量产品带来严重的负面影响。变更是不可避免的,但在开发周期中变更出现越晚,其影响越大。变更不仅会导致代价极高的返工,而且工期也会被迫延误,特别是在大体结构已完成后又需要增加新特性时。因此一旦发现需要变更需求时,请一定立即通知分析人员。

(9)应遵照开发组织处理需求变更的过程。为了将变更带来的负面影响减少到最低限度,所有的参与者必须遵照项目的变更控制过程。这要求不放弃所有提出的变更,并对每项要求的变更进行分析、综合考虑,最后做出合适的决策,确定将哪些变更引入项目中。

(10)尊重开发人员采用的需求工程过程。软件开发中最具挑战性的莫过于收集需求并确定其正确性。分析人员采用的方法有其合理性,也许客户认为需求过程不太划算,但请相信花在需求开发上的时间是"很有价值"的。如果能理解并支持分析人员为收集、编写需求文档和确保其质量所采用的技术,那么整个过程将会更为顺利。

(11)系统分析人员在开发过程中可能会遇到这样的问题,一些很忙的客户可能不愿意积极参与需求过程,而缺少客户参与将很可能导致不理想的产品,故一定要确保需求开发中的主要参与者都了解并接受他们的义务。如果遇到分歧,通过协商以达成对各自义务的相互理解,这样能减少今后的摩擦。

3.2.3　需求获取的重要性

需求获取可能是软件开发中最困难、最关键、最易出错且最需要交流的方面。需求获取只有通过客户与开发者的有效的合作才能成功。分析者必须建立一个对问题进行彻底探讨的环境,而这些问题与产品有关。为了方便清晰地进行交流,需要列出重要的小组,而不是假想所有的参与者都持有相同的看法。对需求问题的全面考察需要一种技术,利用这种技术不但考虑了问题的功能需求方面,还可讨论项目的非功能需求。

需求获取是一个需要高度合作的活动,并不是客户所说的需求的简单拷贝。分析人员必须通过客户所提出的问题的表面需求理解他们的真正需求。询问一个可扩充的问题将有助于理解用户目前的业务过程并且知道新系统如何帮助或改进他们的工作。

需求获取利用了所有可用的信息来源,这些信息描述了问题域或在软件解决方案中合理的特性。研究表明:比起不成功的项目,一个成功的项目在开发者和客户之间采用了更多的交流方式。与单个客户或潜在的用户组一起座谈,对于业务软件包或信息管理系统的应用来说是一种传统的需求来源。

在每一次座谈之后,记下所讨论的条目,并请参与讨论的用户评论并更正。及早并经常进行座谈是需求获取成功的一个关键途径,因为只有提供需求的人才能确定是否真正获取需求。进行深入收集和分析以消除任何冲突或不一致性,尽量理解用户用于表述他们需求的思维过程。充分研究用户执行任务时做出决策的过程,并提取出潜在的逻辑关系。流程图和决策树是描述这些逻辑决策途径的好方法。

当进行需求获取时,应避免受不成熟的细节的影响。在对切合的客户任务取得共识之前,用户能很容易地在一个报表或对话框中列出每一项的精确设计。如果这些细节都作为需求记录下来,它们会给随后的设计过程带来不必要的限制。应确保用户参与者将注意力集中在与所讨论的话题适合的抽象层上。

3.3   需求分析

前面提到的"软件危机"在本质上是需求危机,而需求危机实际上是交流危机。为了消除"软件危机",就需要在软件工程师和最终用户之间架起一座桥梁以便于沟通,并使得最终用户也参与项目的开发。

3.3.1   软件需求分析

在大型系统中软件的总体角色是在系统工程过程中标识的。但是,为了更仔细地考察软件的角色——了解为了创建高质量软件所必须达到的特定需求,这就需要进行软件需求分析的工作。

需求分析是发现、求精、建模和规约的过程。最初由系统工程师创建所需数据、信息和控制流以及操作行为的模型,并分析可选择的解决方案,进而创建完整的分析模型。

需求分析是一种软件工程活动,它在系统级需求工程和软件设计间起到桥梁的作用。需求工程活动产生软件的运行特征(功能、数据和行为)的规约,指明软件与其他系统元素的接口并建立软件必须满足的约束。需求分析允许软件工程师(这时称为分析员)精化软件,分配并建造软件处理的数据领域、功能领域和行为领域的模型。需求分析为软件设计者提供了可被翻译成数据设计、体系结构设计、接口设计和构件级设计的信息、功能和行为的表示。最后,需求规约为开发者和客户提供了一种软件建造完成后评估质量的工具。

软件需求分析阶段的工作可分为五个方面。

1. 问题识别

首先,分析员研究系统规约和软件项目计划,在系统语境内理解软件和评审,要确定对目标系统的综合要求,并提出这些需求实现条件以及需求应达到的标准。这些需求包括功能需求、性能需求、环境需求、可靠性需求、安全保密要求、用户界面需求、资源使用需求、软件成本消耗与开发进度需求。要预先估计以后系统可能达到的目标。此外,还需要注意其他非功能性的需求,如针对采用某种开发模式确定质量控制标准、里程碑和评审、验收标准、各种质量要求的优先级以及可维护性方面的需求。

接着,要建立分析所需的通信途径,以保证能顺利地对问题进行分析,其目标是对用户/客户认识到的基本问题元素的识别。分析所需的通信途径如图3-4所示。

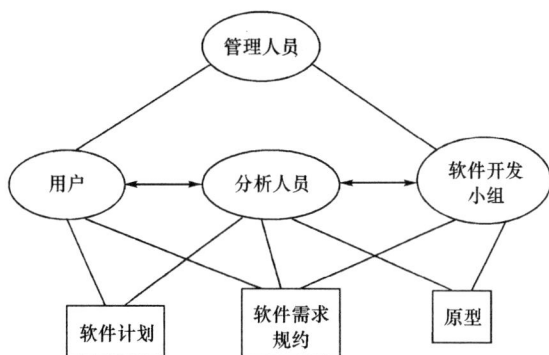

图 3-4　软件需求分析的通信途径

2. 评估和综合

问题评估和方案综合是需求分析的下一个工作。分析员必须定义所有外部可观察的数据对象,评估信息流和内容,定义并详细阐述所有软件功能,在影响系统的事件的语境内理解软件行为,建立系统接口特征以及揭示其他设计约束。例如,从信息流和信息结构出发,逐步细化所有的软件功能,找出系统各元素之间的联系、接口特性和设计上的限制;判断是否存在因片面性或短期行为而导致的不合理的用户要求,是否有用户尚未提出的真正有价值的潜在要求;剔除其不合理的部分,增加其需要部分。最终综合成系统的解决方案,给出目标系统的详细逻辑模型。以上每一个任务的目的都是要描述问题,以综合出全面的方法或解决方案。

通过对当前问题和希望信息(输入和输出)的评估,分析员开始综合一个或多个解决方案。开始时需要详细定义系统的数据对象、处理功能和行为,然后要考虑实现时的基本体系结构。

3. 建模

在整个评估和综合过程中,分析员主要关注的是做"什么",而不是"怎么做"。例如,系统生产和消费什么数据,系统必须完成什么功能,需要定义什么接口,使用什么约束等。

在评估和综合解决方案的活动中,分析员还要创建系统模型,以便更好地理解数据和控制流、功能处理、行为操作以及信息内容。该模型补充了自然语言的需求描述,将作为软件设计以及创建软件规范的基础。在软件需求规约中建议包含两个高层次的模型:一个表示系统运行环境的模型,另一个说明系统如何分解为子系统的体系结构模型。

如果希望使用面向对象的开发过程,需要建立开发对象模型,它仅仅是在某一种程度上集成了行为和结构信息的系统模型。

4. 规约

在需求分析阶段,客户可能并不能精确地肯定需要什么,开发者也可能还无法确定哪种方法能适当地完成所要求的功能和性能,所以在本阶段不可能产生详细的规约。

5. 评审

作为需求分析阶段工作的复查手段,应该对功能的正确性、文档的一致性、完备性、准确性和清晰性以及其他需求给予评审。为保证软件需求定义的质量,评审应由专门指定的人员负责,并按规程严格进行。评审结束应有评审负责人的结论意见及签字。除分析员之外,用户/需求者、开发部门的管理者、软件设计、实现、测试的人员都应当参加评审工作。

此外,在需求工程中一般通过用户需求来表达高层的概要需求,通过系统需求来表达对系统应该提供哪些服务的详细描述,同时,还需一个更详细的软件设计描述来连接需求工程和设计活动。用户需求、系统需求和软件设计描述的定义为:

(1)用户需求。用自然语言加图表的形式给出的关于系统需要提供哪些服务,以及系统操作受到哪些约束的声明。

用户需求定义中的软件必须提供表达和访问外部文件的手段。这些外部文件是由其他工具创建的。

用户需求是为客户和承包商管理者写的,因为他们一般不具备具体技术细节方面的知识,软件需求规约描述是为高级技术人员和项目管理者写的,这些技术人员既包括客户方的,也包括承包商方的。系统最终用户可能两个文档都要读。不同类型描述的对象如图3-5所示。

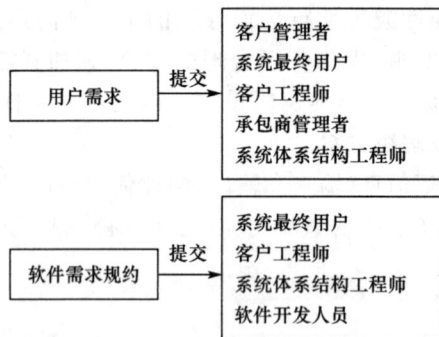

图 3-5　不同类型描述的读者对象

具体地说,用户需求应从用户角度来描述系统功能和非功能需求,使不具备专业技术知识的用户能看懂,所以这样的需求描述只描述系统的外部行为,而避免对系统设计特性的描述。因此,用户需求就不能使用任何实现模型来描述,而使用自然语言、图表和直观图形来叙述。但是,使用自然语言来书写用户需求,又会出现一些问题:

①描述不够清楚。使用自然语言描述,往往不容易做到既精确无歧义又避免晦涩难懂。

②需求混乱。功能需求、非功能需求、系统目标和设计信息无法清晰地区分。

③需求混合。多个不同的需求可能被搅在一起,以一个需求的形式给出。在需求文档中,将用户需求和细节层次需求描述分开表述是很好的做法,因为用户需求的非技术类读者真正想看的只是一些概念性的内容,而不是那些技术细节。如果用户需求包括太多的信息,它就会限制系统开发者解决问题的创意且使需求难以理解,所以用户需求应当集中在需要提供的主要服务上。

在书写用户需求时,为了减少理解偏差,应该遵守下面一些简单的原则。

①保证所有的需求定义都按照一个标准的格式来书写,这样不易发生遗漏,且更容易检查需求。使用一致的语言,并区分强制性和希望性的需求。

②定义强制性需求时要使用"必须",定义希望性需求时使用"应该"。

③使用黑体或斜体加亮文本来突出显示关键性的需求。

除了在应用领域的技术条款描述之外,尽量避免使用计算机专业术语。

(2)系统需求。又称软件需求规约,详细地给出系统将要提供的服务以及系统所受到的约束,系统需求文档有时称为功能描述,应当非常精确,它可能成为系统买方和软件开发者之间合同的主要内容。

系统需求描述要为用户提供定义外部文件类型的工具,每种外部文件类型具有一个相关联的工具,且每种外部文件类型在界面上用一种专门的图标来表示。当用户选择一个代表外部文件的图标时,就把与该外部文件类型相关联的工具启动起来。

相对来说,系统需求是用户需求更为详细的需求描述,是系统实现的基本依据,也是系统设计的起点,所以它必须是一个完备的、一致的系统描述,在描述时,它原则上应该陈述系统该做什么而不包括系统应该如何实现,但是,要在细节层次上给出系统完善的定义,不得不提到设计信息,原因如下:

先要给出系统初始的体系结构,才能构造需求描述。系统需求要按照构成系统的不同子系统结构来给出。大多数情况下,系统和其他已存在的系统间存在互操作,这些约束又构成了新系统的需求。有时系统的外部需求会要求使用一些特别的设计方法。

系统需求经常使用自然语言来书写,但是涉及更详细的描述时,就会暴露出一些深层次的问题,使得这种需求描述容易引起误解,进而增加解决问题的费用。原因是自然语言的理解依赖于读者和作者对同一个术语有一致的解释,以消除自然语言的二义性带来的理解偏差。使用自然语言书写需求描述的随意性太大且需求很难模块化,因为这样描述需求极难发现相关性,不得不逐个进行分析。

表 3-5 给出了一些替代自然语言描述的方法,在这些描述中增加了一些结构以减少二义性。

表 3-5 需求描述所使用的符号

符 号	描 述
结构化自然语言	该方法依赖于定义标准格式或模板来表达需求描述
设计描述语言	该方法使用一种类似于程序设计语言的语言,但是具有更多抽象特征,通过定义系统的操作模型来定义需求
图形化符号	一个图形语言辅之以文本注释来定义系统的功能需求。一个早期的实例是 SADT(Ross,1977;Schoman 和 Ross,1977)。后期的是基于用例的描述(Jacobsen,1993)
数学描述	这些是基于像有限状态机或集合这样的数学概念的符号,这种无二义的描述减少了客户和承包商之间关于功能的争论,但是,绝大多数客户不懂形式化描述,因而不愿接受这样的系统合同

3.3.2　需求和系统模型之间的关系

基于以下原因,需要确定项目相关人员使用自然语言描述的需求同说明这个系统的具体模型之间的关系。

(1)将抽象的需求跟系统模型联系起来,会增加系统的可跟踪性——在用户需求发生改变时,便于评估需求变更的影响以及估计变更成本。

(2)开发系统模型时,经常会揭示需求问题。显然,需求和模型之间的直观联系有助于交叉检验模型相关需求。

(3)需求和系统模型之间直观的联系会减少需求规约发生偏差的可能性。当需求分析人员过于关注一份具体规约的开发而忽视了项目相关人员真正的要求时,往往会发生一些偏差。

(4)需求规约的读者很容易就能发现将自然语言的需求具体化的系统模型。

需求和系统模型之间有4种可能的映射关系(假设每项需求和每个系统模型都能够被引用):

(1)1∶1:这种关系最简单,可在需求的语句旁边添加一条指向具体定义需求的系统模型的引用,在每一个模型中也可包括一个类似的指向需求的引用。

(2)1∶m:一项需求可以映射为多个系统模型。这时,需求和相关模型之间的联系可以通过给需求增加一个模型标识符列表来表示。

(3)m∶1:一个系统模型可以详细地说明多个需求。这时较为复杂,需要给每项需求添加指向这个系统模型的引用,并在模型中增加解释性的文字以说明模型的各个部分是如何同需求相关联的。

(4)m∶n:使用一组系统模型来说明一项需求,而这些系统模型同时还包含了其他系统需求的信息。这种情况最为常见,也最为复杂,必须解释在每个系统模型中分别说明了每项需求的哪些方面,同时在每个系统模型中,必须包含对它所说明的需求的引用,并解释它对需求的哪些部分做了说明。

可跟踪性矩阵只能描述从模型的组成部分到各个需求之间的简单映射关系,而一些大规模的CASE工具通过一个信息库来存放系统所有信息,可以从需求数据库的各个需求找到相应的模型来描述。但是工具的购买和使用成本非常高,对于开发中小规模的系统不划算。

系统体系结构模型与需求之间不存在简单的联系,不适于更详细地说明需求,但是能有助于划分需求,以便了解系统以及它对组织业务目标的帮助。

需要注意的是,在需求工程过程中需要大量的时间创建和维护需求同具体的系统模型之间的联系,但却不能从这些信息中获得短期收益。因此需要对需求工程师做职业精神动员,并把模型和需求之间的联系放在需求确认过程中去检查。

3.4 结构化分析方法

3.4.1 结构化分析

结构化分析最初由 Douglas Ross 在 20 世纪 60 年代后期提出,由 Tom DeMarco 进行了推广。在 20 世纪 80 年代中期由 Ward 和 Mellor 以及后来的 Hatley 和 Pirbhai 引入了实时"扩展",形成了今天的结构化分析方法的框架。

结构化分析是一种建立模型的活动,通过数据、功能和行为模型来描述必须被建立的要素。它建立的分析模型如图 3-6 所示。结构化分析方法能够很好地向系统设计过渡,而且它提供的向导和支持可以帮助经验和技巧不足的人员开发高质量的系统模型。

图 3-6 分析模型的结构

分析模型要达到 3 个主要目标:描述客户的需求,建立软件设计的基础,定义在软件完成后可被确认的一组需求。

模型的核心是数据词典,它包含了在目标系统中使用或生成的所有数据对象的描述的中心存储库。围绕这个核心有 3 种图:"实体-关系"图(ERD),描述数据对象及数据对象之间的关系;数据流图(DFD),指明数据在系统中移动时如何被变换,以及描述对数据流进行变换的功能(和子功能);状态变迁图(STD),指明系统对外部事件如何响应、如何动作。

因此,ERD 用于数据建模,DFD 用于功能建模,STD 用于行为建模。

1. 数据建模

ERD 使软件工程师可以使用图形符号来标识数据对象及它们之间的关系。在结构化分析的语境中,ERD 定义了应用中输入、存储、变换和产生的所有数据,因此,它只关注于数据,对于数据及其之间关系比较复杂的应用特别有用。

数据模型包括 3 种互相关联的信息:数据对象、描述数据对象的属性、描述对象间相互连接的关系。

(1)数据对象。几乎可以表示任何被软件理解的复合信息(复合信息是指具有若干不同特征或属性的事物)。数据对象可以是外部实体、事物、角色、行为或事件、组织单位、地点或结构。它描述对象及其所有属性,只封装数据而没有包含指向作用于数据的操作的引用。这与面向对象范型中的类或对象不同。具有相同特征的数据对象组成的集合仍然称为数据对象,其中的某一个对象叫做该数据对象的一个实例。

(2)属性。定义了数据对象的特征。它可以为数据对象的实例命名,描述这个实例以及建立对另一个表中的另一个实例的引用。另外,还应把数据对象中的一个或多个属性定义为标识符以唯一标识数据对象的某一个实例。标识符属性称为键(Key)或者关键码,书写为_id,例如在"学生"数据对象中用"学号"做关键码,可唯一地标识一个"学生"数据对象中的实例。

(3)关系。数据对象可通过多种不同方式互相连接。如一个学生"刘宇"选修"数据挖掘"与"系统仿真导论"两门课程,学生与课程的实例通过"选修"关联起来。实例的关联有3种:一对一(1:1)、一对多(1:N)和多对多(M:N)。这种实例的关联称为"基数"。基数是关于一个对象可以与另一个对象相关联的出现次数的规约,它表明了"重复性"。如1位教师带一个班的50位同学,就是1:N的关系,但也有1位教师带0位同学的情形,所以实例关联有"可选"和"必须"之分,用"O"表示关系是可选的,用"|"表示关系必须出现1次,三叉表示多次,如图3-7所示,该图表明了关系的"参与性":教师是必须参与教学的,而学生则未必一定会选听某位教师的课。

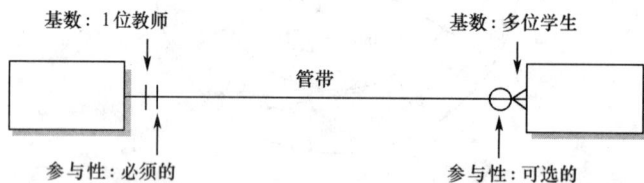

图 3-7　基数与参与性

基数定义了可以在一个关系中参与的对象关联的最大数目,但它没有指出一个特定的数据对象是否必须参与在关系中。为此,数据模型在"对象-关系"对中引入了形态(Modality)的概念。

(4)形态。如果对关系的出现没有显示的需要或关系是可选的,关系的形态是0。如果关系必须有一次出现,则形态是1。例如,某电信公司的区域服务软件,对于一个客户指出的一个问题,如果诊断出此问题相对简单,只进行一次简单的修理行为;如果问题很复杂,则需要多个修理行为。图3-8说明了基数和形态,以及数据对象"客户"和"修理行为"间的关系。

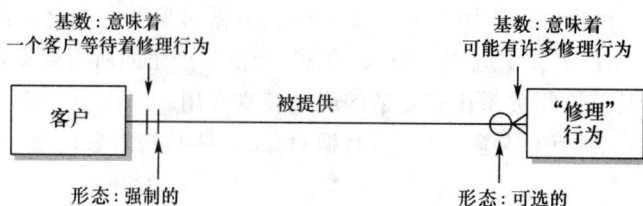

图 3-8　基数和形态

与图3-7类似,图3-8中也建立了一个"一对多"的关系,可以向一个客户提供0个或多个修理行为。在关系连接上距数据对象矩形最近的符号指示基数;短竖线"|"表示1,三叉表示多。形态用距离数据对象矩形较远的记号表示,左边的第二个短竖线指示发生一次修理行为必须有一个客户,右边的圆圈指示对客户报告的问题类型可能不需要修理行为。

(5)"实体-关系"图(ERD)。通过 ERD 以图形方式表示的"实体-关系"对是数据模型的基础。ERD 的主要目的是表示数据对象及其关系,它识别了一组基本成分:数据对象、属性、关系和各种类型指示符。图3-9给出学生选修课程的 ERD 及描述学生属性的实体对象表。

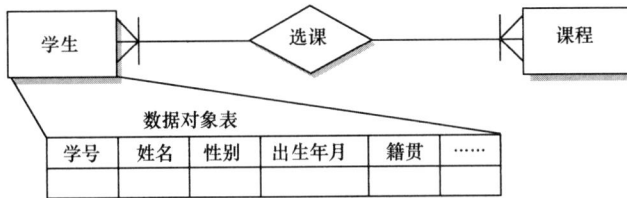

图 3-9 简单的 ERD 和数据对象表

在图3-9中,带标记的矩形表示数据对象,连接对象的带标记的线表示关系,在有些变种中连接线还包含一个标记有关系的菱形。数据对象的连接和关系使用各种指示基数和形态的代数符号来建立。

数据模型和"实体-关系"图向分析员提供了一种简明的符号体系,以便在数据处理应用的语境中考察数据。多数情况下,数据建模方法用来创建一部分分析模型,但它也可用于数据库设计,并支持任何其他的需求分析方法。

2. 功能建模和信息流

结构化分析最初是作为信息流建模基数的,基于计算机的目标系统被表示成如图3-10所示的信息变换模型。矩形用于表示外部实体,即产生被软件变换的信息或接收被软件生产的信息的系统元素或另一个系统;圆圈表示被应用到数据(或控制)并以某种方式改变它的加工或变换;箭头表示一个或多个数据项(数据对象);双线表示数据存储,即存储软件使用的信息。

系统的功能体现在核心的数据变换中。需要注意,该图中一直隐含着处理顺序或条件逻辑,通常直到系统设计时才出现显式的逻辑细节。

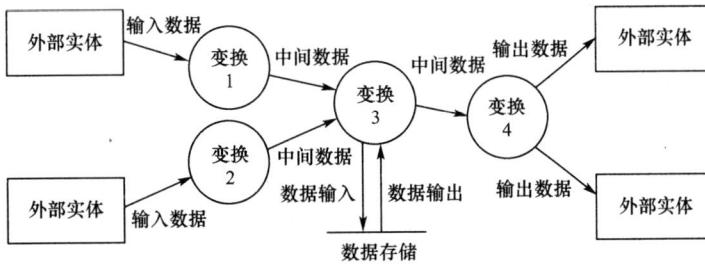

图 3-10 信息变换模型

　　功能建模的思想就是用抽象模型的概念,按照软件内部数据传递、变换的关系,自顶向下逐层分解,直到找到满足功能要求的所有可实现的软件为止。根据 DeMarco 的论述,功能模型使用了数据流图来表达系统内数据的运动情况,而数据流的变换则用结构化英语、判定表与判定树来描述。

　　(1)数据流图(DFD)。数据流图是描述信息流和数据从输入移动到输出时被应用的、变换的图形化技术,其基本形式如图 3-10 所示。

　　图 3-11 所示的数据流图描述了储户携带存折去银行办理取款手续的过程。从图中可以看到,数据流图的基本图形元素有 4 种,如图 3-12 所示。

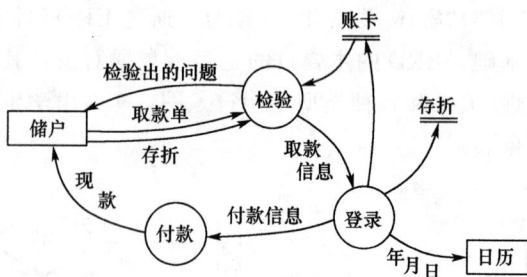

图 3-11　办理取款手续的数据流图

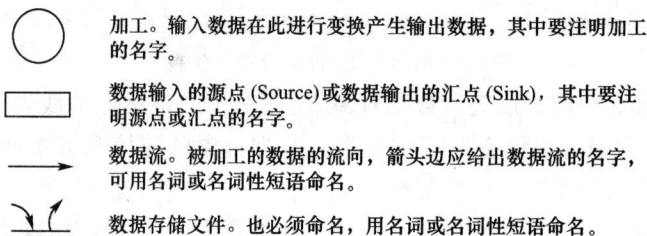

图 3-12　DFD 的基本图形符号

　　在数据流图中,如果有两个以上数据流指向一个加工,或是从一个加工中引出两个以上的数据流,这些数据流之间往往存在一定的关系。为表达这些关系,在这些数据流的加工可以标上不同的标记符号。所用符号及其含义在图 3-13 中给出。

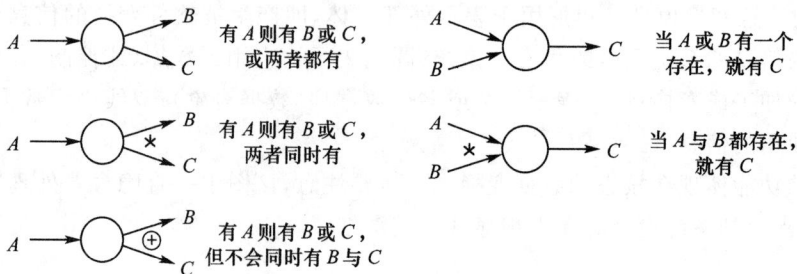

图 3-13　表明多个数据流与加工之间关系的符号

　　数据流图可以在任何抽象级别上表示系统或软件,而且它可以划分为多个级别来表示信息流和功能细节的逐渐增加。因此,DFD 既提供了功能建模的机制,也提供了信息流建模的机制。

　　要注意,数据流图是描述信息在系统中的流动和处理,在数据流图中不能反映控制流。控制性的流程属于程序流程图描述的内容,不要放入数据流图中。

（2）分层数据流图。为了表达数据处理过程数据加工的更多细节，用一个数据流图是不够的。稍微复杂的实际问题，在数据流图上常常出现十几个甚至几十个加工，这样的数据流图就会看起来很不清楚。使用层次结构的数据流图能很好地解决这一问题；按照系统的层次结构进行逐步分解，并以分层的数据流图反映这种结构关系，能清楚表达并容易理解整个系统。

图 3-14 给出了分层数据流图的示例。数据处理 S 包括 3 个子系统 1、2、3。顶层下面的第一层数据流图为 DFD/L1，第二层数据流图 DFD/L2.1，DFD/L2.2 及 DFD/L2.3 分别是子系统 1、2 和 3 的细化。对于任何一层数据流图来说，它的上层图称为父图，在它下一层的图则称为子图。

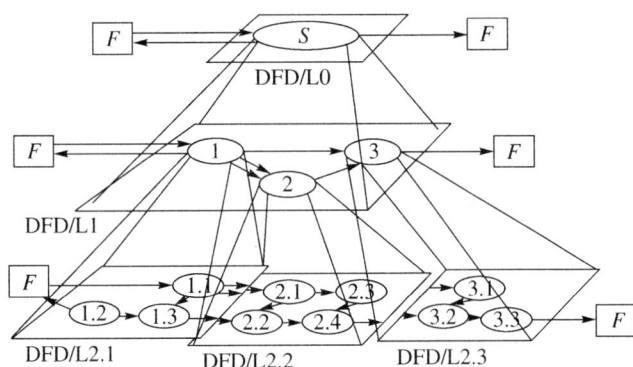

图 3-14　分层数据流图

第 0 层的 DFD 也称为基本系统模型或语境模型，将整个软件元素表示为一个个由进入箭头和离开箭头分别表示输入和输出数据的圆圈。为了揭示更多的细节，对第 0 层的 DFD 进一步划分出许多附加的加工（圆圈）和信息流路径，表示在第一层的每个加工是在语境模型中的整个系统的子功能，每个加工又可以被精确化或层次化以描述更多的细节。

画数据流图的基本步骤概括为：自外向内、自顶向下、逐层细化、完善求精。检查和修改的原则如下：

①数据流图上所有图形符号只限于前述 4 种基本图形元素。

②顶层数据流图必须包括前述 4 种基本元素，缺一不可。

③顶层数据流图上的数据流必须封闭在外部实体之间。

④每个加工至少有一个输入数据流和一个输出数据流。

⑤在数据流图中，需按层给加工框编号。编号表明该加工处在哪一层，以及上下层的父图与子图的对应关系。

⑥规定任何一个数据流子图必须与它上一层的一个加工对应，两者的输入数据流和输出数据流必须一致。此即父图与子图的平衡。

⑦可以在数据流图中加入物质流，帮助用户理解数据流图。

⑧图中每个元素都必须有名字。数据流和数据文件的名字应当是"名词"或"名词性短语"，表明流动的数据是什么；加工的名字应当是"名词＋宾语"，表明做什么事情。

⑨数据流图中不可夹带控制流。

⑩初画时可以忽略琐碎的细节,以集中精力于主要数据流。

但是,使用 DFD 的基本表达符号并不能充分描述软件的需求。例如,DFD 中箭头可以代表输入到加工中或从加工中输出的数据对象,数据存储表示有组织的数据的聚集,但是没说明白箭头所意味或存储所描述的数据"内容"是什么,如果箭头(或存储)代表数据的聚集,那么数据又是什么? 这些问题可以使用结构化分析的另一个工具——数据词典来回答。

(3)针对实时系统的 Ward & Mellor 扩展。Ward 和 Mellor 对基本的结构化分析符号体系进行扩展以适应实时系统提出的以下要求:在时间连续的基础上接收或产生信息流;贯穿整个系统的控制信息和相关的控制处理;有时在多任务的情况下可能会遇到同一个加工的(变换)多个实例;系统具有状态以及导致系统状态迁移的机制。

图 3-15 给出的扩展的图形符号可以让分析员在描述信息流和加工的同时,描述控制流和控制加工。这些符号可与原来的数据流图的图形符号一起使用。

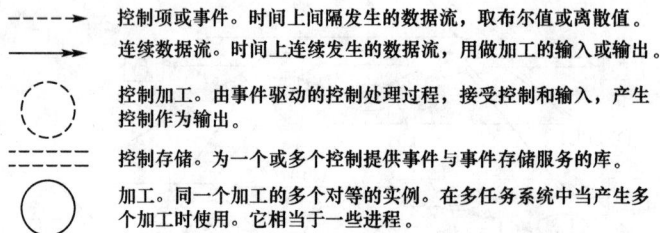

图 3-15　Ward & Mellor 开发的针对实时系统的扩展的结构化分析符号

例如,一个汽油涡轮发动机的实时测试监控系统,需要监控涡轮速度、燃烧室温度和连续探测到的各种压力。图 3-16 是对基本结构化分析符号体系的一个扩展,提供了表示时间连续的数据流的机制,双头箭头表示时间连续的流,单头箭头表示离散的数据流。

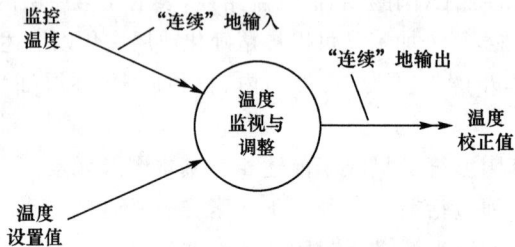

图 3-16　时间连续的数据流与普通数据流

区分离散的数据流和时间连续的数据流,对于系统工程师和软件设计者都有重要影响。在创建系统模型时,系统工程师最好能分离出性能关键的加工(通常时间连续的输入数据和输出数据对性能很敏感),创建物理或实现模型时,设计者必须建立机制来收集时间连续的数据。

在传统的数据流图中,控制或事件流没有显式地表现出来,但在实际应用中使用了代表事件流和控制加工的特殊符号,如图 3-15 中数据流继续使用传统的数据流图中的实线箭头;控制流表示为虚线箭头或阴影箭头;只处理控制流的加工称为控制加工,用虚线圆圈表示。

　　控制流可以直接输入到一个传统加工或控制加工。图 3-17 给出了一个生产车间的数据和控制流的顶层视图。

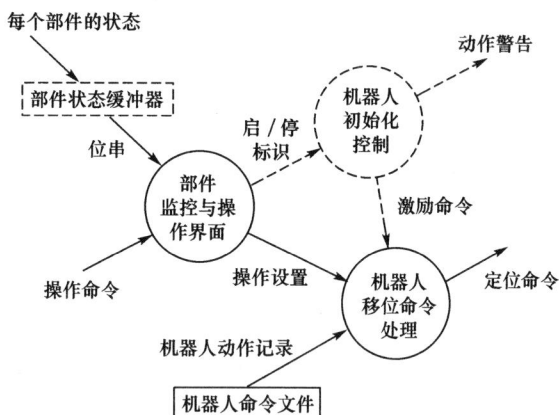

图 3-17　使用 Ward &. Mellor 符号的数据流和控制流

　　（4）Hatley 和 Pirbhai 对结构化分析技术的扩展。Ward&Pirbhai 方法主要关注的不是创建新的图形符号，而是面向控制方面的表示和规约，通过定义控制流图（CFD）以区别于数据流图（DFD）。在控制流图中仍然用虚线来表示控制流和事件流。CFD 的加工与数据流图中相同，但显示的是控制流而不是数据流。在控制流图中通过实短线"|"表示对控制规约（CSPEC）的引用，而 CSPEC 用来指明当发现事件或控制信号时软件如何响应，以及事件发生后哪些加工被激活。加工规约用来描述在流图中表示的加工的内部工作。

　　使用图 3-16 和图 3-17 所示的符号，以及包含在 PSPEC 和 CSPEC 中的附加信息，Hatley 和 Pirbhai 创建了实时系统模型。用数据流图表示对数据和操作数据的加工；用控制流图表示事件在加工之间如何流动，说明导致各个加工被激活的外部事件。图 3-18 显示了加工和控制模型的相互关系：加工模型通过数据条件连接到控制模型；控制模型通过包含在 CSPEC 中的加工激活信息连接到加工模型。

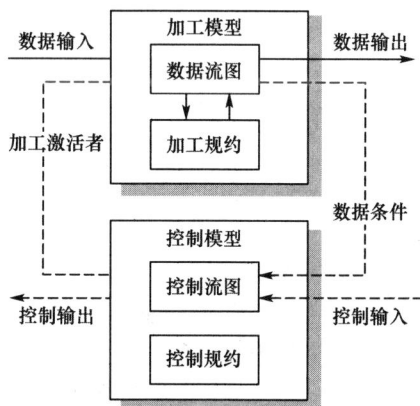

图 3-18　数据与控制之间的关系

控制规约(CSPEC)包括一个状态变迁图(STD)作为行为的"顺序规约",在它被引用的两个不同层次上表示系统的行为。STD 依赖于一组"系统状态"的定义,还包括程序激活表(PAT)作为行为的"组合规约"。

CSPEC 描述系统的行为,但它没有提供关于作为行为的结果被激活的加工的内部工作的任何信息。

(5)加工规约(PSPEC)

加工规约用来说明 DFD 中数据加工隐含的加工细节,包括出现在求精过程最终层次的所有流模型加工。它描述了功能的输入、施加于输入的算法以及产生的输出,另外还指示了加工(功能)的约束和限制、与加工相关的性能特性以及影响加工实现方式的设计约束,其内容包括叙述性正文、加工算法的程序设计语言(PDL)描述、数学议程、表、图或图表。必须注意,写加工规约的主要目的是要表达"做什么",而不是"怎样做",所以它应描述实现加工的策略而不是实现加工的细节。

为流模型中的每个圆圈提供一个 PSPEC,软件工程师就可创建出一个"小规约",以此开始创建软件需求规约,并对实现加工的程序元素进行设计。

目前用于写加工规约的工具有结构化英语、判定表和判定树。

3. 行为建模

行为建模给出需求分析方法的所有操作原则,但只有结构化分析方法的扩充版本才提供这种建模符号。

(1)"状态-迁移"图。利用如图 3-19 所示的"状态-迁移"图(STD)或"状态-迁移"表来描述系统或对象的状态,以及导致系统或对象的状态改变的事件,进而描述系统的行为。

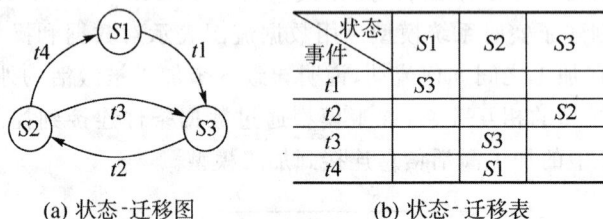

事件＼状态	S1	S2	S3
t1	S3		
t2			S2
t3		S3	
t4		S1	

(a) 状态-迁移图　　　　　　(b) 状态-迁移表

图 3-19　"状态-迁移"图和与其等价的"状态-迁移"表

每一个状态代表系统或对象的一种行为模式。"状态-迁移"图指明系统的状态如何响应外部的信号(事件)进行推移。在"状态-迁移"图中,圆圈"O"表示可得到的系统状态,箭头"→"表示从一种状态向另一种状态的迁移。在箭头上要写上导致迁移的信号或事件的名字。如图 3-19(a)所示,系统中可取得的状态有 S1,S2 和 S3,事件有 t1,t2,t3 和 t4。事件 t1 将引起系统状态 S1 向状态 S3 迁移,事件 t2 将引起系统状态 S3 向状态 S2 迁移。图 3-19(b)是与图 3-19(a)等价的"状态-迁移"表。

另外,"状态-迁移"图指明了作为特定事件的结果(状态)。在状态中包含可能执行的行为(活动或加工)。

如果系统比较复杂,可把"状态-迁移"图分层表示。例如,在确定了图 3-19 所示的状态 S1,S2 和 S3 之后,接下来就可把它们细化(图 3-20 中对状态 S1 进行了细化,将状态 S1 分解为 S1.1 和 S1.2)。此外,在"状态-迁移"图中,由一个状态和一个事件所决定的下一状态可能会有多个,实际会迁移到哪一个,是由更详细的内部状态和更详细的事件信息来决定的。此时可采用一种状态迁移图的变形(如图 3-21),使用加判断框和处理框的标记法。

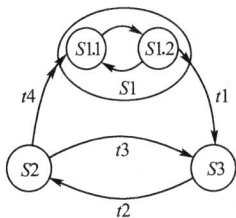

图 3-20 "状态-迁移"图的网　　图 3-21 "状态-迁移"图的变形

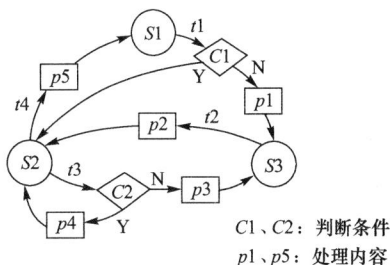

Petri 网,简称 PNG(Petri Net Graph),适用于描述相互独立、协同操作的处理系统,即并发执行的处理系统,可以用在软件需求分析与设计阶段。

Petri 网是一种有向图,用"O"表示系统的状态,"—"或"|"表示系统中的事件。有向边表示对事件的输入或从事件输出:"→|"表示对事件的输入,"|→"表示从事件的输出,即事件的结果。

图 3-22 用 Petri 网描述了在一个多任务系统中的两个进程"进程 1"和"进程 2"使用一个公共资源 R 时,利用原语 LOCK(对资源加锁)和 UNLOCK(对资源解锁)控制 R 的使用、保证进程间的同步的例子。

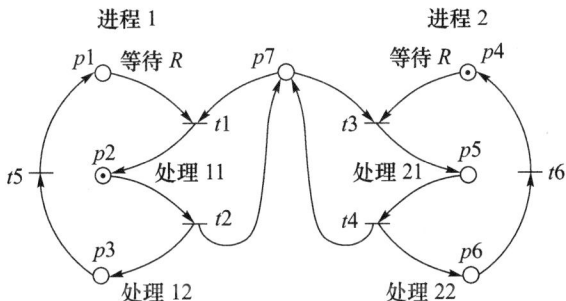

图 3-22 进程同步机制的 PNG

图中每个进程是一个数据对象,它有 3 个状态:等待资源($p1$ 或 $p4$)、占用资源执行的处理($p2$ 和 $p5$)、不占用资源执行的处理($p3$ 或 $p6$)。另外,系统有一个状态:资源空闲($p7$)。在有些状态中有一个黑点"⊙",称为标记或令牌,表明系统或对象当前正在处于此状态。当具备了一个事件的输入的所有状态或持有令牌时,才能"激发"该事件(fire),此时系统和对象的状态向前推移,完成系统和对象的某些行为。

分析模型中包含了对数据对象、功能和控制的表示。在每一种表示中,数据对象和控制项都扮演一定的角色,通过数据词典这种组织方式可以表示每个数据对象和控制项的特性。

数据词典是为描述在结构化分析中定义的对象的内容而作为半形式化的语法被提出的,它精确地、严格地定义了每一个与系统相关的数据元素,并以有序列表形式将它们组织起来,使得用户和系统分析员对所有的输入、输出、存储成分和中间计算都有共同的理解。

(2)词条描述。在数据词典的每一个词条中应包含以下信息:

①名称。数据对象或控制项、数据存储或外部实体的主要名称。

②别名。第一项的其他名字。

③何处使用/如何使用。使用该词条(数据或控制项)的加工列表,以及如何使用。

④内容描述。表示内容的符号。

⑤补充信息。关于数据类型、预设值、限制或者局限等的其他信息。

(3)内容描述。在数据词典的编写中,分析员最常用的描述内容或数据结构的符号如表 3-6 所示。

表 3-6   数据词典定义式中的符号

数据构造	记 号	意 义
	=	由……构成
	+	和
顺序	[|]	或
选择	$\{\}^n$	n 次重复
重复	( )	可选的数据
	* … *	限定的注释

软件工程师使用表 3-6 的符号体系,可以通过 3 种基本构造方式来表示复合数据。

①作为数据项的序列。

②作为从一组数据项中的选择。

③作为数据项的重复的组合。

每个数据项中的项可以表示为顺序、选择和重复的一部分,而其本身又是另一个复合数据项,需要在字典中进一步细化。

内容描述需要一直扩展到所有的复合数据项(数据对象)都被表示为元素项,或者所有的数据对象用对大家都没有歧义的方式表示为止。

数据词典明确地定义了以上各种信息项。随着系统规模的增大,数据词典的规模和复杂性将迅速增加,可以使用 CASE 工具来维护数据词典。

上面描述的系统建模方法只是需求工程中所用到的建模方法的一个子集,表 3-7 对这些方法进行了总结。在结构化系统分析中有两种主要的建模方法:基于 DFD 图的传统功能反诘方法和面向对象方法。

表 3-7 建模技术小结

模型类型或方法	主要针对的系统层面	描 述
数据流图	行为	将系统建模为数据的功能转换的有向图
消息传递	行为	对象如何交换信息调用服务的功能模型
控制流图	行为	将环境事件和控制流之间的关系进行建模
有限状态模型	行为	对系统状态和对事件响应的处理功能进行建模
小规约/过程规约	行为	功能和动态行为的算法描述
"实体-关系"图	结构	功能转换处理的数据模型
对象模型	结构	根据领域的类别、结构关系、状态属性和功能属性所建立的实体模型
场景和事件跟踪	行为	事件和系统对象对事件的处理模型
数据词典	—	所有模型构件的自然语言描述
表跟踪	—	将需求映射为模型构件以便能够把需求上溯到描述它们的功能和对象

3.4.2 使用 PDL 描述需求

为了解决自然语言描述固有的二义性问题,可以使用程序描述语言来描述需求,这样的语言称为 PDL。PDL 起源于 Java 或 Ada 这样的程序设计语言,包含附加的、更抽象的构造来提高其表达能力,可以使用软件工具对其进行语法和语义检查以发现需求的遗漏和不一致。

由 PDL 语言能得到非常详细的需求描述,有时它们与需求文档中的内容已经非常接近。在以下情况下推荐使用 PDL 语言:

(1)当操作能分解为一个比较简单的动作序列并且执行顺序非常重要的时候。

(2)当硬件和软件的接口已经被定义了的时候。在许多情况下,子系统之间的接口在系统需求描述中已被定义,使用 PDL 可以定义接口对象和类型。

(3)使用 PDL 叙述需求能进一步减少二义性而且更容易理解。如果 PDL 是基于实现语言的,从需求到设计就有了一个自然的过渡,误解的可能性就大大减少。

但是这种需求描述方法也有其缺点:

(1)这种语言表达系统功能的能力不够充分。

(2)使用的符号语言只有那些具有程序语言知识的人们才可以理解。

(3)需求被看成了一个设计描述的过程,而不是帮助用户了解系统的一个模型。

该方法的一个有效使用方式是将它与结构化自然语言结合使用:采用基于格式的方法来定义系统的总体框架,然后用 PDL 更详细地定义控制序列和接口。

3.4.3 接口描述

绝大多数软件系统要与其他已实现或正运行着的系统进行交互,如果它们要一起工作,就必须精确地定义已存在的系统接口。这些描述在需求过程的早期阶段就应该给出,也可在需求文档或规约中以附录的形式给出。

必须定义 3 种类型的接口。

(1) 程序接口。这是已存在的子系统提供的子程序接口,通过调用这些接口过程来执行子系统提供的服务。

(2) 数据结构。这是从一个子系统到其他子系统之间的数据交换所使用的数据绫。基于 Java 的 PDL 可以描述这样的数据结构,用类来定义数据结构,属性表示结构中的域。也可以使用"实体-关系"图来描述数据结构。

(3) 数据的表示(例如位元的顺序)。这是一个已存在的子系统建立的数据表示。Java 不支持这样详细的表达描述,所以基于 Java 的 PDL 不适用于此处。

形式化符号方法也能够无二义性地定义接口,但是因其专业化的特点而很难被更多的人掌握。虽然它是理想的工具,却很少用于实际的接口描述。PDL 接口描述的形式化程度较低,在可理解性和精确性之间做了折中,但是通常要比自然语言接口描述更为精确。

下面代码给出了一个记录打印程序的接口类型定义:

```
interface PrintRecord{
//定义一个抽象的记录打印功能
//需求:interface Record, interface Printer
//功能:find, print, displayPrintQueue, cancelPrintJob, switchPrinter
void find (Record r) ;
void print (Printer p, Record r) ;
void displayPrintQueue (Printer p) ;
void cancelPrintJob (Printer p, Record r) ;
void switchPrinter (Printer p1, Printer p2, Record r) ;
}// PrintRecord
```

3.5 需求描述与评审

通过与用户的沟通、交流,分析人员最终获取了用户的需求,如何对用户的需求进行描述?希望下面的方法能给大家以帮助。

3.5.1 分析建模

需求开发的最终成果是客户和开发小组对将要开发的产品达成一致协议。协议综合了功能需求、非功能需求和领域需求。分析人员必须依据使用实例对用户需求进行分析建模,进而生成分析模型。根据需求分析方法的不同,分析建模可划分为形式化规范说明、结构化分析模型以及面向对象分析模型。

形式化规范说明通过使用数学上精确的形式化逻辑语言来定义需求,具有很强的严密性和精确度。由于形式化规范说明必须采用特定的形式化语言,而这些形式化语言只有极少数软件开发人员才熟悉,更不用说客户了,所以在实际的软件分析建模中已经很少采用。

结构化分析模型的组成结构参见图 3-6。由图可见,模型的核心是 DD(Data Dictionary,数据词典),它是系统所涉及的各种数据对象的总和。从 DD 出发可构建 3 种图:E-R 图

(Entity-Relation Diagram,"实体-关系"图)用于描述数据对象间的关系,代表软件的数据模型,在 E-R 图中出现的每个数据对象的属性均可用数据对象说明来描述;DFD(Data Flow Diagram,数据流图),其主要作用是指明系统中数据是如何流动和变换的,以及描述使数据流进行变换的功能,在 DFD 图中出现的每个功能的描述则写在加工说明中,它们一起构成软件的功能模型;STD(Status Transfer Diagram,"状态-变迁"图),用于指明系统在外部事件的作用下将会如何动作,表明了系统的各种状态以及各种状态间的变迁,从而构成行为模型的基础。关于软件控制方面的附加信息则包含在控制说明中。

早期的结构化分析模型仅包括 DD、DFD 和控制说明 3 个组成部分,主要用于描述软件的数据模型与功能模型。随着社会信息化的迅速发展,许多应用系统包含了较复杂的数据信息。因而在数据建模时,有人将原用于关系数据库设计的 R 图移用于结构化分析,以便描述包含较为复杂数据对象的信息模型。另一方面,随着计算机实时系统(Real-time System)应用的不断扩大,人们在分析建模中发现,有些数据加工(Data Processing)并非是由数据来触发,而是由实时发生的事件来触发/控制的,无法用传统的 DFD 图来表示,因而在 20 世纪 80 年代中期,以 Ward 和 Hatley 等为代表的学者又在功能模型之外扩充了行为模型,推荐用控制流图、控制说明等工具进行描述。今天,结构化分析模型已可同时覆盖信息模型、功能模型和行为模型 3 种模型,其适用的软件范围也扩大了。

3.5.2 软件需求规约

1. 制订软件需求规约的原则

1979 年 Balzer 和 Goldman 提出了一系列规约原则:

(1)功能与实现分离,即描述要"做什么"而不是"怎样实现"。

(2)开发一个系统期望行为的模型,该模型包含系统对来自环境的各种刺激的数据和功能反应。

(3)通过刻画其他系统构件和软件交互的方式,建立软件操作的语境。

(4)定义系统运行的环境。

(5)创建认知模型而不是设计或实现模型,该认知模型按照用户感觉系统的方式来描述系统。

(6)规约必定是不完整的并允许扩充。它总是某个通常相当复杂的现实(或想象)情形的一个抽象,所以它是不完整的并将存在于多个细节层次。

(7)建立规约的内容和结构,并使它能够适应未来的变化。

(8)以上基本规约原则为表示软件需求提供了基础。在具体实现时,要注意一些表示需求的基本指导原则。

(9)表示格式和内容应该同问题相关。可以为软件需求规约的内容指定一个通用的大纲,但是包含在规约中的表示形式有可能随应用领域而发生变化。

(10)包含在规约中的信息应该是嵌套的。需求的表示应该展示信息的层次,以使得读者能够定位到需要的细节级别。可使用段落和图的编号模式来指明其细节层次,有时还需在不同的抽象层次表示相同的信息来帮助理解。

(11)图和其他符号形式应该在数量上有所限制并在使用上一致。混乱不一致的符号体系会妨碍理解并导致错误。

(12)表示应该是可修订的。规约的内容会发生变更,最好通过 CASE 工具来更新每次变更所影响的所有表示。

2. 软件需求规约

软件需求规约(简称 SRS)是软件开发人员在分析阶段需要完成的文档,是分析任务的最终产物,通过建立完整的信息描述、详细的功能和行为描述、性能需求和设计约束的说明、合适的验收标准以及其他和需求相关的数据,给出对目标软件的各种需求。通俗地说,SRS 就是软件的定义。早在计划时期的"问题定义阶段",开发方就与用户共同确定了"软件的目标和范围"。在分析阶段,上述目标与范围被细化为 SRS。在 IEEE830 -1998 号标准和我国国家标准 GX856D-88 中,都提出了关于软件需求规约的建议内容。表 3-8 给出了一个 SRS 框架。

表 3-8	软件需求规约的框架
Ⅰ.引言:陈述软件的目标、范围	
A.系统参考文献	
B.整体描述	
C.软件项目约束	
Ⅱ.信息描述:给出软件必须解决的问题的详细描述,记录下信息内容和关系、流和结构	
A.信息内容表示	
B.信息流表示　ⅰ 数据流　ⅱ 控制流	
Ⅲ.功能描述:给出解决问题所需的每个功能的描述,描述设计约束与性能特征,使用图形方式来表示软件整体结构和软件功能与其他系统元素之间的相互影响	
A.功能划分	
B.功能描述　ⅰ 处理说明　ⅱ 限制/局限　ⅲ 性能需求　ⅳ 设计约束　ⅴ 支撑图	
C.控制描述　ⅰ 控制规约　ⅱ 设计约束	
Ⅳ.行为描述:检查外部事件和内部控制特征的结果而发生的软件操作	
A.系统状态	
B.事件和响应	
Ⅴ.检验标准:要完成它需要对软件需求全面理解,检验标准的规约实际上是对其他需求的隐式评审,这一部分可能是最重要的	
A.性能范围	
B.测试种类	
C.期望的软件响应	
D.特殊的考虑	
Ⅵ.接口描述:针对外部系统元素和内部软件功能来描述硬件接口、软件接口、人机界面和通信接口等内容	
Ⅶ.其他描述:包含了系统设计和实现上的限制、系统的假设和依赖等其他需要说明的内容	
Ⅷ.参考书目:包含了对所有和该软件相关的文档的引用,包括其他的软件工程文档、技术参考文献、厂商文献和标准	
Ⅸ.附录:包含了规约的补充信息、表格数据、算法的详细描述、图表以及其他材料	

(1)引言主要叙述在问题定义阶段确定的关于软件的目标与范围,简要介绍系统背景、概貌、软件项目约束和参考资料等。

(2)需求规约的主体描述软件系统的分析模型,包括信息描述、功能描述和行为描述。这部分内容除了可用文字描述外,也可以附上一些图形模型,如 E-R 图、DFD、CFD 等。

(3)信息描述给出对软件所含信息的详细描述,包括信息的内容、关系、数据流向、控制流向和结构等。

(4)功能描述是对软件功能要求的说明,包括系统功能划分、每个功能的处理说明、限制和控制描述等。对软件性能的需求包括软件的处理速度、响应时间和安全限制等内容,通常也在此叙述。

(5)行为描述包括对系统状态变化以及事件和动作的叙述,据此可以检查外部事件和软件内部的控制特征。

(6)质量描述阐明在软件交付使用前需要进行的功能测试和性能测试,并且规定源程序和文档应该遵守的各种标准。这一节的目的是为了检验所交付的软件是否达到了 SRS 的规定。这可能是 SRS 中最重要的内容,但在实际工作中却容易被忽略,值得引起注意。

(7)接口描述包括系统的用户界面、硬件接口、软件接口和通信接口等的说明。

(8)其他描述阐述系统设计和实现上的限制、系统的假设和依赖等其他需要说明的内容。

软件需求规约作为产品需求的最终成果必须具有综合性,应该包括所有的需求。开发者和客户不能做任何假设。如果任何所期望的功能或非功能需求未写入软件需求规约,那么它将不能作为协议的一部分并且不能在产品中出现。

3. 需求标识方法

为了满足软件需求规约的可跟踪性和可修改性的质量标准,必须唯一确定每个软件需求。这可以使开发人员在变更请求、修改历史记录、交叉引用或需求的可跟踪矩阵中查阅特定的需求。要达到这一目的,用单一的项目列表是不够的。因此,下面将描述几个不同的需求标识方法,并阐明它们的优点与缺点。

(1)序列号。最简单的方法是赋予每个需求一个唯一的序列号,如 SRS-13。当一个新的需求加入到商业需求管理工具的数据库之后,这些管理工具就会为其分配一个序列号。序列号的前缀代表了需求类型,如 SRS 代表"软件需求说明"。由于序列号不能重用,所以把需求从数据库中删除时,并不释放其所占据的序列号,而新的需求只能得到下一个可用的序列号。这种简单的编号方法并不能提供任何相关需求在逻辑上或层次上的区别,而且需求的标识不能提供任何有关每个需求内容的信息。

(2)层次化编码。这是最常用的方法。如果功能需求出现在软件需求规约中第 3.2 部分,可以采用"3.2.4.3"这样的标识号。标识号中的数字越多则表示该需求越详细,属于较低层次上的需求。即使在一个中型的软件需求规约中,这些标识号也会扩展到许多位数字,并且这些标识也不提供任何有关每个需求目的的信息。如果要插入一个新的需求,那么该需求所在部分其后所有需求的序号将要减少。对于这种简单的层次化编号的一种改进方法是对需求中主要的部分进行层次化编号,然后对于每个部分中的单一功能需求用一个简短文字代码加上一个序列号来识别。

在编写 SRS 时,可能会发现缺少特定需求的某些信息,在解决这个不确定性之前,可能必须与客户商议,检查与另一个系统的接口或者定义另一个需求。使用"待确定"(TBD)符号作为标准指示器来强调软件需求规约中这些需求的缺陷。通过这种方法,可以在软件需求规约中查找所需澄清需求的部分,记录谁将解决哪个问题、怎样解决及什么时候解决。把每个 TBD 编号记录并创建一个 TBD 列表,这有助于跟踪每个项目。

在继续进行构造需求集合之前,必须解决所有的 TBD 问题,因为任何遗留下来的不确定问题将会增加出错的风险和需求返工。当开发人员遇到一个 TBD 问题或其他模糊之处时,他可能不会返回到原始需求来解决问题。如果有 TBD 问题尚未解决,而开发人员又要继续进行开发工作,那么尽可能推迟实现这些需求,或者解决这些需求的开放式问题,把产品的这部分设计得易于更改。

编写优秀的需求文档没有现成固定的方法,最好是根据经验进行。经常总结编写 SRS 对经验的积累是非常有益的。许多需求文档可以通过使用有效的技术编写风格和用户术语得以改进。在编写优秀的需求文档时,希望读者还需牢记以下几点建议:

需求陈述应该具有一致的样式。通常"系统必须"或者"用户必须"应紧跟一个行为动作和可观察的结果,例如,"仓库管理子系统必须显示一张所请求的仓库中有存货的库存清单"。为了减少不确定性,必须避免模糊的、主观的术语。例如,用户友好、简单、有效、最新技术、优越的、可接受的等。当客户说"用户友好"或者"快"时,分析人员应该明确它们的真正含义并且在需求中阐明用户的意图。避免使用比较性的词汇,定量地说明所需要提高的程度或者说清一些参数可接受的最大值和最小值。当客户说明系统应该"处理"、"支持"或"管理"某些事情时,分析人员应该能理解客户的意图。由于需求的编写是层次化的,因此,可以把顶层不明确的需求向低层详细分解,直到消除不明确性为止。文档的编写人员不应该把多个需求集中在一个冗长的叙述段落中。在需求中诸如"和"、"或"之类的连词就表明了该部分集中了多个需求。务必记住,不要在需求说明中使用"和/或"、"等等"之类的连词。

3.6 需求验证与评审

3.6.1 需求有效性验证

需求有效性验证是要检验需求能否反映客户的意愿。它和需求分析有很多共性,都是要发现需求中的问题,但它们是截然不同的过程,前者关心的是需求文档完整的草稿,而后者关心的是不完整的需求。

需求有效性验证非常重要,如果在后续的开发或者系统投入使用时才发现需求文档中的错误,就会导致更大代价的返工。由需求问题而对系统做变更的成本要比修改设计或者代码错误的成本大得多,原因是需求的变化总是会改变相应的系统设计和实现,进而使系统必须重新测试。

在需求有效性验证过程中,要对需求文档中定义的需求执行多种类型的检查。

(1)正确性检查。某个用户可能认为系统应该执行某项功能,然而,进一步的思考和分析可能发现还需要添加另一些功能,或是发现系统需要的是完全不同的功能。系统有很多用户,而这些用户可能需要不同的功能,因此,任何一组需求都不可避免地要在不同用户之间协商。开发人员和用户都应复查需求,以确保将用户的需要充分、正确地表达出来。

(2)有效性检查。某个用户可能认为系统应该执行某项功能,但是进一步思考分析后,可能发现还要增加另一些功能,或发现系统需要的其实是完全不同的功能。系统对其他用户也可能需要不同的功能。因此,任何一组需求都必须在不同用户之间协商确定。

(3)一致性检查。需求不应该相互冲突,即对同一个系统功能不应出现不同的或相互矛盾的描述。

(4)完备性检查。应该包括所有系统用户需要的功能和约束。在需求中应该对所有可能的状态、状态变化、转入、产品和约束都做出描述。

(5)现实性检查。根据对已有技术的了解,检查需求以保证能使用现有的技术来实现。这些检查还要考虑到系统开发的预算和进度安排。

(6)可检验性检查。为了减少在客户和开发商之间可能的争议,被描述的系统需求应该总是可以检验的,即能设计出一组检查方法来验证交付的系统是否能满足需求。

(7)可跟踪性检查。检查是否每一系统功能都能被跟踪至要求它的需求集合。

下面一些需求有效性验证技术可以联合使用或者单独使用:

(1)需求评审。由一组评审人员对需求进行系统性分析。

(2)原型建立。为系统用户和最终用户提供一个可执行的系统原型,以此来实际检查系统是否符合他们真正的需要。

(3)测试用例生成。理想情况下的需求是可测试的,这也是近几年软件工程新的热点之一。如果用测试作为需求有效性验证的方法,就要设计具体的测试方法,这样可以发现需求中的很多问题。如果一个测试的设计很困难或者不可能,通常意味着需求的实现将会很困难,应该重新考虑需求。

(4)自动的一致性分析。如果需求采用结构化或者形式化的方法表示,并已经形成了系统模型,这时就可以用 CASE 工具来检验模型的一致性。

只有目标系统的用户才真正知道软件需求规约书是否完整、准确地描述了他们的需求。因此,检验需求的完整性,特别是证明系统确实满足用户的实际需要(即需求的有效性),只有在用户的密切合作下才能完成。然而许多用户并不能清楚地认识到他们的需要(特别在要开发的系统是全新的时,情况更是如此),不能有效地比较陈述需求的语句和实际需要的功能。只有当他们有某种工作着的软件系统可以实际使用和评价时,才能完整确切地提出需要。

理想的做法是先根据需求分析的结果开发出一个软件系统,请用户试用一段时间以便能认识到他们的实际需要是什么,在此基础上再写出正式的“正确的”规约书。但是,这种做法将使软件成本增加一倍,因此实际上几乎不可能采用这种方法。使用原型系统是一个比较现实的替代方法,开发原型系统所需要的成本和时间可以大大少于开发实际系统所需要的成本和时间。用户通过试用原型系统,也能获得许多宝贵的经验,从而可以提出更符合实际的要求。

需求有效性验证的困难不应低估。论证一组需求是否符合用户需要是很困难的,用户需要勾画出系统的操作过程并构想出如何把系统应用到实际工作中去,这种抽象分析工作对一个有经验的计算机专家也很艰巨。结果往往是不可能发现所有的需求问题,需求确认之后不可避免地再发生一些遗漏和错误理解的变更。

3.6.2　需求评审

需求分析文档完成后,应由用户和系统分析员共同进行需求评审。鉴于需求规约形成了软件设计和其他软件工程活动的基础,需求评审需要有客户方和承包商方的人员共同参与,检查文档中的不规范之处和遗漏之处。这个评审过程可以与程序审查过程一起来管理,也可以将文档中的不同部分分散到每个人,对文档进行大规模的撒网式检查。

需求评审可以非正式或者正式地进行。非正式的评审是由承包商人员与尽可能多的系统项目相关人员讨论需求。需求导出后,开发人员要与项目相关人员进行多次讨论,通过交谈来发现尽可能多的问题,然后进入下一阶段的正式评审。

作为需求分析阶段工作的复查手段,在正式需求评审时,开发团队要拿着需求“遍访”客户,逐条解释需求含义,评审团队整体需求的一致性和完备性,评价功能的正确性、完整性和清晰性以及其他需求,并主要从以下几个方面进行检查:

(1)可检验性。描述的需求能否实际测试。

(2)可读性。需求能否被系统购买者和最终用户读懂。

(3)可跟踪性。跟踪能力能为变更系统其他部分带来的影响提供帮助。

(4)可调节性。需要是否可调节,需求变更能否不对其他系统带来大规模的影响。

在需求评审过程中,需要检查的内容可细化为:

(1)系统定义的目标是否与用户的要求一致。

(2)系统需求分析阶段提供的文档资料是否齐全。

(3)文档中的所有描述是否完整、清晰、准确反映用户要求。

(4)与所有其他系统之间的重要接口是否都已经描述。

(5)被开发项目的数据流与数据结构是否足够。

(6)所有图表是否清楚,在不补充说明时能否理解。

(7)主要功能是否已包括在规定的软件范围之内,是否都已充分说明。

(8)软件的行为和它必须处理的信息、必须完成的功能是否一致。

(9)设计的约束条件或限制条件是否符合实际。

(10)是否考虑了开发的技术风险。

(11)是否考虑过软件需求的其他方案。

(12)是否考虑过将来可能会提出的软件需求。

(13)是否详细制订了检验标准,它们能否对系统定义是否成功进行确认。

（14）有没有遗漏、重复或不一致的地方。

（15）用户是否审查了初步的用户手册或原型。

（16）软件开发计划中的估算是否受到了影响。

首先在宏观上进行评审，保证规约是完整、一致、精确的，然后细致地评审每一个域，不仅检查概要描述，还要检查需求被陈述的方式。

最后，把需求评审期间找出的冲突、矛盾、错误和遗漏正式记录下来，由系统用户、系统购买者和开发商共同协商解决这些问题的方案。

为保证软件需求定义的质量，评审应由专门指定的人员负责，并按规程严格进行。评审结束应有评审负责人的结论意见及签字。除分析员之外，用户/需求者、开发部门的管理者、软件设计、实现、测试的人员都应当参加评审工作。通常评审的结果都包括了一些修改意见，待修改完成后再经评审通过，才可进入设计阶段。评审完成后，规约变成了软件开发的"合同"，但是在规约完成后还有可能会变更需求，造成了对软件范围的扩展，最终可能增加成本和（或）延长项目进度。

如果需求是用结构化或形式化的方法表示的，并已经形成了系统模型，这时 CASE 工具就可以用来检查模型的一致性。如图 3-23 所示，为了检查一致性，CASE 工具一定要建立需求数据库，并使用方法规则或符号规则检查数据库中所有的需求。需求分析器产生一个关于一致性的报告。

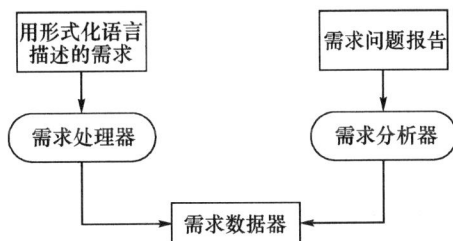

图 3-23　自动的需求一致性检查

3.7　需求管理

大型软件系统的需求总是在变化的，原因是这些系统通常是要解决一些极难的问题，而且问题不可能被完全定义，因此，软件需求注定是不完全的。在软件过程中，开发者对问题的理解是在变化的，这些变更也要反馈到需求中来。

此外，大型软件系统总是要不断地完善。已存在的系统可能是一个人工系统或一个落后了的计算机系统。虽然目前系统中的困难可能是已知的，但很难预计对系统的改善会对机构产生什么影响。一旦最终用户对系统有了经验，由于以下原因，新的需求就会浮现出来：

（1）大型系统通常拥有不同的用户群落。不同的用户有不同的需求和优先次序，这些可能是冲突的或是矛盾的。最后的系统需求不可避免地是它们之间的一个妥协，随着经验的积累，对不同用户支持上的这种平衡需要改变。

（2）系统购买者和系统最终用户很少是同一人。系统客户可能因为机构原因或预算原因对系统提出一些需求，而这些需求可能同最终用户需求不一致。

（3）系统业务和技术环境的变化肯定会反映到系统本身上来。新的硬件可能被引进，与其他系统的接口是必需的，业务优先次序的改变可能需要系统的支持，新的立法和规章制度的实行也需要系统做相应的调整。非功能需求尤其受到硬件技术变化的影响。

（4）需求管理是一个对系统需求变更了解和控制的过程。需求管理的过程是与其他需求工程过程相互关联的。初始需求导出的同时就启动了需求管理规划，一旦形成了需求文档的草稿版本，需求管理活动就开始了。

在进行项目规划时，应该建立一系列的项目里程碑，一个里程碑就是一项软件过程活动的终结。在每个里程碑，都应该有一个正式的可以提交给管理层的输出结果，比如，一份有关里程碑的报告不一定非得是大型文档，可能仅仅是一个项目活动成果的简短报告。里程碑应该代表这个项目中一个特定的逻辑意义上的阶段的终结。不确定的里程碑（比如，"编码完成80％"）因无法验证，所以对项目管理是没有意义的。

可交付的文档是交付给客户的项目成果，通常在项目的描述、设计等主要的项目阶段结束时交付。可交付的文档也是里程碑，但里程碑不需要交付。里程碑是项目内部的阶段性成果，可以供项目管理者来检查项目的进展情况，里程碑不是向客户交付的东西。

要建立里程碑，软件过程就一定要分解成一系列相关的基本活动，而每一个这样的基本活动都要有相应的输出结果。作为一个例子，图3-24给出了在需求描述中的活动。这里使用了原型来帮助验证需求，图中给出了每个活动（项目里程碑）的主要输出。这个项目的可交付文档是需求定义和需求描述。

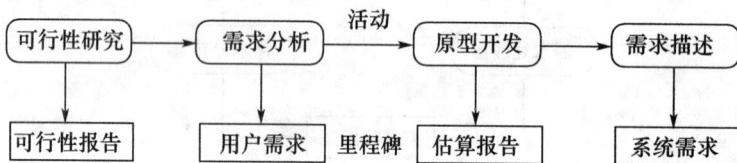

图 3-24　需求过程中的里程碑

3.7.1　需求跟踪表

需求管理是一组帮助项目组在任何项目阶段的任何时候去标识、控制和跟踪需求的活动。对于每个项目，首先需要规划并建立需求管理的细节层次结构，此时需要确定以下内容：

（1）需求识别。为每个需求建立一个唯一的标识符，用于可追溯的评估中或者被其他需求交叉索引。

（2）变更管理。对变更带来的影响和成本进行评估。

（3）跟踪策略。定义了需求之间关系以及需求和系统设计之间关系，需要进行记录并维护。

（4）CASE工具。帮助对所涉及的大量需求信息进行加工。

当变更发生的时候，必须追踪这些变更对其他需求和系统设计的影响。可跟踪性/

可追溯性就反映了发现相关的需求的能力,它描述了需求的一个总体特性。

有 3 类可跟踪性信息需要维护:

(1)源可追溯性信息。连接需求到提出需求的项目相关人员和这些需求的基本原理。当变更发生的时候,这个信息用来发现项目相关人员以便能与他们商讨这些变更事宜。

(2)需求可追溯性信息。连接需求文档中彼此依赖的需求。这个信息用来评估一个变更会对多少需求产生影响以及引发的需求变更的范围和程度。

(3)设计可追溯性信息。连接需求到其实现的设计模块。这个信息用来评估需求变更对系统设计和实现带来的影响。

可追溯性信息通常使用跟踪表(也称可追溯矩阵)来表示。在跟踪表中为每个需求分配一个如下形式的唯一标识符:

＜需求类型＞ ＜需求♯＞

这里,需求类型取值可以是:F＝功能需求,D＝数据需求,B＝行为需求,I＝接口需求,P＝输出需求等。

每个跟踪表将标识的需求与系统或其他环境(项目相关人员和设计模块)相关联,如表 3-9 所示。其中的"追溯目标"(Trace to)和"追溯来源"(Trace from)用来描述需求与需求之间的可追溯关系。

表 3-9 需求跟踪表

属性 需求	优先级	状　态	成　本	难　度	稳定度	追溯目标	追溯来源
需求 1	2						
需求 2	1						
…	…	…	…	…	…	…	…
需求 n	3						

跟踪表经常是以需求数据库的形式进行维护的,常用的跟踪表有以下类型:

(1)特征跟踪表。显示出需求和用户关心的重要系统/产品特征之间的关系。

(2)来源跟踪表。表中标识出每个需求的来源。

(3)子系统跟踪表。显示需求支配的子系统如何同各需求之间相关联。

(4)接口跟踪表。显示需求跟外部与内部系统接口之间的关系。

对一个具有很多需求的大型系统,必须维护的一小部分需求在整个系统需求中可能是非常难以处理而且费用很高。这时,必须找出需求数据库中的可跟踪性信息,通过需求跟踪表记录下来,每个需求与其相关需求就有了明确的关联。这样就能由数据库浏览工具来评估变更的影响。

需求管理需要一些自动化手段的支持,在规划阶段要选择所要使用的 CASE 工具。在以下工作中需要用到工具支持:

(1)需求存储。需求的存储应该是安全、高效的,在需求工程过程中的每个人都可以访问。

(2)变更管理。如果变更管理过程(图 3-25 所示)由有效的工具来支持,将会变得很简单。

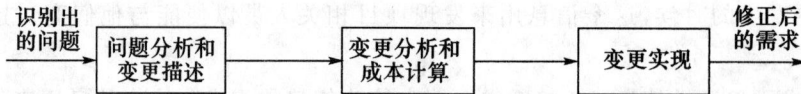

识别出的问题 → 问题分析和变更描述 → 变更分析和成本计算 → 变更实现 → 修正后的需求

图 3-25　需求变更管理

(3)可跟踪性管理。按照上面的讨论,支持可跟踪性的工具能发现相关的需求。一些工具借助自然语言处理技术能发现需求之间可能的关联。

对于小型系统,可以不必使用特殊化的需求管理工具。此时用字处理器中的工具、电子表格和微机数据库就能支持需求管理过程。但对比较大的系统,就需要更多特殊工具的支持,如 DOORS 和 Requisite Pro。

3.7.2　需求变更管理

需求变更管理处理全部的需求变更。此时使用形式化过程能够对所有的变更提议进行一致地处理,且对需求文档的变更可在一种受控方式下进行。一个变更管理过程有 3 个基本阶段:

(1)问题分析和变更描述。首先进行需求问题的识别或是分析一份明确的变更提议。在这个阶段,要分析变更提议并检查其有效性,以产生一个更明确的需求变更提议。

(2)变更分析和成本计算。使用可跟踪信息和系统需求的一般知识来评估被提议变更产生的影响。变更成本计算不仅要估计对需求文档的修改,而且还要适当估计系统设计和实现的成本。分析完成后,就产生了对此变更是否执行的决策意见。

(3)变更实现。需求文档以及系统设计和实现在必要时都要做修改。应该建立一个很好的需求文档使得变更不会带来大量文字的修改。对程序、文档的可变性通过最小化外部引用和尽量使之模块化来实现。

如果需求变更对一个系统非常迫切,需要先对系统做变更然后再回头来修改需求文档,但这通常会导致需求描述和系统实现不同步,有时系统变更完成后可能会忘记对需求文档进行修改,或是所做的修改有可能与系统变更不一致。

小　结

俗话说,万事开头难。作为软件生命周期最重要的阶段之一,需求分析最根本的任务是确定用户到底需要一个什么样的软件系统。具体地说,是确定系统必须具有的功能和性质以及系统要求的运行环境,通过分析得出系统详细的逻辑模型。

为了更好地表达系统模型,可以使用一系列的图形工具。数据流图能够很好地概括系统的信息,E-R 图能直观、准确地描绘系统的数据需求,数据词典则定义了系统所有必须共享的公共数据元素的集合。

需求分析的结果是软件开发的基础,必须仔细验证它的正确性,开发人员必须同用户取得完全的一致,需求分析的文档也应被用户认可。但是这并不意味着随着项目的进展需求不会再发生变化,因此,为了更准确、更具体地确定用户的需求,往往通过原型法来加强同用户的沟通。此外,作为需求分析的结果,应该制订明确的软件需求规约,并有必要邀请多方人员对所描述功能的正确性、完整性和清晰性共同进行评审。

需求分析是软件生命周期的一个重要阶段,它最根本的任务是确定满足用户的需要系统必须做什么。具体地说,应该确定系统必须具有的功能和性能和系统要求的运行环境,并且预测系统发展的前景;必须仔细分析系统中的数据,既要分析系统中的数据流又要分析长期使用的数据存储。通过分析应该得出用数据流图、E-R 图、数据字典和简洁的算法描述所定义的详细的系统逻辑模型。

需求分析的输出结果包括分析模型和 SRS。在与客户签订最终的需求协议前,对需求进行有效性验证、评审,可以有效地在项目早期发现软件需求中存在的问题。如果在后续的开发或当系统投入使用时才发现需求文档中的错误,就会导致更大代价的返工。

大型软件系统开发过程中,需求变化是难以避免的。通过构造需求可追溯性矩阵,制订需求变更管理流程与规范,可以对需求进行有效管理,确保软件设计、编码与软件需求分析模型和 SRS 保持一致。

习　题

一、选择题(单选题)

1.软件需求工程阶段的工作可以划分为以下四个方面:对问题的识别、分析与综合、制定需求规格说明和_____。

　　A.总结　　　　　　　　　B.阶段性报告

　　C.需求分析评审　　　　　D.以上答案都不正确

2.各种需求分析方法都有它们共同适用的_____。

　　A.说明方法　　　　　　　B.描述方法

　　C.准则　　　　　　　　　D.基本原则

3.软件需求规格说明书的内容不应该包括对_____的描述。

　　A.主要功能　　　　　　　B.算法的详细过程

　　C.用户界面和运行环境　　D.软件的性能

4.需求分析产生的文档是_____。

　　A.项目开发计划　　　　　B.可行性分析报告

　　C.需求规格说明书　　　　D.软件设计说明书

5.需求分析中,分析人员要从用户那里解决的最重要的问题是_____。

　　A.要让软件做什么　　　　B.要给该软件提供什么信息

　　C.要求软件工作效率如何　D.要让该软件具有何种结构

6.需求规格说明书的作用不应包括_____。

　　A.软件设计的依据　　　　B.用户与开发人员对软件要做什么的共同理解

　　C.软件验收的依据　　　　D.软件可行性研究的依据

7.在结构化分析方法中,用以表达系统内部数据的运行情况的工具有_____。

A. 数据流图　　　　　　　B. 数据字典

C. 结构化英语　　　　　　D. 判定树与判定表

8.需求分析最终结果是产生_____。

A. 项目开发计划　　　　　　B. 可行性分析报告

C. 需求规格说明书　　　　　D. 设计说明书

9.分层数据流图是一种比较严格又易于理解的描述方式,它的顶层数据流图描述了系统的_____。

A. 细节　　　　　　　　　　B. 输入与输出

C. 软件的作者　　　　　　　D. 绘制的时间

10.一个局部数据存储,当它作为_____时就把它画出来。

A. 某些加工的数据接口　　　B. 某个加工的特定输入

C. 某个加工的特定输出　　　D. 某些加工的数据接口或某个加工的特定输入/输出

11.对于分层的数据流图,父图与子图的平衡是指子图的输入、输出数据流同父图的输入、输出数据流_____。

A. 必须一致　　　　　　　　B. 数目必须相等

C. 名字必须相同　　　　　　D. 数目必须不等

12.软件需求分析的任务不应包括_____。

A. 问题分析　　　　　　　　B. 信息域分析

C. 结构化程序设计　　　　　D. 确定逻辑模型

二、问答题

1.需求工程阶段主要解决的问题是什么?该过程中需要经过哪些主要活动?每项活动的主要任务和目标是什么?

2.在软件需求分析时,首先建立当前系统的物理模型,再根据物理模型建立当前系统的逻辑模型。试问:什么是当前系统,当前系统的物理模型与逻辑模型有什么差别?

3.银行计算机储蓄系统的工作过程大致如下:储户填写的存款单或取款单由业务员键入系统,如果是存款则系统记录存款人姓名、住址(或电话号码)、身份证号码、存款类型、存款日期、到期日期、利率及密码(可选)等信息,并印出存款收据给用户;如果是取款而且存款时留有密码,则系统首先核对储户密码,若密码正确或存款时未留密码,则系统计算利率并打印利息清单给储户。

请完成以下任务:请绘制出储户存款、取款的业务流程图并用数据流图描绘本系统的功能。

4.为方便旅客,某航空公司拟开发一个机票预订系统。旅行社把预订机票的旅客信息(姓名、性别、工作单位、身份证号码、旅行时间、旅行目的等)输入该系统,系统为旅客安排航班,打印出取票通知和账单,旅客在飞机起飞的前一天凭取票通知和账单交款取票,系统校对无误即打印出机票给旅客。

请用数据流图描绘本系统的功能,并采用实体-关系图描绘本系统中的数据对象之间的关系。

第 4 章

软件设计

系统分析阶段所完成的任务实际上是描述我们对系统的一种期望,它包括系统最终具有的形式和功能等,也就是我们对系统提出了一套结合客户实际要求的展望,用来确定待解决的问题,即说明待实现的系统要"做什么"。但是这个展望应该如何着手构建呢? 采用什么样的手段、方法、技术来实现呢? 这个问题就需要在设计阶段解决,也就是说软件设计阶段的任务是处理"如何做"的问题,它是一套解决问题的完整方案。在这一章中,我们将陆续介绍软件设计的基本知识和具体的一种系统设计的方法——结构化设计方法(Structural Design)。

4.1 软件设计概述

软件设计阶段是需求阶段和实现阶段的接口,它要将需求阶段产生的需求文档为其向可执行的代码转换提出一套完整合理的解决方案。因此软件设计阶段的输入是需求分析阶段产生的需求模型和系统需求规格说明书,输出是软件设计模型和系统设计文档。在软件设计的过程中,我们应该清楚软件设计的目标,理解软件设计的原理,按照软件设计的原则,选择一种合适的设计方法来完成软件的设计。

4.1.1 软件设计的目的

在分析阶段,系统分析员建立了系统的文档和模型,它们是设计阶段的输入。分析阶段需要建立模型表示真实的世界,以便理解业务过程以及这个过程中所用到的信息。基本上来说,分析首先是分解,即把一个复杂信息需求的综合问题分解成易于理解的多个小问题,然后通过建立需求模型来对问题领域进行组织、构造并编制文档。分析和建模要求用户参与,他们解释需求并验证建立的模型是否正确。设计也是一个建模活动,它使用分析阶段得出的信息(即需求模型)并把这些信息转换为称作解决方案的模型,该模型包括该目标系统有哪些组成部分、各部分如何组织在一起以及每个部分如何构造。所以设计阶段的目标是定义、组织和构造将作为最终解决方案的系统的各个组成部分。

从图 4-1 可以看出分析阶段和设计阶段不同的工作目标。我们在上一章讲过分析阶段的目标,即通过建立当前系统的物理模型了解业务事件和过程;下一步通过建立当前系统的逻辑模型抽象出系统的功能和处理的信息;然后建立目标系统的逻辑模型,说明目标系统的功能和处理的对象。有了上述分析阶段的成果作为输入,经过设计阶段的设计过程,输出系统解决方案的各组成部分和各部分的组织方式,即设计要完成的工作就是用一定的方法将分析模型转换为设计模型。

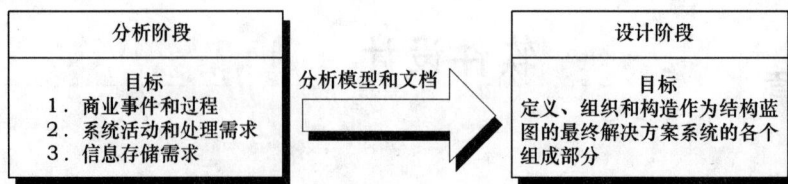

图 4-1　从分析目标到设计目标

4.1.2　软件设计的原理

软件设计是软件开发的一个很重要的阶段,该阶段的产品为软件设计模型及文档,对前期和后期的工作有很大的影响。软件设计的结果如果不能够实现需求阶段定义的需求,则结束设计工作;软件设计的结果还作为实现、测试和维护的依据,所以我们会对设计方案进行论证以寻找更适合的设计方案,并对设计方案进行优化,使其更好地满足软件需求和各种约束。

软件设计是一种非确定性的过程,不同的系统设计师对相同的需求可以得到不同的设计方案,也不可能期望得到一个完全预期的结果。既然软件设计是一个重要的阶段,该阶段又没有确定性的结果,那么我们就期望这个过程按照一定的原理进行,尽量使设计的结果可预期并且具有更好的质量。

在上述软件设计的过程中,在讲具体的软件设计方法之前,首先需要掌握一些软件设计的常用概念,它们会在今后的软件设计过程中不断出现,所以在本节中做了详细介绍。

在进行软件设计过程中将用到抽象、逐步求精、模块化、软件体系结构、控制层次、信息隐藏等方法,并遵循模块独立性原理。

1. 模块化

模块化是指软件被划分成独立命名和可独立访问的被称作模块的构成成分,它们集合到一起满足问题的需求。

设 $C(x)$ 是定义问题 x 复杂性的函数,$E(x)$ 是定义解决问题 x 所需工作量(以时间计算)的函数。对于问题 $p1$ 和 $p2$,如果 $C(p1)>C(p2)$,那么 $E(p1)>E(p2)$;还有一个特性:即如果 $C(p1+p2)>C(p1)+C(p2)$,那么 $E(p1+p2)>E(p1)+E(p2)$;这就引出了"分而治之"的结论,这个理论可运用于软件的开发,意味着软件被划分为小的模块,那么开发小模块的工作量会变小。开发单个软件模块所需的工作量(成本)的确随着模块数量的增加会下降,给定同样的需求,更多的模块意味着每个模块的尺寸更小,然而随着模块数量的增加,集成模块所需的工作量(成本)也在增长。

由图 4-2 可以看出,模块数量在 $M1\sim M2$ 之间时,软件的总成本最低,是我们期望的。$M1$、$M2$ 具体的数值和软件项目的规模有关,并且在一定程度上还依赖于项目开发者的经验。

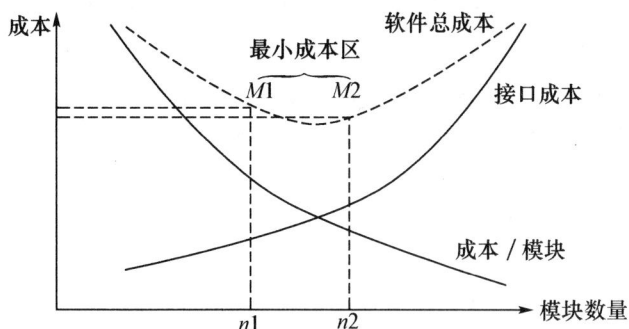

图 4-2　模块化和软件成本之间的关系

2. 抽象

抽象源于哲学,它是一种解决问题的方法,即忽略事物的一些细节,只关注少数特性的解决问题的方法,这一方法目前已被应用于软件领域。开发人员对要解决的问题进行抽象,随着解决方案的提出,在逐渐考虑更多的细节。

"抽象"的心理学观念使人能够集中于某个一般性级别上的问题,而不去考虑无关的底层细节,这种解决问题的方式也可应用于软件领域。

在软件开发过程中,开发人员把待解决的软件问题划分为若干个子问题,这就相当于在原有的问题划分后的子问题的级别上考虑其解决方案。这就是将抽象的思维方式应用于软件开发领域,但软件过程中的每一个步骤都是软件解决方案抽象级别上的求精。在软件分析阶段,软件的解决方案使用问题领域中熟悉的术语来陈述;当进入设计阶段,抽象级别降低,采用软件开发领域的一些术语和工具表示;当进入源代码生成时,进入抽象的最低层次。

根据软件开发过程中,抽象的对象不同,把抽象过程分为三方面:过程抽象、数据抽象和控制抽象。

(1)过程抽象:是对处理业务的过程进行抽象,最终形成函数或方法。例如,针对查询这个业务过程,随着对查询功能的不断分析与设计,查询过程分为:按书名查询,按作者查询,按出版社查询等;再具体点如按书名查询步骤,首先输入关键字,然后进行查询,最后显示查询结果。

(2)数据抽象:它是对系统处理的对象进行抽象,最终形成数据库中的表、表的字段、类以及类的属性。例如,查询"书",进一步详细定义其属性:书名、作者、出版社、出版日期、ISBN 等;书名,进一步定义其长度为 50 个字符的字符串,这就是数据抽象的过程。

(3)控制抽象:是程序控制机制内部细节的设计。例如,模块之间的控制信息,模块内部的控制信息。

3. 逐步求精

逐步求精是由 Niklaus Wirth 最初提出的一种自顶向下设计策略,系统是通过过程细节的连续的层次精化开发的,层次结构通过逐步地分解功能的宏观声明直至形成程序设计语言的语句而开发。逐步求精实际是一个详细描述的过程,首先是一种初始的声明,然后随着后续的开发工作提供越来越多的细节。

逐步求精的思想应用于软件开发的整个过程。在需求分析阶段,对于功能的调研从系统的目的和范围入手,不断细化系统的功能,直到将用户要求的功能完全描述,写入需求规格说明书,并保证其完整、一致、没有二义性。

在设计阶段,我们先要从系统的体系结构入手,根据需求确定整体的框架结构,再考虑在该框架下实现需求规格说明书中的全部需求,然后可根据需求的分配设计各个模块的接口,再按照模块分配的功能设计实现该模块的算法。

在实现阶段也是同样道理,我们可以利用辅助工具生成部分代码框架,在此基础上,再添加更多的代码。

通过上述描述能够看出,在软件的开发过程中,每个阶段都是遵从逐步求精的思想从整体到局部一步一步完成的。

逐步求精和抽象是互补的概念,随着软件的开发过程逐步求精是越来越精化,而抽象是越来越具体的。

4. 信息隐藏

信息隐藏的原则就是说模块应该设计成其包含的信息(过程和数据)对不需要这些信息的其他模块是不可访问的,或者是不可随意访问的。有效的模块化是将系统划分为若干个模块,模块与模块之间进行通信完成指定的功能,隐藏就是要求模块与模块之间通信时,只交流必要的信息,这样加强了对模块内部过程细节或模块使用的任何局部数据结构的访问约束。

模块的独立性就是靠信息隐藏实现的,为后期的软件测试和维护提供了极大的方便。一旦在进行测试或者维护时发现问题,那么对模块的变更不会影响或者至少很少影响其他模块,不会将影响扩大并传播。

5. 控制层次

控制层次也称为"程序结构",它代表了程序构件(模块)的组织并暗示控制的层次结构。一般有四个特征:深度、宽度、扇入和扇出。其中深度和宽度是针对整个控制层次说的;扇入和扇出是针对一个模块而言的。

(1)深度:定义为控制层次的层数,或者说是控制级别的数量。

(2)宽度:定义为控制层次的跨度。

(3)扇入:指明有多少个模块直接控制一个给定的模块。

(4)扇出:指明被一个模块直接控制的其他模块的数量。

首先要了解深度和宽度的概念。深度是指控制层次的层数,或者说是控制级别的数量;宽度是指控制层次的跨度。这两个特征是从系统的整体角度来衡量控制层次设计是否合理的。如图 4-3,该系统结构的深度应该是 5,宽度是 7,我们进行设计时应该使设计结果的软件控制层次呈现顶细,中间鼓,底比中间要收拢的形状,图 4-3 基本就是这样的形状。

扇入和扇出是从一个模块的角度提出的系统特征。某个模块的扇入是指有多少个模块直接调用该模块。如图 4-3,R 模块的扇入是 4,L 模块的扇入是 1;某个模块的扇出是指被该模块直接调用的其他模块的数量。如图 4-3,H 模块的扇出是 4,D 模块的扇出是 2。

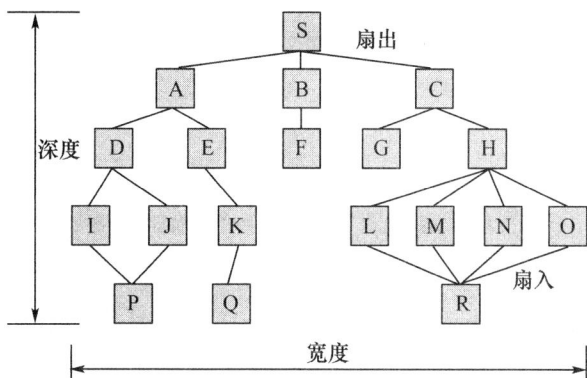

图 4-3　控制层次的深度、宽度、扇入和扇出

　　如果扇出过高的话,那么执行模块就会太复杂。在典型的系统中,平均的扇出数是 3 或 4,但这不是必须机械遵循的准则。一般较好的系统形态,高层的模块有较大的扇出,在底层的模块则有较大的扇入。

　　在系统的控制结构中,某一层的模块中的判定或者条件在系统中产生的结果会影响到其他层的某个处理或数据,这样该处理就是条件依赖于那个判定。因此在控制结构中产生另外两个概念:作用范围和控制范围。

　　(1)作用范围:一个模块的作用范围是指条件依赖于这个模块的全部模块。即使一个模块全部处理中只有一小部分为这个判定所影响,整个模块也被认为在作用范围中。

　　(2)控制范围:一个模块的控制范围是指模块本身和它的全部子模块。

　　作用范围和控制范围相关的设计原则:对于任何判定,作用范围应该是这个判定所在模块的控制范围的一个子集。通常我们通过把判定结点在结构中上移来达到这个原则。换句话说,受该判定影响的所有模块应该都是该判定模块的子模块,最理想的情况是,把作用范围限制在该判定本身所在模块以及与它直接相连的子模块中,但实际上在系统中可能会有如图 4-4 所示的四种情况:图 4-4(a)中作用范围不属于控制范围,这种情况是不好的设计,因为 B2 中的判定影响了模块 A,这种影响是通过模块 B、模块 Y 传递过去的,造成模块 B2 和模块 A 耦合性增加。图 4-4(b)中作用范围在控制范围以内,但是判定所在模块距离它的作用范围模块较远,造成沿途模块会引入错误的可能性增强。图 4-4(c)中控制范围较好地包含了作用范围,判定所在模块距离依赖于该判定的模块远近适当。最理想的设计应为图 4-4(d)所示,图中作用范围和控制范围是最理想的关系。

　　因为模块一定通过某个数据或者参数来影响作用范围内的模块,如果该模块不在控制范围内,则参加了耦合度,不利于发展良好的系统结构,通常这种情况都是通过上移判定点来满足的。

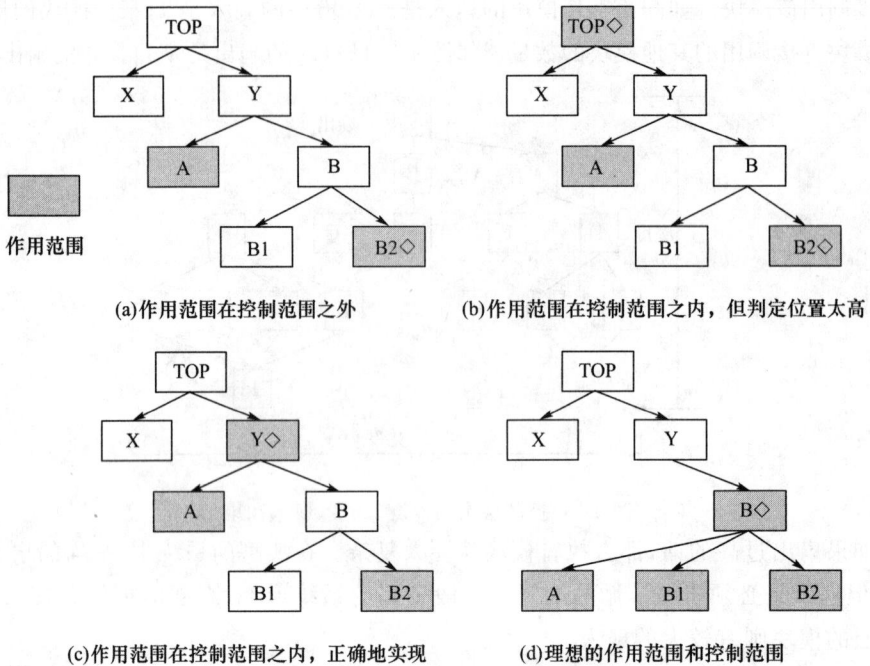

(a)作用范围在控制范围之外   (b)作用范围在控制范围之内，但判定位置太高

(c)作用范围在控制范围之内，正确地实现   (d)理想的作用范围和控制范围

图 4-4　作用范围和控制范围

6.模块独立性

系统是由若干个模块组成的，每个模块具有一定的功能，它们相互联系共同完成整个系统的功能，因此模块之间必然有着这样那样的关系或者依赖。模块之间的这种联系越多，就越会增大测试和维护的难度。所以我们在进行软件设计的时候，还要遵循模块独立性原理，希望模块之间的联系越少越好，即模块的独立性越强越好，相互之间的接口越简单越好。那么如何来衡量模块独立性的强弱呢？这就涉及两个概念：耦合度和内聚度，它们从不同的角度来衡量模块独立性的强弱。

（1）耦合度。耦合度是指模块与模块之间联系的强弱程度。它们之间的联系越多，模块的耦合度就越强，独立性就越弱。模块之间的联系体现在相互调用时需要互相了解的程度。如果一个模块需要调用另外一个模块来完成它的功能，那么调用模块需要了解被调用模块的信息越多，它们之间的联系就越多，因此如果被调用模块发生变化，对调用模块产生影响的可能性就大，造成调用模块也要随之变化。我们在进行软件设计的时候，就希望模块之间的耦合度越低越好，因为这样的话，模块之间的联系就少，便于后续的实现、测试和维护。

在这里根据耦合度的强弱，将其分为 7 个等级：

非直接耦合：两个模块是不同模块的从属模块，相互之间无直接关联，因而没有耦合发生，称为非直接耦合。图 4-5 中 A、B 之间属于非直接耦合。非直接耦合是耦合度最低的，但是一个软件产品的模块之间不可能都是非直接耦合，否则就无法构成一个整体。

此外的 6 种耦合都属于模块之间有一定的关联和依赖。

①数据耦合：模块与模块之间需要通过常规的参数表访问，数据通过该列表传递，传

递的数据是简单类型的,这种耦合称为数据耦合。图 4-5 中 A、E 之间属于数据耦合,在显示学生的详细信息时需要提供该生的学号。

②标记耦合:当模块与模块之间传递的参数是数据结构的一部分时,这种耦合是标记耦合。它是数据耦合的变体,两者都属于低级别耦合。图 4-5 中 A、D 之间属于标记耦合,对学生进行排序时需要提供待排序的学生序列。

③控制耦合:调用模块与被调用模块之间传递的信息对于被调用模块的执行路径有决定作用,此种耦合属于控制耦合。图 4-5 中 B、F 之间为控制耦合,因为学生选课时提交的系别和年级对学生可选择的课程的类别和详细信息都是不同的,也就是 B 传递给 F 的信息,系别和年级对 F 调用 I、J 和 K 中的哪一个模块起到决定作用。控制耦合是中级别的耦合度。

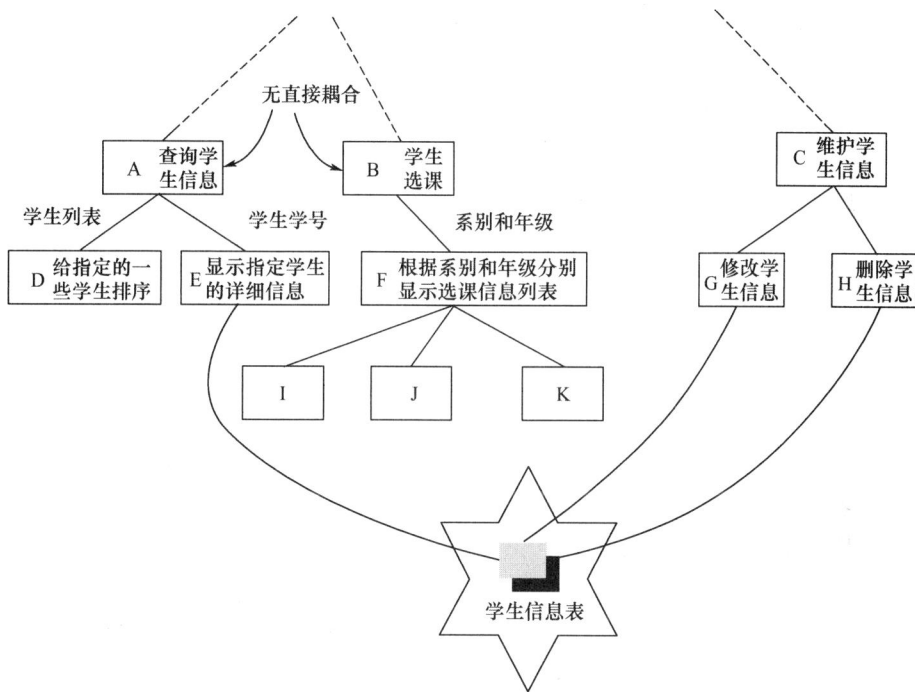

图 4-5　各种耦合关系的一个实例

④外部耦合:当模块连接到软件外部环境上时会发生的偶合关系,具有相对较高的耦合度。

⑤公共耦合:多个模块都访问一块全局数据区中的数据项(一个磁盘文件、一个全局可访问的内存区),这种耦合程度就是公共耦合。E、G 和 H 三个模块是公共耦合,它们共同访问同一个数据库文件。

⑥内容耦合:一个模块访问另一个模块边界中的数据或控制,这种耦合是内容耦合,也是最强的耦合。

如果发生下列情形,两个模块之间就发生了内容耦合:

①一个模块直接访问另一个模块的内部数据;

②一个模块不通过正常入口转到另一模块内部;

③两个模块有一部分程序代码重叠。

可以使用适当的消耦方法来消除或者减弱模块之间的耦合度,具体做法:

①将公共的数据区进行分割,降低多个模块因共享该数据区而产生的耦合;

②将模块之间的连接方式尽量标准化:只用调用,不直接引用;只传递必要信息,无冗余;

③引入缓冲区;

④减少公共区使其局部化;

⑤输入输出尽量在少量模块间进行,不要分散在全系统;

⑥参数确定的越晚,就越容易修改,越灵活。

(2)内聚度。内聚度是模块所执行任务的整体统一性的度量,是指模块内部组成部分之间联系的紧密程度,它与耦合度是相对应的。在一个理想的系统中,每一个模块应该是执行一个单一明确的任务,但是实际中一个模块可能完成一些结合在一起的、有一定相关性的功能,或者几个模块一起完成一个或一组功能。一般模块功能的相关性强,我们就认为将其转换为代码时,代码也是高度相关的,换句话说,不在同一个模块中的代码其功能相关性是很小的,所以要尽力减少模块之间连接数和模块之间的耦合度,以保证模块的独立性。

模块的内聚度按照其程度也分为 7 个级别,按顺序内聚性依次变强。

①偶然内聚。设计者随意决定将没有关系的几个任务组合在一个模块中,该模块的内聚程度就是偶然内聚,一般来说这样的模块是没有任何意义的。

例如,为了节省空间,将多个模块中重复出现的语句提取出来,组成一个新的模块,图 4-6(a)就是偶然内聚的例子,模块 M1、M2 和 M3 中都出现了一部分同样的语句,为了节省空间将这部分语句单独构成一个新的模块 T。这样的模块存在的问题是模块不易取名、含义不易理解、难以测试、重用性差且更不易修改。由于这样的模块内部的语句相关性很低,又包含多个任务,往往修改的可能性很大,因此会为后续工作造成很坏的影响,应尽量避免偶然性内聚的发生。

矫正方法:因为它执行多个任务,可以考虑将模块分成更小的模块,每个小模块执行一个操作,或者是将模块中的语句放回它们各自出现的地方。

②逻辑内聚。把逻辑上相似的功能结合到一个模块中,该模块的内聚程度就是逻辑内聚。一般来说这种逻辑相似体现在:第一,使用统一动词但针对不同的对象,有相同的代码段;第二,起始于某多路开关,以后转向不同的代码段,但各代码段间联系很少。如图 4-6(b),这个小例子的模块实现的功能是为四个年级的学生显示各自的课程体系结构,但是各自的课程体系差别很大,它们只是逻辑上类似(都是显示课程体系)。这种聚和现象带来一些设计问题:增加了开关量、不易理解、不易维护、效率低。因此也要尽量避免使用这种内聚。

可以将它内部不相干的功能分离成更多的小模块,实现各自的功能,将功能逻辑相同的代码段提出来,单独做一个模块,然后在被分离出去的模块中调用。

③时间性聚合。在某一时间同时执行的任务放在同一模块中,该模块的内聚度就是时间性内聚。如,初始化模块,集中了初始化功能的模块,图 4-6(c)就是时间内聚的一个小例子。

④过程性聚合。模块中各个处理任务相关,并且是按照特定次序执行,这样的模块的聚合度就是过程性聚合。一般来说,这种聚合情况往往发生在程序流程图中以及相邻

的处理功能聚合成的模块中。例如,接收用户的输入信息并对其进行格式化编辑,图 4-6(d)
就是这种聚合的一个例子。

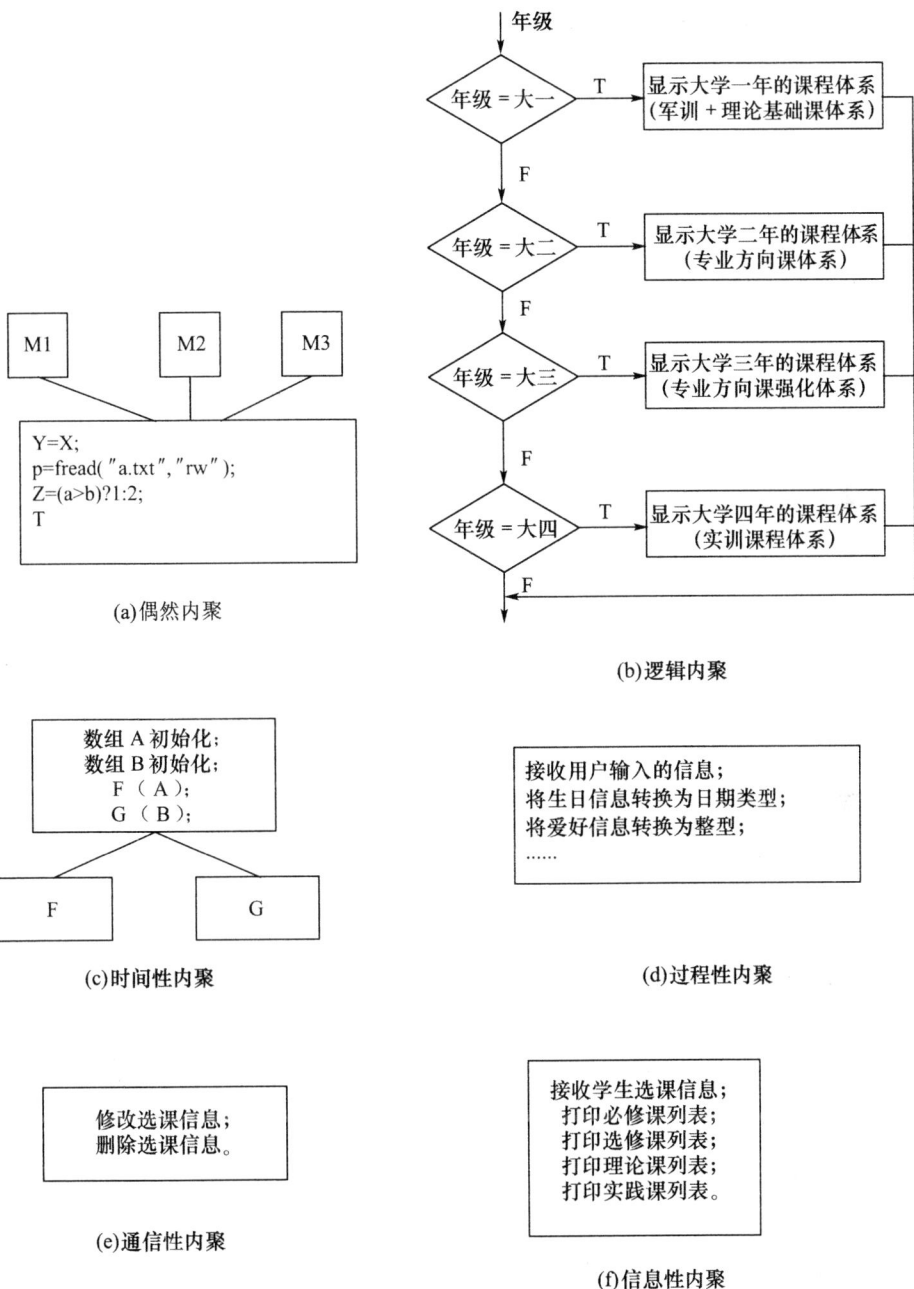

(a)偶然内聚

(b)逻辑内聚

(c)时间性内聚

(d)过程性内聚

(e)通信性内聚

(f)信息性内聚

图 4-6　各种逻辑内聚示例

⑤通信性内聚。模块中各个功能需要用到同样的数据,而将其放于一个模块中,则
称之为通信性内聚模块。如图 4-6(c),模块中包含对选课信息的修改和删除,它们由于
是对相同的数据对象进行处理,因此放在一个模块中,这种聚合要比过程性内聚强,但是

由于模块中各部分使用相同的数据对象,会降低模块的执行效率。

⑥信息性内聚。模块中各功能任务利用相同的输入或产生相同的输出。由于它可.能包含几个功能或只是某个功能的一部分,所以内聚性不是最高的。例如图 4-6(f)中的模块结构,该模块中的任务用到的是相同的输入,就是学生的选课信息,然后对其进行不同的操作,打印出了信息中的不同部分。

⑦功能性内聚。一个模块中各个部分都是完成某一具体功能必不可少的组成部分,或者说该模块中所有部分都是为了完成一项具体功能而协同工作,紧密联系,不可分割,则称该模块为功能内聚模块,它是最强的一种内聚,这样内聚形式的模块易于实现,易于测试、修改和维护。

模块独立性原则是软件设计的一条基本原理,在进行设计的时候,我们希望模块本身是高内聚的,模块之间是低耦合的,而两者之中,从广泛的实践来说聚合度显得更加重要,因为,耦合以及传递的特定数据项的数量可以很好地表示模块的内聚程度,执行一个单一独立的任务的模块,往往是高内聚的,所有的内部代码使用同样的数据项。低内聚的模块往往有高耦合以及相互之间松散关系的任务,通常是对不同的数据对象进行的操作,需要上层模块传递相互关系不大的数据项。

4.1.3   软件设计的原则

软件设计的工作是创造性的技能,随着设计工作的进行,逐渐精化到构造系统的每一个细节,并且通过设计过程提供的模型为开发人员和用户展现不同的视图,这就是设计的结果。那么如何来衡量设计结果的好坏呢? 只能看其发布后的用户评价,靠时间来检验。那么,在软件设计过程中是否存在一些基本的原则,能够指导和提高软件设计的水平呢?

(1)设计工作要跟踪需求分析的结果,否则需求分析就失去了它的意义,设计是为了解决需求分析提出的问题,因此设计一定要和需求保持一致;

(2)要对待解决的设计问题进行模块化分解,软件的设计仍然要使用这种很常见的方法,不能试图设计出解决一切问题的完整结构;

(3)设计要注意代码重用,尽量在设计时考虑到结构的通用性,构建自己的函数库、类库和构件库;

(4)设计的结构尽量和现实待解决的问题保持一致,这样的设计易于理解和维护;

(5)设计要表现出一致性和集成性,需要在设计之前提出一致的风格和构建的接口标准等;

(6)设计的结果应该满足独立性原则,对不好的耦合和内聚应该采取相应的措施来解决。

上面的设计原则只是一般性的原则,在实际的开发中一定还存在很多和具体项目相关的原则,在进行设计的时候都要考虑到。软件设计对软件的内在质量有很大的影响,因此要充分的重视。

4.2　软件设计的过程

软件设计的过程是指将前一阶段的分析模型转换为设计模型的过程，即为实现前一阶段提出的功能需求找到适合的实现方案。首先应明确系统中的主要部件，如图4-7，主要包括硬件部分和软件部分，软件部分是运行在硬件上的。软件部分又包括应用程序、数据库、界面和接口等，这些就是我们要设计的内容。

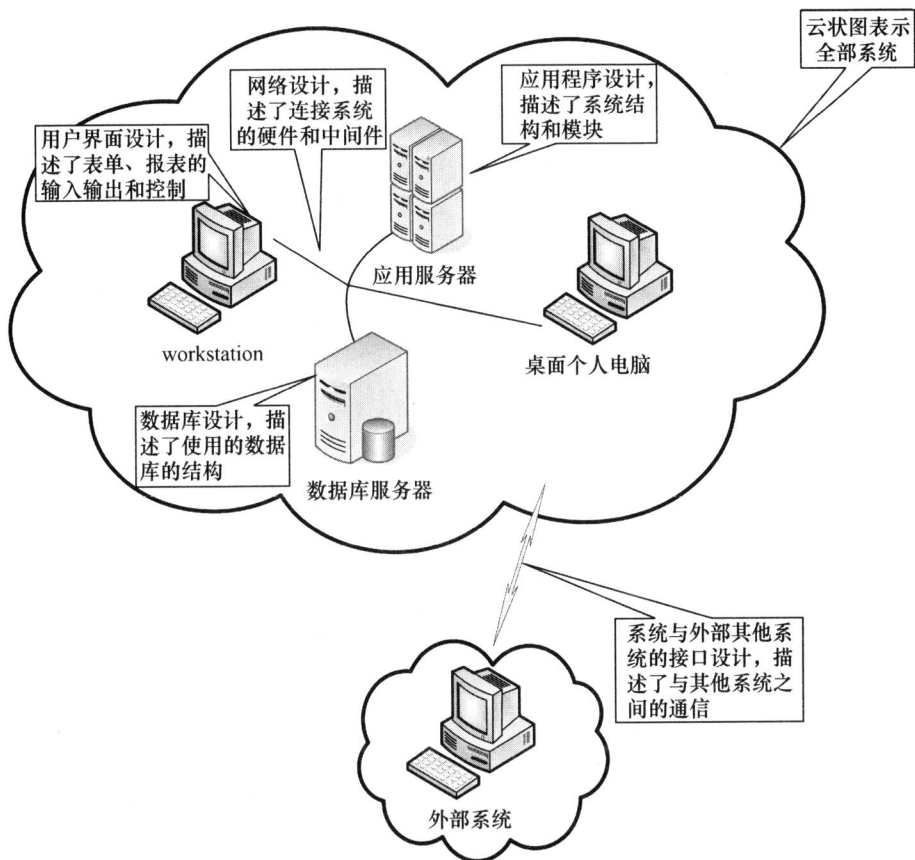

图 4-7　系统设计所需要的组件

对于整个系统，分析员首先要确立完整的应用程序配置环境，主要是硬件以及硬件相关的配置，如确定路由器、防火墙、多个终端、网络结构等，这就要求对整个系统的体系结构和网络要求十分明确。

对于应用程序，要确立不同的子系统之间、子系统与网络之间、子系统与数据库之间以及子系统和界面之间的关系，确定系统边界，识别自动化部分和人工部分。

对于数据库部分，确定使用的数据库类型和数据库管理系统，此外还有部分表的结构，全部的数据库设计的细节要在后续的设计工作中完成。

对于用户界面部分，分析人员通过需求确立用于用户交互的信息类型、表格结构、输入、输出等，产生界面元素，结合硬件确定交互方式，最后产生界面布局的详细信息。

本节所讲解的软件设计过程主要包括软件部分的设计、应用程序、数据库及界面。

设计方案来源于分析的结果,如图 4-8。其中系统结构设计源于分析阶段的数据流图和状态迁移图;数据库的物理设计源于分析阶段的实体关系图,即数据库的概念设计;子系统的设计源于数据流图确定的模块功能和系统结构图;分析文档始终是设计的依据和检查设计结果的依据。

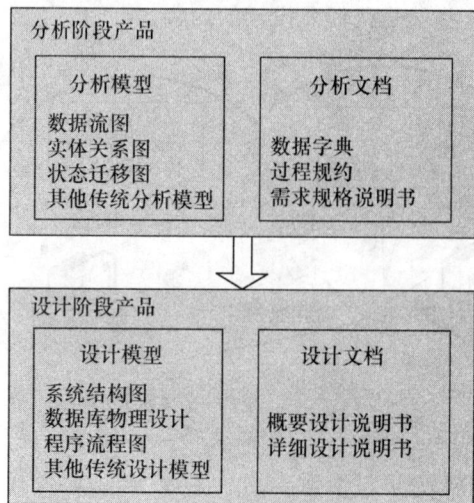

图 4-8　设计过程解决的问题

在软件设计的过程中,当然也和分析过程一样是自顶向下的设计过程,也就是从高层到底层的设计过程。一般来说,软件设计过程分成两个层次:概要设计过程和详细设计过程,这两个过程在面向对象设计中称为软件架构设计和细节设计。

4.2.1　概要设计

概要设计(Preliminary Design)是软件设计的高层次内容,也称为总体结构设计(Architecture Design),是详细设计的基础,它注重的是软件系统中大粒度的构成部分和部分之间的关系,如子系统的划分、子系统之间的交互等,不包括硬件、网络以及物理平台的设计。

概要设计的基本任务是:系统结构设计、子系统划分、系统模块结构设计、数据存储。

概要设计是系统开发过程中很关键的一步。系统的质量及一些整体特性基本上是这一步决定的。系统越大,总体结构设计的影响越大。认为各个局部都很好,组合起来就一定好的想法是不切实际的。

概要设计只描述创建软件所需要的各种环境,不是整个系统的详细描述。具体包括以下方面的内容:

(1)软件系统中包括哪些子系统和部件?

(2)每个子系统和部件都完成哪些功能?

（3）子系统和部件对外提供或者使用外部的哪些接口？

（4）子系统和部件间的依赖关系以及对实现和测试的影响？

（5）系统如何部署？

这些内容通过概要设计就要确定下来。如何确定下来，确定下来后的产品是什么？这就要使用适合的设计方法。一般来说，如果使用传统的结构化分析方法，那么设计的各阶段就使用结构化的设计方法；如果使用面向对象的分析方法，那么设计阶段就采用面向对象的设计方法。

概要设计的具体步骤如下：

（1）设计系统方案。根据需求，提出整个系统的实施环境，也就是图4-7所示的整体结构，当然可能会提出多种实施方案，这就需要进行论证和比较，并做出选择，形成论证文档。

（2）功能分解。将分析阶段产生的数据流图进行审查，并根据设计的需要进行细化，判断数据流图类型。

（3）软件结构设计。根据功能分解的结果，将系统划分为若干个模块，用系统结构图将其组织起来。

（4）数据设计。系统设计人员依据分析阶段产生的实体关系图，以及数据字典对系统中用到的数据库和数据结构进行设计。

（5）界面设计。根据功能提出界面元素，再根据流程设计界面的布置形成界面的最终风格。

（6）制订测试计划。为了保证软件的可测试性，软件设计一开始就要考虑软件测试，这个阶段产生的测试计划是黑盒测试计划，针对结构、接口、界面等测试。

（7）编写概要设计文档。文档中一般包括：用户手册、测试计划、详细的项目实现计划和数据库设计结果。

（8）审查与复审概要设计文档。召开涉众会议，讨论并审查最终文档，修改其中的缺陷以及之前存在的不足。

4.2.2　详细设计

概要设计规定了系统的构成，即子系统的划分、子系统之间的接口、全局数据结构和数据库模式、界面结构等，也就是解决了高层次系统的构造，进一步要解决的问题就是子系统规定的功能如何来实现？详细设计就是在概要设计的基础上，确定子系统或者模块内部的实现问题，也称之为代码设计。请使用相应的工具将详细设计的结果表示出来，具体包括下面的内容：

（1）明确每一个系统的功能在系统的结构上所起到的作用；

（2）根据概要设计明确该模块的接口需要传递哪些数据；

（3）确定局部使用什么数据结构；

（4）确定实现指定功能用什么算法。

这就是详细设计的任务，在使用程序设计语言之前，需要对所采用的算法逻辑关系进行分析，设计出必要的过程细节，并采用合适的工具表达出来，作为编码的依据。详细设计阶段的工作步骤如下：

(1)为每一个模块确定采用的算法,选择适合的工具表达算法的逻辑结构;

(2)确定模块所使用的数据结构以及该数据结构上相应的操作;

(3)确定模块接口细节,包括外部接口和内部接口,外部接口包括界面和与其他软硬件的接口,内部接口是模块与模块之间的接口,要确定接口类型和接口数据的类型,并按照设计原则进行评审;

(4)为每个模块设计测试用例以及测试环境,该测试用例是白盒测试的测试用例,针对详细设计阶段产生的逻辑结构进行测试;

(5)编写详细设计文档,一般包括详细设计产生的模型以及相关说明、单元测试的测试计划。

4.3 软件设计的内容

在软件设计的过程中,我们完成的主要设计内容包括:体系结构设计、数据设计及界面设计。体系结构设计是要根据需求选择合适的体系结构风格来解决需求提出的问题,也就是提出系统模块的划分以及模块之间的层次调用关系。数据设计是根据上一阶段的数据模型进一步分析产生数据库、数据结构的设计。界面设计泛指目标系统与其他系统的交互接口,要根据系统范围和交互的功能来确定。

4.3.1 体系结构设计

随着网络的发展和系统规模的壮大,软件体系结构已经在软件工程领域中有着广泛的应用,但迄今为止还没有一个被大家所公认的定义,许多专家学者从不同角度和不同侧面对软件体系结构进行了刻画,这里使用下面这个定义:

软件体系结构是具有一定形式的结构化元素,即构件的集合,包括处理构件、数据构件和连接构件。处理构件负责对数据进行加工,数据构件是被加工的信息,连接构件把体系结构的不同部分组合(连接)起来。这一定义注重区分处理构件、数据构件和连接构件,这一方法在其他的定义和方法中基本上得到保持。

软件体系结构是一个很重要的设计内容,也是设计工作开始就要做的内容,其重要性表现在如下几方面:

(1)体系结构是系统的高层表示,是不同的系统相关人员讨论的焦点。

(2)在系统开发的早期阶段给出系统的体系结构,实际上就是对系统分析的过程。分析当前体系结构的设计能否满足系统关键性需求,如系统的性能、可靠性和可维护性等的评估具有极深的影响。

(3)系统体系结构的内容是关于系统的组织和组件间的互操作,其形式是一个紧凑的、易于管理的描述单元。体系结构能在具有相似需求的系统之间互用,由此来支持大规模的软件复用。产品体系结构的开发就是希望有一个通用的产品体系结构供一系列相关系统使用。

如果每个项目都要从头开始设计软件的体系结构,那么开发的效率就会极大地降低,因此提出了软件体系结构风格的研究和应用。

对软件体系结构风格的研究和实践促进了对设计的复用,一些经过实践证实的解决方案也可以可靠地用于解决新的问题。体系结构风格的不变部分使不同的系统可以共享同一个实现代码。只要系统是使用常用的、规范的方法来组织,就可使别的设计者很容易地理解系统的体系结构。例如,如果某人把系统描述为"客户/服务器"模式,则不必给出设计细节,我们立刻就会明白系统是如何组织和工作的。

系统结构设计是概要设计的一个主要内容,为了保证系统体系结构设计按质量完成,须按照如下原则进行设计,这些原则已经在前两节中详细讲解,在这里应用该原则。

(1)分解-协调原则。整个系统是一个整体,具有整体目的功能。但是这些目的和功能的实现是由相互联系的各个组成部分共同工作的结果。解决复杂问题的重要原则就是把它分解为多个小问题来处理。

(2)自顶向下原则。首先明确系统总的目的和范围,然后逐层分解,即先确定上层模块的功能,再确定下层模块的功能。

(3)信息隐藏、抽象原则。上层模块只规定下层模块做什么和所属模块间的协调关系,不需要了解下层模块的内部结构,这样做使模块之间的层次关系清晰,易于理解、实施和维护。

(4)一致性原则。保证整个软件设计过程中具有统一的规范。

(5)明确性原则。每个模块功能明确、接口明确,消除功能含糊模块。

(6)模块之间的耦合尽可能小,模块内聚尽可能高。

(7)模块的扇入和扇出系数合理。一个设计好的系统平均扇入和扇出通常是 3 或 4,一般不超过 7,但是一些特殊模块的扇入和扇出可以大一些,如菜单模块、公用模块等。

(8)模块的规模适当。过大的模块可能会使系统分解得不充分,内部包含多个功能部分;如果模块过小又会使得模块之间的接口较多,增加接口的复杂性。

体系结构,按照如上原则进行设计和评审,并可以考虑使用一些范型的体系结构来解决,同时考虑系统的特殊需求。下面是 Garlan 和 Shaw 对通用体系结构风格的分类:

(1)数据流风格:批处理序列,管道/过滤器;

(2)调用/返回风格:主程序/子程序,面向对象风格,层次结构;

(3)独立构件风格:进程通讯,事件系统;

(4)虚拟机风格:解释器,基于规则的系统;

(5)仓库风格:数据库系统,超文本系统,黑板系统;

在本文中,我们将只介绍几种主要的和经典的体系结构风格和它们的优缺点。

1. C2 风格

C2 体系结构风格可以概括为:通过连接件绑定在一起的按照一组规则运作的并行构件网络。C2 风格中的系统组织规则如下:

(1)系统中的构件和连接件都有一个顶部和一个底部;

(2)构件的顶部应连接到某连接件的底部,构件的底部则应连接到某连接件的顶部,而构件与构件之间的直接连接是不允许的;

（3）一个连接件可以和任意数目的其他构件和连接件连接；

（4）当两个连接件进行直接连接时，必须由其中一个的底部到另一个的顶部。

此种软件体系风格如图 4-9 所示，图中构件与连接件之间的连接体现了 C2 风格中构建系统的规则。

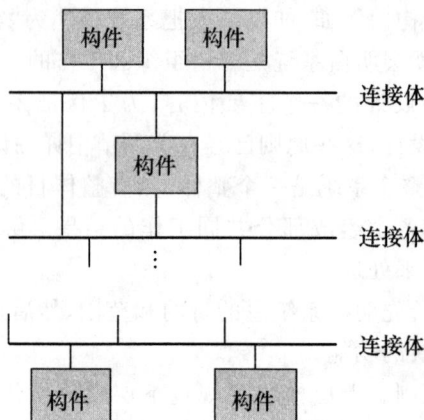

图 4-9　C2 风格的体系结构

C2 风格是最常用的一种软件体系结构风格。从 C2 风格的组织规则和结构图中，我们可以得出 C2 风格具有以下特点：

（1）系统中的构件可实现应用需求，并能将任意复杂度的功能封装在一起；

（2）所有构件之间的通讯是通过以连接件为中介的异步消息交换机制来实现的；

（3）构件相对独立，构件之间依赖性较少。系统中不存在某些构件将在同一地址空间内执行，或某些构件共享特定控制线程之类的相关性假设。

2. 管道/过滤器风格

在管道/过滤器风格的软件体系结构中，每个构件都有一组输入和输出，构件读取输入的数据流，经过内部处理，然后产生输出数据流，这个过程通常通过对输入流的变换及增量计算来完成，所以在输入被完全消费之前，输出便产生了。因此，这里的构件被称为过滤器，这种风格的连接件就像是数据流传输的管道，将一个过滤器的输出传到另一过滤器的输入。此风格特别重要的过滤器必须是独立的实体，它不能与其他的过滤器共享数据，而且一个过滤器不知道它上游和下游的标识。一个管道/过滤器网络输出的正确性并不依赖于过滤器进行增量计算过程的顺序。

图 4-10 就是管道/过滤器风格的体系结构，一个典型的管道/过滤器体系结构的例子是以 UNIX shell 编写的程序。UNIX 既提供一种符号，以连接各组成部分（UNIX 的进程），又提供某种进程运行时机制以实现管道。另一个著名的例子是传统的编译器，传统的编译器一直被认为是一种管道系统，在该系统中，一个阶段（包括词法分析、语法分析、语义分析和代码生成）的输出是另一个阶段的输入。

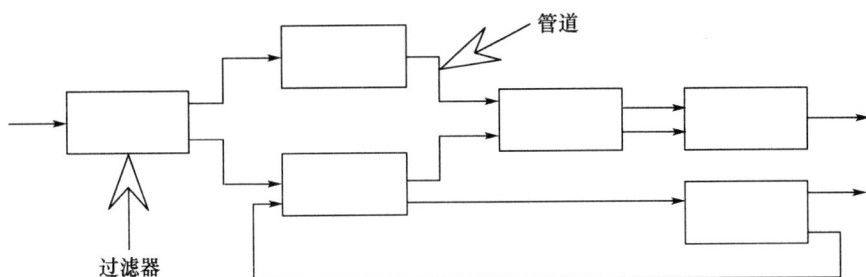

图 4-10 管道/过滤器风格的体系结构

管道/过滤器风格的软件体系结构具有许多很好的特点：

（1）使得软件具有良好的隐蔽性和高内聚、低耦合的特点。

（2）允许设计者将整个系统的输入/输出行为看成是多个过滤器的行为的简单合成。

（3）支持软件重用。主要提供适合在两个过滤器之间传送的数据，任何两个过滤器都可被连接起来。

（4）系统维护和增强系统性能简单。新的过滤器可以添加到现有系统中来，旧的可以被改进的过滤器替换掉。

（5）允许对一些如吞吐量、死锁等属性的分析。

（6）支持并行执行。每个过滤器是作为一个单独的任务完成，因此可与其他任务并行执行。

但是，这样的系统也存在着若干不利因素：

（1）通常导致进程成为批处理的结构。这是因为虽然过滤器可增量式地处理数据，但它们是独立的，所以设计者必须将每个过滤器看成一个完整的从输入到输出的转换。

（2）不适合处理交互的应用。当需要增量地显示改变时，这个问题尤为严重。

（3）因为在数据传输上没有通用的标准，每个过滤器都增加了解析和合成数据的工作，这样就导致了系统性能下降，并增加了编写过滤器的复杂性。

3. 数据抽象和面向对象风格

抽象数据类型概念对软件系统有着重要作用，目前软件界已普遍转向使用面向对象

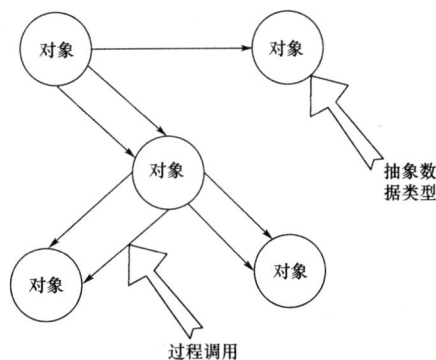

图 4-11 数据抽象和面向对象风格

系统。这种风格建立在数据抽象和面向对象的基础上,数据的表示方法和它们的相应操作封装在一个抽象数据类型或对象中。这种风格的构件是对象,或者说是抽象数据类型的实例。对象是一种被称作管理者的构件,因为它负责保持资源的完整性。对象是通过函数和过程的调用来交互的。如图 4-11 所示。

面向对象的系统有许多优点,并早已为人所知:

(1)因为对象对其他对象隐藏它的表示,所以可以改变一个对象的表示,而不影响其他的对象。

(2)设计者可将一些数据存取操作的问题分解成一些交互的代理程序的集合。

但是,面向对象的系统也存在一些问题:

(1)为了使一个对象和另一个对象通过过程调用等进行交互,必须知道对象的标识。只要一个对象的标识改变了,就必须修改所有其他明确调用它的对象。

(2)必须修改所有显式调用它的其他对象,并消除由此带来的一些副作用。例如,如果 A 使用了对象 B,C 也使用了对象 B,那么,C 对 B 的使用所造成的对 A 的影响可能是意想不到的。

4. 基于事件的隐式调用风格

基于事件的隐式调用风格的思想是构件不直接调用一个过程,而是触发或广播一个或多个事件。系统中的其他构件中的过程在一个或多个事件中注册,当一个事件被触发,系统自动调用在这个事件中注册的所有过程,这样,一个事件的触发就导致了另一模块中的过程的调用。

从体系结构上说,这种风格的构件是一些模块,这些模块既可以是一些过程,又可以是一些事件的集合。过程可以用通用的方式调用,也可以在系统事件中注册一些过程,当发生这些事件时,过程被调用。

基于事件的隐式调用风格的主要特点是事件的触发者并不知道哪些构件会被这些事件影响,这样不能假定构件的处理顺序,甚至不知道哪些过程会被调用,因此,许多隐式调用的系统也包含显式调用作为构件交互的补充形式。

支持基于事件的隐式调用的应用系统很多。例如,在编程环境中用于集成各种工具,在数据库管理系统中确保数据的一致性约束,在用户界面系统中管理数据以及在编辑器中支持语法检查。例如,在某系统中,编辑器和变量监视器可以登记相应 Debugger 的断点事件,当 Debugger 在断点处停下时,它声明该事件由系统自动调用处理程序,如编辑程序可以卷屏到断点,变量监视器刷新变量数值,而 Debugger 本身只声明事件,并不关心哪些过程会启动,也不关心这些过程做什么处理。

隐式调用系统的主要优点有:

(1)为软件重用提供了强大的支持。当需要将一个构件加入现存系统中时,只需将它注册到系统的事件中。

(2)为改进系统带来了方便。当用一个构件代替另一个构件时,不会影响到其他构件的接口。

隐式调用系统的主要缺点有:

(1)构件放弃了对系统计算的控制。一个构件触发一个事件时,不能确定其他构件是否会响应它,而且即使它知道事件注册了哪些构件的构成,也不能保证这些过程被调用的顺序。

(2)数据交换的问题。有时数据可被一个事件传递,但另一些情况下,基于事件的系统必须依靠一个共享的仓库进行交互,在这些情况下,全局性能和资源管理便成了问题。

(3)既然过程的语义必须依赖于被触发事件的上下文约束,关于正确性的推理便存在问题。

5. 层次系统风格

层次系统组织成一个层次结构,每一层为上层服务,并作为下层客户。在一些层次系统中,除了一些精心挑选的输出函数外,内部的层只对相邻的层可见,这样的系统中,构件在一些层实现了虚拟机(在另一些层次系统中层是部分不透明的)。连接件通过决定层间如何交互的协议来定义拓扑约束(包括对相邻层间交互的约束)。

这种风格支持基于可增加抽象层的设计。这样,允许将一个复杂问题分解成一个增量步骤序列来实现。由于每一层最多只影响两层,同时只要给相邻层提供相同的接口,允许每层用不同的方法实现,同样为软件重用提供了强大的支持。

图 4-12 是层次系统风格的示意图。层次系统最广泛的应用是分层通信协议,在这一应用领域中,每一层提供一个抽象的功能,作为上层通信的基础,较低的层次定义低层的交互,最底层通常只定义硬件物理连接。

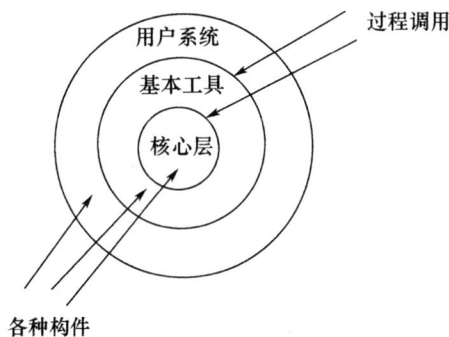

图 4-12 层次系统风格

层次系统有许多可取的属性:

(1)支持基于抽象程度递增的系统设计,使设计者可以把一个复杂系统按递增的步骤进行分解。

(2)支持功能增强,因为每一层至多和相邻的上下层交互,因此功能的改变最多影响相邻的上下层。

(3)支持重用。只要提供的服务接口定义不变,同一层的不同实现可以交换使用。这样,就可以定义一组标准的接口,以允许各种不同的实现方法。

但是,层次系统也有其不足之处:

(1)并不是每个系统都可以很容易地划分为分层的模式,甚至即使一个系统的逻辑结构是层次化的,出于对系统性能的考虑,系统设计师不得不把一些低级或高级的功能综合起来。

(2)很难找到一个合适的、正确的层次抽象方法。

6.仓库风格

在仓库风格中,有两种不同的构件:中央数据结构说明当前状态,独立构件在中央数据存储上执行,仓库与外构件间的相互作用在系统中会有大的变化。

控制原则的选取产生两个主要的子类。若输入流中某类时间触发进程执行的选择,则仓库是一个传统型数据库;另一方面,若中央数据结构的当前状态触发进程执行的选择,则仓库是一个黑板系统。如图 4-13 所示,黑板系统的传统应用是信号处理领域,如语音和模式识别,另一应用是松耦合代理数据共享存取。

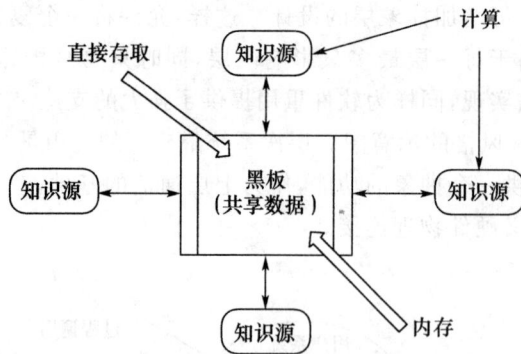

图 4-13   黑板系统

从图 4-13 中可以看出,黑板系统主要由三部分组成:

(1)知识源。知识源中包含独立的、与应用程序相关的知识,知识源之间不直接进行通讯,它们之间的交互只通过黑板来完成。

(2)黑板数据结构。黑板数据是按照与应用程序相关的层次来组织的解决问题的数据,知识源通过不断地改变黑板数据来解决问题。

(3)控制。控制完全由黑板的状态驱动,黑板状态的改变决定使用的特定知识。

4.3.2   数据设计

数据设计是软件设计的内容之一,也是软件设计的重要内容,因为数据是软件处理和存储的对象,没有数据,系统就失去它的意义。数据设计的好与坏也直接影响着系统执行的效率,所以数据设计是软件设计的关键任务之一。

在软件设计阶段要做的数据设计包括数据结构设计和数据库设计,其中数据结构设计是指程序中用来存储信息的载体的设计,如数据、结构体、堆、栈等的设计和选择;数据库设计是指那些需要永久驻留在设备中的信息的组织形式的设计,如 DBMS 的选择、表结构的设计、字段的定义等。本小节主要讲这两部分内容的设计方法和过程,重点讲解数据库的设计。

1. 数据结构设计

数据结构设计是数据设计中至关重要的部分,它涉及程序运行的效率,包括时间和空间两方面的内容。其设计原则如下:

(1)尽量使用简单的数据结构。简单的数据结构处理效率高,占用空间小,当它作为参数传递时相对来说也简单。

(2)在设计数据结构时要注意数据之间的关系,如是否有序等。数据结构的选择一定要根据数据的特点,方便以后在数据上的操作。

(3)为了加强数据设计的可复用性,应该针对常用的数据结构和复杂的数据结构设计抽象类型,这样做能够增强代码的重用,并且增加数据结构的分层管理。

(4)尽量使用经典数据结构,因为典型的数据结构已经被经验证明,使用稳定,并且有成型的算法可以使用,省去一定的开发时间又稳定。

(5)在确定数据结构时一般先考虑静态结构。静态结构,程序执行效率高,程序易读,便于测试、修改和维护。

(6)对于复杂数据结构,应给出图形和文字描述,以便于理解。如果是自定义的复杂数据结构,要求给出详细说明,否则不易沟通,降低开发效率,并且不易测试。

(7)数据结构设计和其他设计一样,也是自顶向下的,先考虑全局数据结构再考虑局部数据结构。

注意:数据结构设计在软件的概要设计和详细设计阶段都会涉及,在概要设计阶段要考虑使用的全局数据结构,在详细分析设计阶段要考虑模块或者子系统内部用到的数据结构,这里所说的数据结构还包括该数据结构上定义的各种操作。

2. 数据库设计

数据库设计在现在越来越大型的信息系统中显得越来越重要,由于信息量大,处理频繁等原因,使得系统设计和开发中与数据库有关的部分都很重要,所以,这里我们会重点讲解数据库的设计,并且是从开发过程的角度来讲解。

在早一些的软件工程的书中,可能还会看到文件设计这个概念,而在目前的软件工程书中较少看到。文件和数据库是着眼于两个不同观点来定义数据的:用户视图和计算机视图。用户视图是从使用观点考虑,从记录或者最终显示角度来设计数据的定义,以帮助各部门处理自己的具体任务;计算机视图观点中数据以文件结构方式来存储和检索的。计算机存储数据的结构是根据具体计算机技术和高效处理数据的要求而定的。这里我们讲的数据库设计是后一种角度。数据库设计的过程需要我们耐心地收集、整理和分析数据、单据等,仔细找出数据之间的关系,然后按照数据库设计步骤认真完成。

数据库的设计过程分为六个阶段来逐步完成,它始于需求阶段。

(1)需求分析阶段,这一个阶段是确定建立数据库的目的和收集数据,以了解在数据库中需要存储哪些数据,要完成什么样的数据处理功能。这一过程是数据库设计的起点,它将直接影响到后面各个阶段的设计,并影响到设计结果是否合理和实用。

(2)概念设计阶段,建立数据库的概念模型。这一阶段是整个数据库设计的关键,通过对用户需求进行综合、归纳与抽象,形成一个独立于具体 DBMS 的概念模型设计。一般先根据应用的需求,画出能反映每个应用需求的 E-R 图,其中包括确定实体、属性和联系的类型,然后优化初始的 E-R 图,消除冗余和可能存在的矛盾。概念模型是对用户需求的客观反映,并不涉及具体的计算机软、硬件环境。因此,在这一阶段中我们必须将注意力集中在怎样表达出用户对信息的需求,而不考虑具体实现问题。从一个 ERD 建立一个关系数据模式可采用以下步骤:

①为每个实体类型建立一张表;

②为每个表选择一个主键(如果需要可以定义一个);

③增加外部码以表示一对多关系;

④建立几个新表来表示多对多关系;

⑤定义参照完整性约束;

⑥评价模式质量,并进行必要的改进;

⑦为每个字段选择适当的数据类型和取值范围。

(3)物理设计阶段,为逻辑数据模型选取一个最适合应用环境的物理结构(包括存储结构和存取方法)。将数据模型应用的环境进行搭建,配置数据库服务器等,然后设计数据的存取方法。

(4)数据库实施阶段,运用 DBMS 提供的数据语言、工具及宿主语言,根据逻辑设计和物理设计的结果,建立数据库,编制与调试应用程序,组织数据入库,最后进行试运行。

(5)数据库运行和维护阶段,数据库应用系统经过试运行后即可投入正式运行。在数据库系统运行过程中,必须不断地对其进行评价、调整与修改。

在以上数据库设计的过程中,把数据库的设计和对数据库中数据处理的设计紧密结合起来,将这两个方面的需求分析、抽象、设计、实现在各个阶段同时进行,相互参照,相互补充,以完善两方面的设计。

4.3.3　用户界面设计

用户界面设计在人和计算机之间创建一个有效的通信媒介。遵循一组界面设计原则,设计任务需标识界面对象和动作,然后创建屏幕布局,形成用户界面原型的基础。

用户界面设计很重要,它是用户直接接触的软件部分。界面好不好,主要是看是否容易使用及是否美观。

用户界面设计的八项黄金规则:

(1)尽量保持一致性。设计一致性的外观和功能界面是最重要的设计目标之一。信息在窗体上的组织方式、菜单项的名称以及排列、图标的大小和形状以及任务的执行次序都应该是贯穿系统始终的。如果一个新的应用程序提供与众不同的操作方式,肯定会降低它的生产效率,并且用户也不乐意接受。

(2)为熟练用户提供快捷键。经常使用某个应用系统的用户愿意花些时间学会使用快捷键操作方式。当熟练用户明确知道自己要做什么的时候,他们很快就对冗长的菜单选择次序和大量的对话框操作失去耐心。因此,快捷键的使用可以针对某一给定任务减少交互步骤,同时设计者应该为用户提供使用功能,允许用户创建自定义快捷键。

(3)提供有效反馈。对用户所做的每一个工作,计算机都要提供某些类型的反馈信息,借此使用户知道相应动作是否已被确认。这种确认方式对于用户非常重要,如果用户整天和系统打交道,而系统不能显示太多的对话框,还要用户做出回应,一定会降低用户的工作效率。

(4)设计完整的对话过程。系统的每一次对话都应该有明确的次序:开始、中间处理过程和结束。任意定义完好的任务都由开始、中间处理和结束三部分,因此计算机上的用户任务也有相同的感觉。如果用户正想着"我要查一查消息",那么对话过程将从一次询问开始,接下来是信息交换,然后结束。如果任务的开始和结束不明确的话,那么用户可能会很迷惑。另外,用户常常会一心一意地专注于某一任务,所以如果确认该任务完成,那么用户就会理清思路并转向下一项任务。

(5)提供简单的错误处理机制。用户出错是有代价的,既要花费时间改错,也有错误结果造成的耗费,因此系统设计者必须尽可能防止用户出错。主要方法是限制可用选项和允许用户在对话框的任意位置都能选择有效选项。如果出错,就需要系统提供相应机制来处理。一旦系统发现错误,错误信息应该特别说明出了什么错误并且解释要如何改正。例如,系统出现错误时,给用户提供出错界面,常用界面提示有如下几种形式:

①JavaError:Java.XML……

②致命错误!

③系统错误(或运行错误或数据库错误)。

需考虑两方面的因素:

①从用户角度:用户难于理解,容易让用户产生恐惧感,而且错误很难重现;

②从系统保密性:技术细节暴露给不应该看到的人,丧失了技术保密性,会给自己带来不必要的损失。

解决方案:

①错误说明应该以用户能够识别的语言进行表示;

②提供错误代码,便于缩小和确定错误范围;

③记录错误日志。

(6)允许撤销动作。用户需要建立起这样的感觉:他们可以查看选项并且可以毫不费力地取消或撤销相应的动作。用户在任一步骤上可以回退,最后如果用户删除某些文件、记录等,系统会要求用户确认该项操作。例如,应用程序的安装,应该提供相应的取消键,否则的话,当用户在启动安装程序后忽然改变主意了,那他只能通过非正常途径来终止程序,例如停止进程。

(7)提供控制的内部轨迹。有经验的用户希望有控制系统的感觉,系统响应用户命令,用户不应该被迫做某事或者感觉到正在被系统所控制,而应该让用户觉得是由用户在做决定,可以通过提示字符和提示消息的方式使用户产生这种感觉。例如,典型情况下,安装界面会提供:典型安装、最小化安装和自定义安装。典型安装是在不熟悉安装环境的情况下的一种傻瓜式安装方式,一旦对于安装的过程和内容有所设想时,就应该选择自定义安装形式,根据自己的想法自己设置要安装的内容。

(8)减少短期记忆负担。人有很多限制,短期记忆是其中最大限制之一。界面设计者不能假定用户能够记忆在人机交互过程中一个接一个的窗体或者从一个对话框到另一个对话框的所有内容,这样的系统设计给用户制造了太多的记忆负担。

4.4 结构化设计的方法

结构化设计主要是在 20 世纪 70 年代由 Constantine 和 Yourdon 等总结了一些优秀的程序设计实践而发展起来的,其最大的好处是极大地增加了代码复用的能力。它的主要思想是认为系统是由一组功能操作来构成的,每个功能忽略内部细节,看做是提供该功能的黑盒子。也就是说,软件设计首先必须无视模块的内部情况,而只对模块间的关系进行分析,然后将模块按一定的层次组织形成软件结构,在设计阶段的后期再来实现从逻辑功能模块到物理模块的映射。这就是结构化设计的目标:将软件设计为结构互相独立、功能单一的模块,建立系统的模块结构图。

结构化设计的优点是通过划分独立模块来减少程序设计的复杂性,并且增加软件的可重用性,以减少开发和维护的费用。

结构化设计方法将分析阶段的数据流图转换为系统模块的层次结构图,完成软件系统的概要设计;再根据概要设计的结果,进行详细设计,并选用适当的表达方式精化设计的结果。

4.4.1 概要设计

程序结构或程序物理结构是对要解决的问题或要设计的系统的一种分层的表示方法,它指出了组成程序(系统)的各个元素(即各个模块)以及它们之间的关系。程序结构是从需求分析阶段定义的分析模型导出的。

程序结构隐含着控制层次的关系,但不表示程序的具体算法或过程关系,即不表示诸如处理的顺序、选择的出现和次序、操作的循环等。程序结构通常用软件结构图的形式表示。

结构化的程序设计方法经常被描述为面向数据流的设计方法,因为它提供了方便了从数据流向软件结构图的变换。具体变换步骤如下:

(1)确定数据流图的特点及边界;

(2)映射为软件结构,得到两层结构图,表明结构控制信息及主要数据流;

(3)细化后得到初始结构图;

(4)获得最终的软件结构图。

具体步骤之间的关系请参阅图 4-14。

软件结构图也叫系统结构图或控制结构图,它与数据流程图、过程结构图和编码等作为一组标准的图表工具,用来描述系统层次结构和相互关系,是结构化系统设计的常用方法,它表示了系统构成的模块以及模块间的调用关系。

结构图中常用符号包括下述几种类型(参见图 4-15):

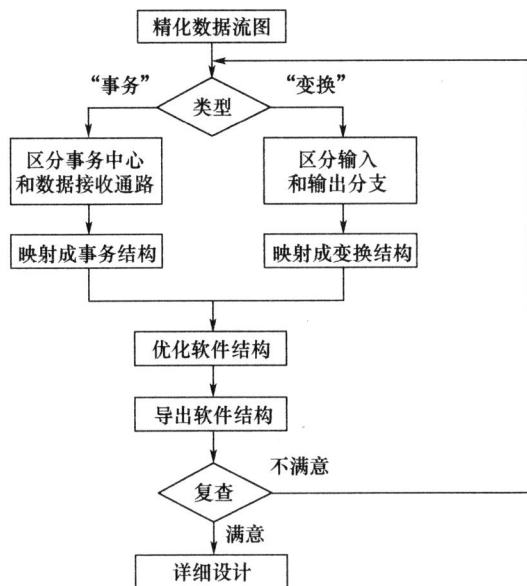

图 4-14　数据流图向软件结构转换的步骤

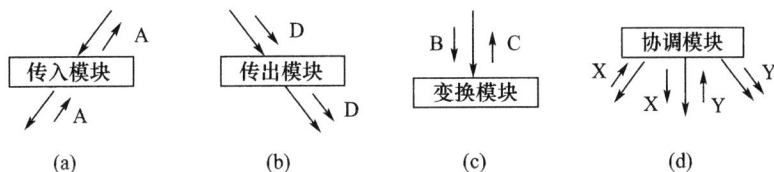

图 4-15　系统结构图中常用符号

(1)传入模块——从下属模块取得数据,经过某些处理,再将其传送给上级模块。它传送的数据流叫做逻辑输入数据流。

(2)传出模块——从上级模块获得数据,进行某些处理,再将其传送给下属模块。它传送的数据流叫做逻辑输出数据流。

(3)变换模块——它从上级模块取得数据,进行特定的处理,转换成其他形式,再传送回上级模块。它加工的数据流叫做变换数据流。

(4)协调模块——对所有下属模块进行协调和管理的模块。

1. 数据流类型划分

(1)事务流:数据流经常可以被描述成有一个称为事务的单个数据项,它可以沿多条路径之一触发其他数据流(见图 4-16)。数据沿某输入路径流动,该路径将外部信息转换为事务,事务被估值,根据其值启动很多动作路径之一的数据流,其中发射出多条动作路径的数据流中心被称为事务中心,具有这样特点的数据流就是事务流。

(2)变换流:为了处理方便,外部数据形式必须转化成内部形式,信息沿各种将外部数据变换为内部数据形式的路径进入系统,这些路径被标识为输入流。在软件的核心,

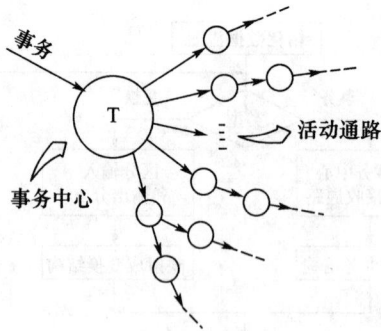

图 4-16 事务型数据流

有一个变迁发生,输入数据通过"变化中心",并沿各种路径流出软件,沿这些路径流出的数据称为"输出流"。整个的数据流动以一种顺序的方式沿一条或仅仅很少的几条"直线"路径进行。如果一部分数据流图体现了这些特征,就是变换流。

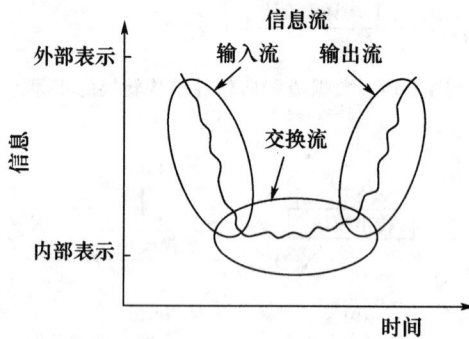

图 4-17 不同类型数据流之间的关系

区分不同的数据流类型的目的是在映射为系统的体系结构时,映射为不同的结构。变换流要经过变化分析转换为系统体结构,而事务流经过事务分析转换为系统体系结构。

2. 事务分析

虽然在任何情况下都可以使用变换分析方法设计软件结构,但是在数据流具有明显的事务特点时,也就是有一个明显的"发射中心"(事务中心)时,还是以采用事务分析方法为宜。

事务分析的设计步骤和变换分析的设计步骤大部分相同或类似,主要差别仅在于由数据流图到软件结构的映射方法不同。对于一个大型系统,常常把变换分析和事务分析应用到同一个数据流图的不同部分,由此得到的子结构形成"构件",可以利用它们构造完整的软件结构。事务型的数据流图因为其对于数据输出处理上的不同,存在两种类型的软件结构图,典型的事务型数据流图为对应的软件结构图。

第一种是每个不同的事务具有自己的输出,如图 4-18 所示。

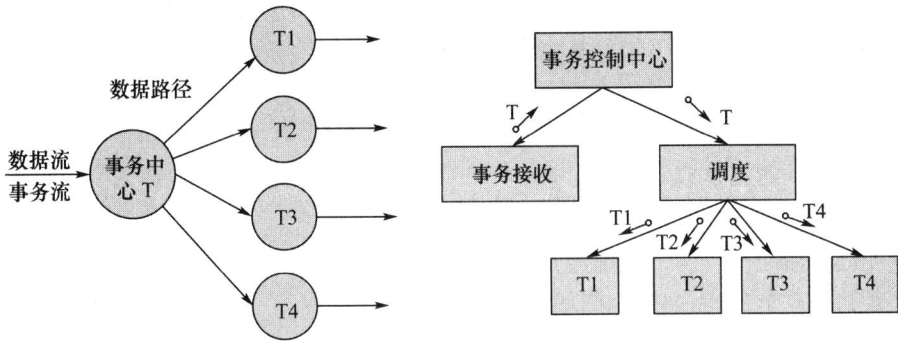

图 4-18　事务型数据流的转换 1

第二种是事务处理所得到的结果有统一的输出处理过程对应的软件结构图，如图 4-19 所示。

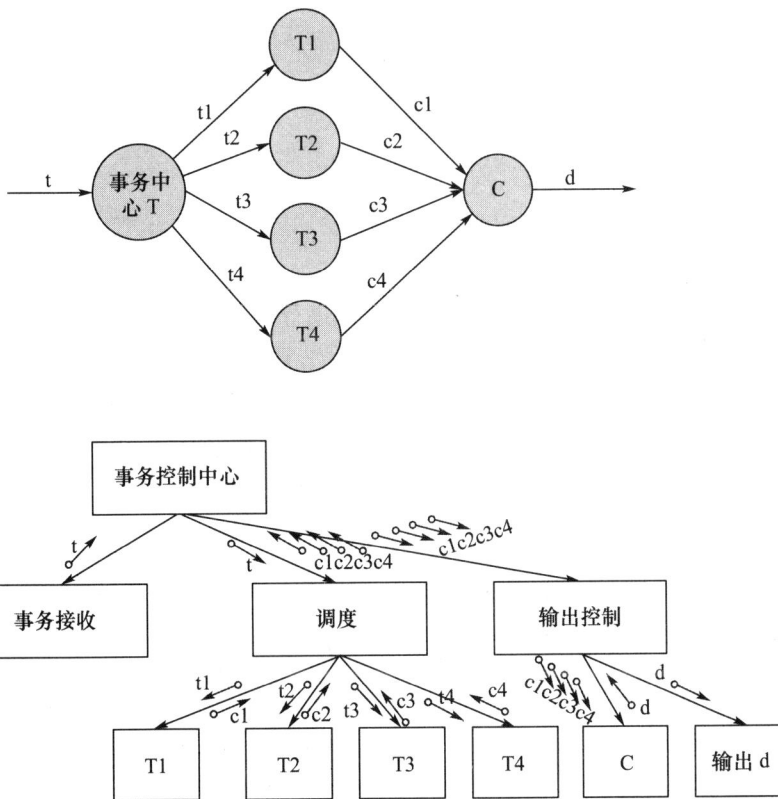

图 4-19　事务型数据流的转换 2

以上两种事务型数据流图不同之处在于：不同的事务类型处理的方式最终是否统一进行输出处理，如果没有统一的输出，则系统结构图属第一种情况；否则属于第二种情况。

下面我们一起来看一个关于图书管理的例子。该系统包括的主要功能有：

（1）借书：藏书者将图书借给拣书者，修改图书信息；

（2）还书：拣书者将图书还给藏书者，修改图书信息；

（3）晒书：将图书信息公布到晒书场，供拣书者选择；

（4）预约：预约借书或者预约还书；

（5）图书信息管理：藏书者管理个人的图书信息；

（6）用户信息管理：系统管理员管理用户的信息。

根据上述 6 个功能，数据流图如图 4-20 所示。

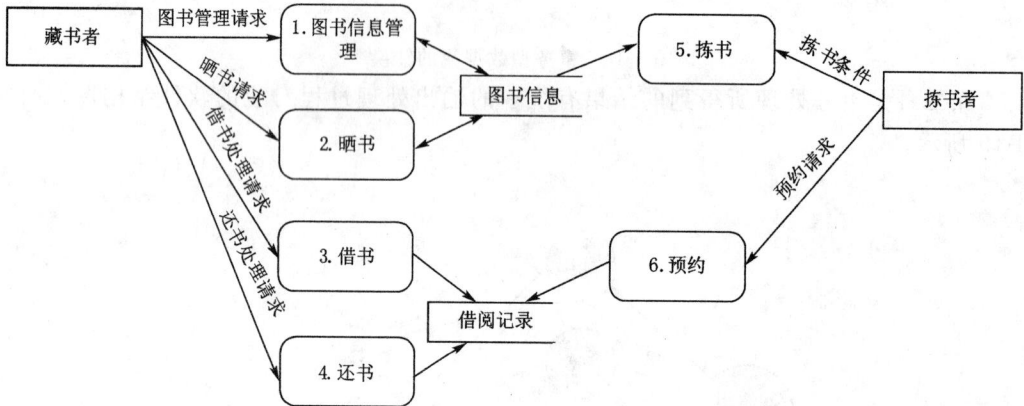

图 4-20　图书管理系统的数据流图

这 6 项功能可根据系统用户的业务需求选择某一项并按照用户要求进行相应的处理。可以分析出来，这 6 项功能是根据用户选择进行的，不是按照顺序依次进行的，所以该数据流图是事务型的。按照事务分析的过程，先要仔细核对数据流图，找到事务中心。本实例中，没有明显的事务中心，而实际系统用户在使用系统时一定是通过一个统一的界面来进行功能选择的，然后按照事务分析的过程进行一级分解，得到的相应的系统结构图如图 4-21 所示。

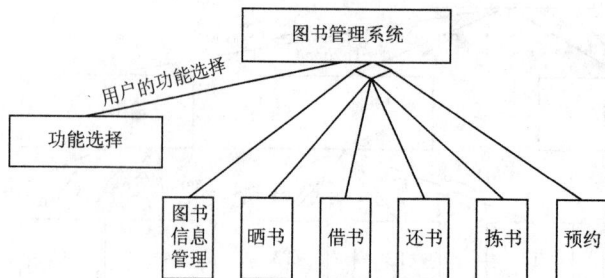

图 4-21　订单处理子系统的系统结构图

3. 变换分析

变换分析是一系列设计步骤的总称，经过这些步骤把具有变换流特点的数据流图按预先确定的模式映射成软件结构。下面通过一个例子说明变换分析的方法，如图 4-22 所示。

具体步骤：

(1)复查基本系统模型；

(2)复查并精化数据流图；

(3)确定数据流图具有变换特性还是事务特性；

(4)确定输入流和输出流的边界，从而孤立出变换中心；

(5)完成"第一级分解"；

(6)完成"第二级分解"；

(7)使用设计度量和启发规则对第一次分割得到的软件结构进一步精化。

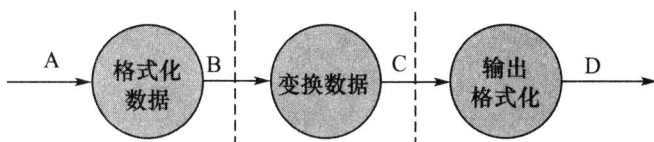

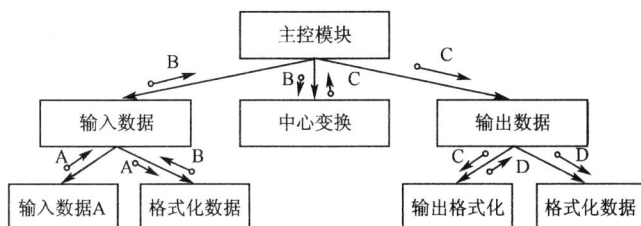

图 4-22 将变换型数据流图转换为软件结构图

对于大型的 DFD，变换中心的边界的确定是值得注意的问题。一般从系统输入端开始，向系统内部移动，直到该数据流不再认作是一种输入的地方，可以确定传入路径的边界，不同的边界会有不同的设计，这一点必须注意。下面一起来看一个变换型 DFD 的实例，它是晒书子系统中 DFD 的片段，如图 4-23 所示。

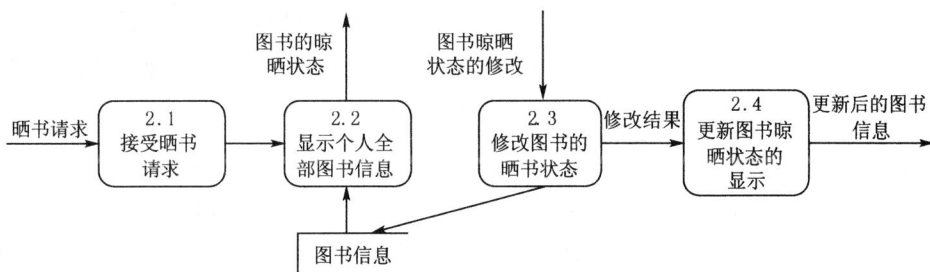

图 4-23 晒书子系统的 DFD 片段

图 4-23 中编号为 2.3 的处理过程主要是根据用户对图书晾晒状态的修改，记录修改后的图书晾晒状态，然后编号 2.4 的处理是将修改后的新的状态显示于图书晾晒界面。对于上述数据流图片段划分输入输出边界，结果如图 4-24 所示。

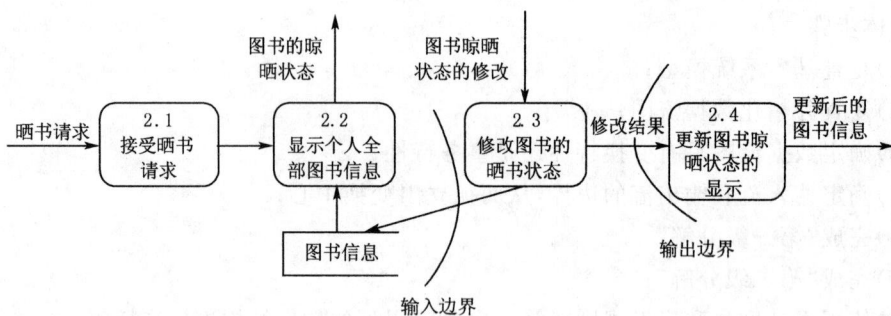

图 4-24　确定输入和输出边界

按照变换分析的步骤,将 DFD 进行变化分析,得到系统结构图,如图 4-25 所示。其中输入边界以内部分需要进行二级分解和映射。

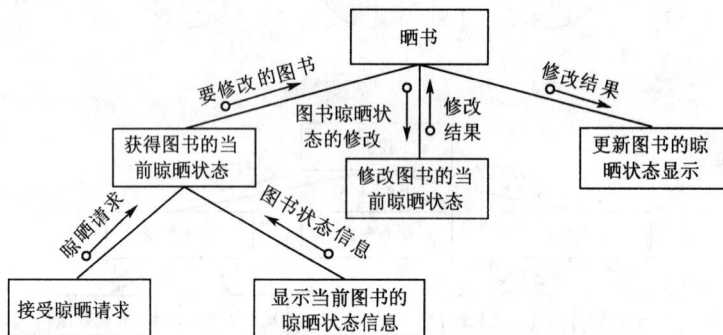

图 4-25　系统结构图

完成系统结构图后,还要做一个很重要的事情就是对已完成的结构图进行优化,优化的原则就是使用软件设计原理和原则,尤其是模块的独立性原则。

考虑设计优化问题时应该记住:一个不能工作的"最佳设计"的价值是值得怀疑的。软件设计人员应该致力于开发能够满足所有功能和性能要求,而且按照设计原理和启发式设计规则衡量是值得接受的软件。应该在设计的早期阶段尽量对软件结构进行精化,然后对不同的软件结构进行评价和比较,力求得到"最好"的结果。这种优化的可能,是把软件结构设计和过程设计分开的真正优点之一。

注意区分事务型数据流图和中心变换型数据流图:虽然中心变换型数据流图可能会存在分支的情况,但如何区分此时的分支是哪种情况呢?其中最显著的区分就是事务型的分支在运行过程中有路径的选择性,也就是当判断出具体事务类型之后,其他的路径将不会执行;但中心变换型的数据流图(在特定条件下)将会执行全部分支。

4.4.2　详细设计

结构程序设计是一种设计程序的技术,它采用自顶向下逐步求精的设计方法和单入口单出口的控制结构。在这里,对于逐步求精的含义分为两个层次。

　　详细设计阶段逐步求精的含义是把一个模块的功能逐步分解细化为一系列具体的处理步骤或某种高级语言的语句;而总体设计阶段逐步求精的含义是指把一个复杂问题的解法分解和细化成一个由许多模块组成的层次结构的软件系统。

　　程序过程是对程序结构的细化,是在概要设计的基础之上,细致地通过详细设计工具描述函数实现的算法,参见图 4-26。

　　从上述描述中我们将体会到结构程序设计技术有如下一些优越性:

　　(1)自顶向下逐步求精的方法符合人类解决复杂问题的普遍规律,因此可以显著提高软件开发工程的成功率和生产率。

　　(2)用先全局后局部、先整体后细节、先抽象后具体的逐步求精过程开发出的程序有清晰的层次结构,因此容易阅读和理解。

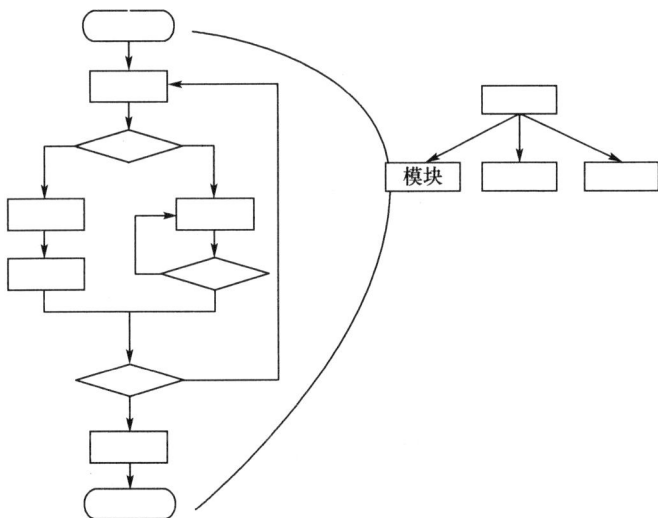

图 4-26　详细设计与概要设计之间的关系

　　(3)不使用 goto 语句仅使用单入口单出口的控制结构,使得程序的静态结构和它的动态执行情况比较一致,易于阅读和理解。

　　(4)控制结构有确定的逻辑模式,编写程序代码只限于很少几种直截了当的方式,因此源程序清晰流畅。

　　(5)程序清晰和模块化使得在修改和重新设计一个软件时可以重用的代码量最大。

　　(6)程序的逻辑结构清晰,有利于程序正确性证明。

　　下面我们将为大家介绍几种具有代表性的过程设计工具:

　　(1)程序流程图、盒图、PAD 三种图形工具;

　　(2)表格工具:判定表、判定树;

　　(3)PDL 基于文本的工具。

1. 图形工具

　　(1)程序流程图。程序流程图简称流程图,是一种采用方框表示处理步骤,菱形表示逻辑判断,箭头表示控制流的一种图形符号来描述问题解决方式的表示方法。

在使用流程图表示过程细节时,要注意不要乱用箭头(它的效果类似于乱用 goto 语句),否则会使结构混乱,容易出错,给编码带来不必要的麻烦。

图 4-27 所示是程序流程图的基本符号。

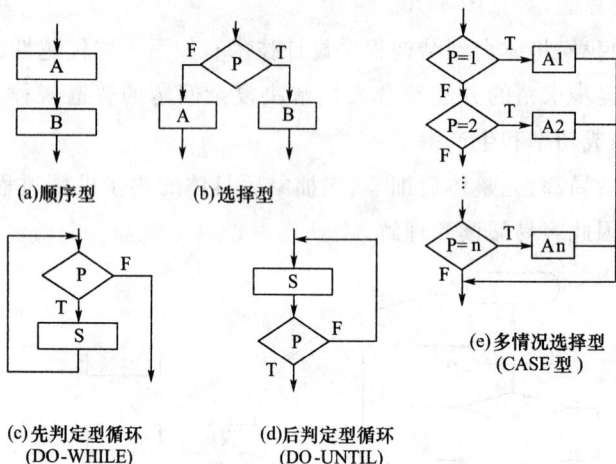

图 4-27　程序流程图基本符号

下面是一个程序流程图的实例(参见图 4-28)。

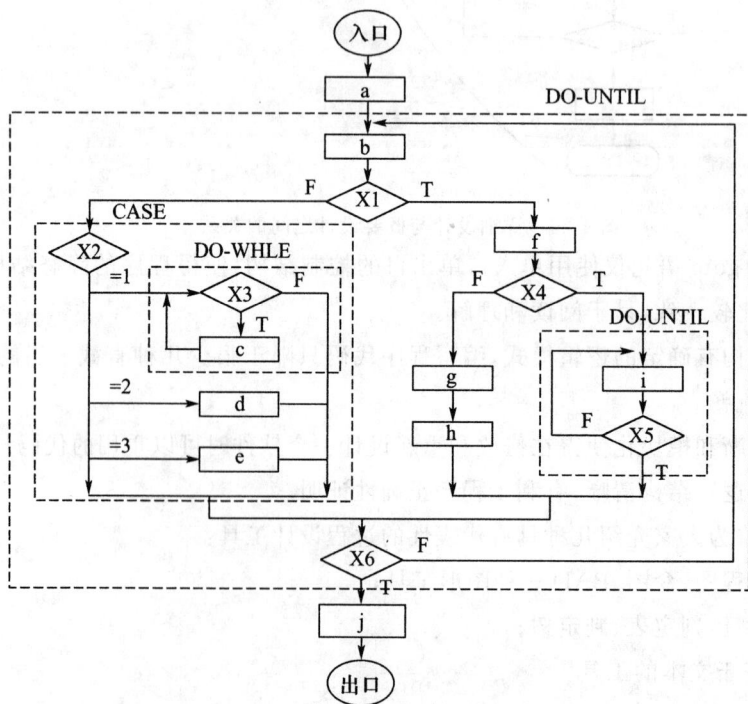

图 4-28　程序流程图实例

程序流程图的使用曾经非常广泛,特别是流程图中的箭头符号使用起来非常灵活,满足了人们在思考过程中的思维方式的表达,流程图的应用很好地描述了解决问题的方法,在结构化设计中占有重要的位置。但是由于它的灵活性,也带来了一些弊端:

①流程图中用箭头代表控制流,因此程序员不受任何约束,可以完全不顾结构程序设计的精神,随意转移控制。

②流程图本质上不是逐步求精的好工具,它诱使程序员过早地考虑程序的控制流程,而不去考虑程序的全局结构。

③流程图不易表示数据结构。

基于这些原因,目前程序流程图所占据的应用空间正逐步地被盒图所取代。

(2)盒图(N-S 图)。盒图也叫做方块图,它在绘制过程中将程序的五种控制结构(参见图 4-29)分别用长方形框定在一个范围内,通过这种方式强调了结构化原则的应用,避免了程序流程图的缺点。

盒图具有以下特点:

①功能域(即某一具体构造的功能范围)有明确的规定,并且能很直观地从图形表示中看出来;

②想随意分支或转移是不可能的;

③局部数据和全程数据的作用域可以很容易确定;

④容易表示出递归结构。

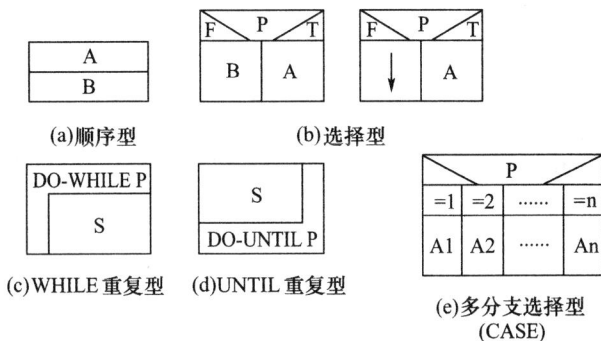

图 4-29　盒图基本符号

下面给出程序流程图 4-28 对应的盒图的实例,如图 4-30 所示。

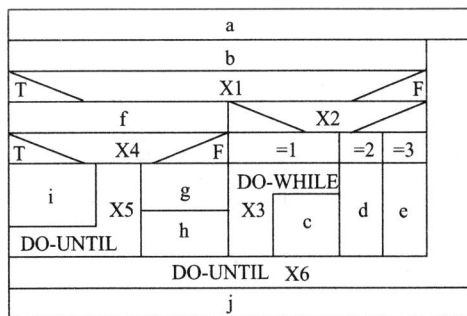

图 4-30　盒图实例

（3）PAD 图。PAD 图又称问题分析图（Problem Analysis Diagram，PAD），它是 20 世纪 70 年代日本日立公司发明的，是一种具有很强结构化特征的分析工具。

PAD 图具有以下特点：

①使用表示结构化控制结构的 PAD 符号所设计出的程序必然是结构化程序。

②PAD 图所描述的程序结构十分清晰，图中最左面的竖线是程序的主线，即第一层结构，随着程序层次的增加，PAD 图逐渐向右延伸，每增加一个层次，图形向右扩展一条竖线，PAD 图中的竖线的总条数就是程序的层次数。

③用 PAD 图表现程序逻辑，易读、易懂、易记，PAD 图是二维树形结构的图形，程序从图中最左竖线上端的结点开始执行，自上而下、从左向右顺序执行，遍历所有结点。

④容易将 PAD 图转换成高级语言源程序，这种转换可用软件工具自动完成。

⑤既可以用于表示程序逻辑，也可用于描述数据结构。

⑥PAD 图的符号具有支持自顶向下、逐步求精方法的作用。开始时设计者可以定义一个抽象的程序，随着设计工作的深入而用 def 符号逐步增加细节，直至完成详细设计。

图 4-31 显示了 PAD 所使用的基本图符。

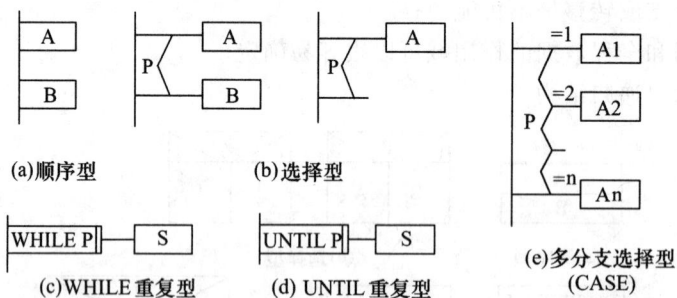

图 4-31　PAD 图基本符号

使用 PAD 图表示的实例，参见图 4-32。

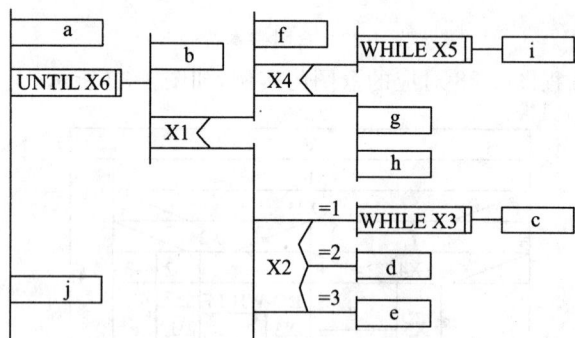

图 4-32　PAD 图实例

2. 表格工具

(1)判定表。判定表能够清晰地表示复杂的条件组合与应做的动作之间的对应关系,而其他的工具则不易实现。

一张判定表由四部分组成,左上部列出所有条件,左下部是所有可能做的动作,右上部是表示各种条件组合的一个矩阵,右下部是和每种条件组合相对应的动作。

判定表的每一列实质上是一条规则,规定了与特定的条件组合相对应的动作。

以行李托运费的算法为例说明判定表的组织方法,如表 4-1 所示。

假设某航空公司规定,乘客可以免费托运重量不超过 30 kg 的行李。当行李重量超过 30 kg 时,对头等舱的国内乘客超重部分每千克收费 4 元,对其他舱的国内乘客超重部分每千克收费 6 元,对外国乘客超重部分每千克收费比国内乘客多一倍,对残疾乘客超重部分每千克收费比正常乘客少一半。用判定表可以清楚地表示与上述每种条件组合相对应的动作(算法)。

表 4-1　用判定表表示的行李托运费算法

		1	2	3	4	5	6	7	8	9
条件	国内乘客		T	T	T	T	F	F	F	F
	头等舱		T	F	T	F	T	F	T	F
	残疾乘客		F	F	T	T	F	F	T	T
	行李重量 W≤30	T	F	F	F	F	F	F	F	F
动作	免费	√								
	$(W-30)\times2$				√					
	$(W-30)\times3$					√				
	$(W-30)\times4$		√						√	
	$(W-30)\times6$			√						√
	$(W-30)\times8$						√			
	$(W-30)\times12$							√		

(2)判定树。判定树是判定表的变种,也能清晰地表示复杂的条件组合与应做的动作之间的对应关系。判定树的形式简单,不需任何说明,容易看出含义,易于掌握和使用,但也有缺点,例如,简洁性不如判定表,相同的数据元素往往要重复写多遍,而且越接近树的叶端重复次数越多等。判定树的使用方法如图 4-33 所示。

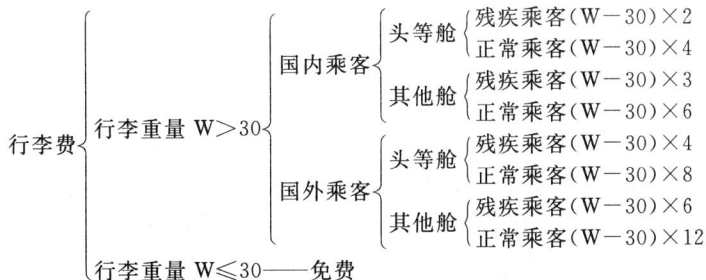

行李费
- 行李重量 W>30
  - 国内乘客
    - 头等舱
      - 残疾乘客 $(W-30)\times2$
      - 正常乘客 $(W-30)\times4$
    - 其他舱
      - 残疾乘客 $(W-30)\times3$
      - 正常乘客 $(W-30)\times6$
  - 国外乘客
    - 头等舱
      - 残疾乘客 $(W-30)\times4$
      - 正常乘客 $(W-30)\times8$
    - 其他舱
      - 残疾乘客 $(W-30)\times6$
      - 正常乘客 $(W-30)\times12$
- 行李重量 W≤30——免费

图 4-33　用判定树表示的行李托运费算法

3. 伪代码

过程设计语言(Process Design Language，PDL)也称为伪代码，它是一种笼统的名称，是用正文形式表示数据和处理过程的设计工具。

PDL 具有严格的关键字外部语法，用于定义控制结构和数据结构；另一方面，PDL 表示实际操作和条件的内部语法通常又是灵活自由的，以便可以适应各种工程项目的需要。例如，它可以作为注释直接写在源程序中间，可以使用普通的文本编辑系统方便地完成 PDL 的书写。缺点是不如图形工具形象直观，清晰简单。

如下例：

```
IF 9 点以前 THEN
DO 私人事务；
EISE 9 点到 18 点之间 THEN
工作；
EISE
下班；
END IF
```

这样的伪代码可以达到文档的效果，同时可以节约时间，更重要的是使结构比较清晰，表达方式更加直观。

小　结

本章通过介绍软件设计阶段的目的，即解决软件如何做的问题，讲述了在软件设计的过程中要遵循的基本原理和原则。软件设计原则是在软件设计过程中必须要履行的，它也是软件设计成果质量的评价标准。尤其是模块独立性原则的应用，强调高内聚、低耦合，是提升软件可维护性、可扩展性的必然手段。

软件设计从管理的角度分为概要设计和详细设计，强调了在每个阶段应该完成的重点工作。从技术的角度软件设计要完成的内容包括体系结构设计、数据设计、用户界面设计，明确了构建一个系统需要从哪些角度入手、考虑哪些方面的问题。

本章通过讲解结构化的软件设计方法，详细阐述了如何应用具体的技术来完成软件设计各个阶段的任务，从而构建结构化设计模型描述出软件内部的组成方式。

习　题

1. 结合以往的代码，谈谈对内聚和耦合的认识。
2. 数据库设计分为哪几个阶段？简述每个阶段的工作内容。
3. 系统流程图的作用是什么？
4. 传入数据流和传出数据流有何区别？
5. 根据已知的银行处理储户的存款取款业务的数据流图(必要时进行进一步细化)

画出对应的软件结构图,并进行合理细化。

6. 某厂对部分职工重新分配工作的政策是:年龄在 20 岁以下者,初中文化程度脱产学习,高中文化程度当电工;年龄在 20 岁至 40 岁之间者,中学文化程度男性当钳工,女性当车工,大学文化程度都当技术员;年龄在 40 岁以上者,中学文化程度当材料员,大学文化程度当技术员。请用判定树描述上述问题。

7. 根据下面伪代码画出对应 N-S 图。

```
begin
    A;
    B;
    if X then
    {
      D;
      if Y then E;
      F;
    }else
    {
      H;
      Do
      I;
      Until G;
      }
end
```

第 5 章

软件实现

软件实现(Software Implementation)不同于纯粹的编程,从宏观上说,它是详细设计、编程、代码审查、单元测试、集成测试的综合表述;从微观上说,它包括编程和单元测试。详细设计已在上一章讲过,测试将在下一章详细讲解,本章主要讲解实现阶段的介绍、编程相关的知识、实现这个阶段的管理等。本阶段的输入是详细设计规格说明书,输出是源程序、目标程序等。

5.1 软件实现的概述

软件实现阶段也称为系统实施阶段,是软件过程中唯一一个不可缺少的阶段,该阶段的目标是按照详细设计说明书中对数据结构、算法和模块逻辑结构等方面的设计说明,用适当的编程语言及工具,分别实现各模块的功能,从而实现目标系统的功能、性能、接口、界面等要求。

软件实现与软件开发过程中其他阶段之间又是怎样的关系呢? 软件设计为软件实现提供输入,软件实现的输出是软件测试的输入。软件实现与软件设计、软件测试是独立的过程,但软件实现本身也涉及设计和测试工作,它们之间的界限因具体项目而定。如果项目的规模较小,就可以边设计边实现,设计和实现的界限就变得模糊了。如果项目的规模较大,设计一定是和软件实现分开的,而且设计还会分为框架设计和详细设计,详细设计有时可以在软件实现阶段完成一部分,所以软件开发过程模型中阶段的划分是模糊的,有时还是迭代的。此外,软件实现还会产生大量的配置项,如源程序、测试用例等,因此软件实现过程还涉及配置管理。软件实现与其他阶段的关系如图 5-1 所示。

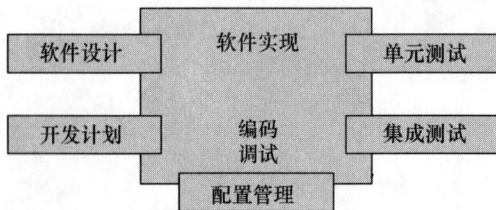

图 5-1 软件实现与其他阶段的关系

该阶段的主要任务是:

(1)按总体设计方案购置和安装计算机网络系统。硬件准备包括计算机主机、输入和输出设备、存储设备、辅助设备、通信设备等。

(2)软件准备。软件准备包括系统软件、数据库管理系统以及一些应用程序。

（3）人员培训。主要是指用户的培训,这些用户是源自现行系统,精通业务,但是缺乏计算机知识。

（4）知识准备。主要包括数据收集、整理和录入,是一项繁重的工作。

（5）投入和试运行。

在实施过程中,还有若干非技术因素的影响。系统的建设涉及企业机构、权限组织和分配,通过系统的调研、分析和设计,可能会优化企业现有的工作组织结构。

5.2　软件实现的编码

所谓编码是指选择一种或几种编程语言来实现设计阶段的设计方案,使其变成初始可运行的目标系统。编程语言的相关知识已经在这之前讲过,如 C 语言、Java 语言等,我们这节的编码就不再强调语法了,而是把重点放在编程语言的种类的介绍以及编程风格与编码规范方面。

5.2.1　编程语言的种类与选择

自 20 世纪 60 年代以来,世界上公布的程序设计语言已有上千种之多,但是只有很小的一部分得到了广泛的应用。从发展的过程来看可以分为四代:

（1）第一代语言是指与机器紧密相关的机器语言和汇编语言,其历史可追溯到第一台电子计算机问世。因其与硬件操作一一对应,基本上有多少种计算机就有多少种汇编语言。

（2）第二代语言产生于 20 世纪 50 年代末到 60 年代初,这一代语言包括 FORTRAN、COBOL、BASIC 等,是结构化语言的前身和基础。FORTRAN 语言是 Formula Translation 的缩写,意为“公式翻译”,它是为科学、工程问题或企事业管理中的那些能够用数学公式表达的问题而设计的,其数值计算的功能较强。COBOL 是一种面向数据处理、文件、过程（POL）的高级编程语言,是一种功能很强而又极为冗长的语言。COBOL 适用于具有循环处理周期的环境（例如打印工资支票）以及数据操纵量相当大的环境。COBOL 主要应用于商业数据处理领域,对各种类型的数据进行收集、存储、传送、分类、排序、计算及打印报表、输出图像等是它的强项。

（3）第三代语言,也称为结构化程序语言,其特点是直接支持结构化构件,并具有很强的过程能力和数据结构能力。这一代语言可细分为通用高级语言、面向对象的语言和专用语言。最早的通用语言是 Algol 60,以它为基础衍生出 Pascal、C 等许多高级语言,广泛应用于各种领域,如工程计算、嵌入式系统等。面向对象程序语言是 20 世纪 70 年代以来诞生的,包括 C++、Smalltalk、Java 等。专用语言一般应用面窄,语法形式独特,其中最有代表性的 LISP,Prolog 一般应用于人工智能领域。专用语言针对特殊用途设计,一般翻译过程简单、高效,但与通用语言相比,可移植性和可维护性较差。

（4）第四代语言（4GL）是非过程化语言,编码时只需要说明“做什么”,不需描述算法细节,它的典型应用就是数据库查询语言（SQL）。用户只需将要查找的内容在什么地方、根据什么条件进行查找等信息告诉 SQL，SQL 将自动完成查找过程。目前，所谓的第四代语言大多是指基于某种语言环境上具有 4GL 特征的软件工具产品，如 PowerBuilder 等。

第四代程序设计语言是面向应用的，是为最终用户设计的一类程序设计语言，它具有缩短应用开发过程、降低维护代价、最大限度地减少调试过程中出现的问题以及对用户友好等优点。

在这么丰富的编程语言的环境中，我们在实现项目时应该选择哪种语言呢？不同的项目、不同的开发团队通常会选择不同的编程语言，而且有时也会选择多种编程语言。语言选择合适，会使编码困难减少，程序测试量减少，并且可以得到易读、易维护的软件，这就是我们所说的"工欲善其事，必先利其器"。因此在编码之前应选好适当的语言，任何一种语言都有其优缺点和擅长的领域，所以在选择编程语言的时候要考虑很多方面，以下是一般选择编程语言时要考虑的问题：

①项目的应用领域，长期以来一些项目固定采用某种语言作为开发语言，所以在进行语言选择时首先考虑应用领域；

②算法和计算复杂性；

③软件运行环境；

④用户需求中关于性能方面的需要；

⑤数据结构的复杂性；

⑥软件开发人员的知识水平；

⑦可用的编译器与交叉编译器。

除上述因素以外，在进行编程语言选择时可能还有其他考虑，如硬件对软件的影响、购买成品构件等。要注意，编程语言的选择虽然放在本章讲解，但在开发过程中，编程语言是在早期就已经确定了的，例如可以在可行性分析时确定。

5.2.2　编程风格

编码风格又称程序设计风格或编程风格。风格原指作家、画家在创作时喜欢和习惯使用的表达自己作品题材的方式，而编码风格实际上指编程的基本原则，包括规范化的程序内部文档、数据结构的详细说明、清晰的语句层次结构、遵守某一编程规范等。

在程序设计初期，许多人认为程序只是给机器执行的，而不是供人阅读的，所以只要程序逻辑正确，能为机器理解并依次执行就足够了，至于文体如何无关紧要。20 世纪 70 年代初，有人提出在编写时应该使程序具有良好的风格，这个想法很快就为人们所接受。20 世纪 70 年代以来，编码的目标从强调效率转变为强调清晰。人们逐步意识到，良好的编码风格能在一定程度上弥补语言存在的缺陷，而如果不注意风格就很难写出高质量的程序，尤其当多个程序员合作编写一个很大的程序时，需要强调良好而一致的编码风格，以便相互通信，减少互不协调而引起的问题。因此，建立很好的编程风格，让程序员遵循，以便编写出正确的、有效的、可维护的、易读易懂的程序。

对于编码风格，不同的公司可能有不同的要求，但是其目的都是相同的，希望开发出的系统编码具有较好的易读、易维护等质量特性。

5.2.3 编程的规范

编程规范顾名思义,就是在编程时要遵守的规范。规范中包括对命名、界面、提示以及帮助信息规范、热键定义等。

编程规范是在开始编程之前就确定下来的,不同的公司为不同的程序语言形成自己不同的编程规范,有了这些编程规范,就在很大程度上提高了程序员之间的交流效率。如用 Java 编程时,类名的命名要遵守一定的编程规范,这样程序员们一看到类的名称就基本能够确定这个类的职责,减少编程的时间,提高工作效率。此外,具有良好的编程规范还可以提高软件的测试效率和将来的可维护性,所以至关重要。

5.2.4 编程的基本原则

一个程序的主要目的就是给其他人阅读,可以通过养成良好的程序书写风格来解决阅读性差的问题。一个公认的、良好的编程风格可以减少编码的错误,减少读程序的时间,从而提高软件的开发效率。为了做到这一点,应该遵循下述一些原则:

1. 源程序文档化

源程序文档包括恰当的标识符、适当的注解和程序的书写格式等。

标识符应尽量具有实际意义。选取含义鲜明的名字,使它能正确地提示程序对象所代表的实体,这对于帮助阅读者理解程序是很重要的。

程序应加注释。书写注释时要注意:描述一段程序,而不是每一个语句;利用缩进和空行,使程序与注释容易区别;注释要正确;有合适的、有助于记忆的标识符和恰当的注释,可以得到比较好的源程序内部的文档;设计的说明也可作为注释嵌入源程序体内。

一个源程序如果写得密密麻麻,别人是很难看懂的。应用统一的、标准的格式来书写源程序清单,有助于改善可读性。常用的方法有:用分层缩进的写法显示嵌套结构层次;在注释段周围加上边框;注释段与程序段以及不同的程序段之间插入空行;每行只写一条语句;书写表达式时适当使用空格或圆括号作隔离符。

2. 数据说明

为了使数据定义更易于理解和维护,在编写程序时,要注意数据说明的风格。一般有以下的书写原则:数据说明顺序应规范,将同一类型的数据书写在同一段落中,从而有利于测试、纠错与维护(例如按常量说明、类型说明、全程量说明及局部量说明顺序);当一个语句中有多个变量声明时,将各变量名按字母的顺序排列,便于查找;对于复杂的和有特殊用途的数据结构,要加注释,说明在程序中的作用和实现时的特点。

3. 语句构造

编码阶段的任务是构造单个语句。构造的语句要简单、直接,不要为了提高效率而使语句更为复杂。语句构造的原则为:简单直接,使用规范的语言,在书写上要减少歧义,使用标准的控制结构;不要一行多个语句,造成阅读的困难;不同层次的语句采用缩进形式,使程序的逻辑结构和功能特征更加清晰;尽可能使用库函数;注意 goto 语句的使用;要避免复杂、嵌套的判定条件,避免多重的循环嵌套,一般嵌套的深度不要超过三层;对太大的程序,要分块编写、测试,然后再集成;确保所有变量在使用前都进行初始化;遵循国家标准等。

4. 输入和输出

输入/输出信息是与用户的使用直接相关的。输入/输出的方式和格式应当尽量做到对用户友好,尽可能方便用户的使用。一定要避免因设计不当给用户带来的麻烦。在编写输入和输出程序时应考虑以下原则:输入操作步骤和输入格式应尽量简单,提示信息要明确,易于理解;输入一批数据时,尽量少用计数器来控制数据的输入进度,而使用文件结束标识;应对输入数据的合法性、有效性进行检查,报告必要的输入信息及错误信息;交互式输入时,提供明确可用的输入信息,在数据输入的过程中和输入结束时,也要在屏幕上给出状态信息;当程序设计语言有严格的格式要求时,应保持输入格式的一致性;给所有的输出加注解,并设计输出报表格式等。

输入、输出风格还受其他因素的影响,如输入、输出设备,用户经验及通信环境等。在交互式系统中,这些要求应成为软件需求的一部分,并通过设计和编码在用户和系统之间建立良好的通信接口。

5. 效率

效率一般是指对处理时间和存储空间的使用效率,对效率的追求要注意:效率是一个性能要求,需求分析阶段就要对效率目标有一个明确的要求;追求效率应该建立在不损害程序可读性或可靠性基础之上;选择良好的设计方法才是提高程序效率的根本途径,设计良好的数据结构与算法,都是提高程序效率的重要方法。

程序效率的提高虽然不能完全靠编码来解决,但在编码时要想提高程序的运行效率必须注意下面一些原则:写程序之前先简化算术的和逻辑的表达式;尽量避免使用多维数组;尽量避免使用指针和复杂的表;使用执行时间短的算术运算;不要混合使用不同的数据类型;尽量使用整数运算和布尔表达式;所有输入输出都应该有缓冲,以减少用于通信的额外开销;对二级存储器(如磁盘)应选用最简单的访问方法;二级存储器的输入输出应该以信息组为单位进行等。

提高可重用性:面向对象方法的一个主要目标就是提高软件的可重用性。软件重用有多个层次,在编码阶段主要涉及代码重用问题。为了实现代码重用必须提高方法(即服务)的内聚,减小方法的规模,保持方法的一致性,把策略与实现分开,全面覆盖输入条件的各种可能组合,尽量不使用全局信息和充分利用继承机制等。

提高可扩充性:提高可重用性的同时,也能提高程序的可扩充性,同时还要注意封装的实现策略,精心确定向公众公布的接口中公有方法,一个方法应该只包含对象模型中的有限内容(不要用一个方法遍历多条关联链),避免使用多分支语句等。

提高健壮性:程序员在编写实现方法的代码时,既应该考虑效率,也应该考虑健壮性。通常需要在健壮性与效率之间做出适当的折中。为提高健壮性应该预防用户的操作错误,检查参数的合法性,不要预先确定限制条件或者先测试后优化。

总之,在编码时要善于积累编程经验,培养和学习良好的编程风格,使程序清晰易懂,易于测试与维护,从而提高软件的质量。Microsoft 公司是全球最大的计算机软件生产商,拥有一大批优秀的软件工程师,具有丰富的软件开发和项目管理经验。Microsoft 在将软件工程实践的某些方面结合到自己的软件开发过程中的同时,很注意保留员工的创造性和个性,并且试图在两者之间寻求一种平衡,形成了 Microsoft 独特的风格。在同一个地点工作的项目小组要求使用相同的编程语言(通常是 C 和 C++)、相同的程序设计风格以及标准的开发工具。这些标准帮助小组成员进行交流和讨论。另外,在项目开发过程中,还要求收集一些软件度量指标,如失效发生的时刻,程序中的错误被发现和修复的时间等。

5.3　软件实现的流程

软件实现的流程如图 5-2 所示,一般来说,编程、代码审查、单元测试、集成测试大致存在先后顺序关系,也可以并行、迭代地开展。上述任何活动中发现的缺陷都应当用缺陷跟踪工具管理,开发人员应及时消除缺陷。

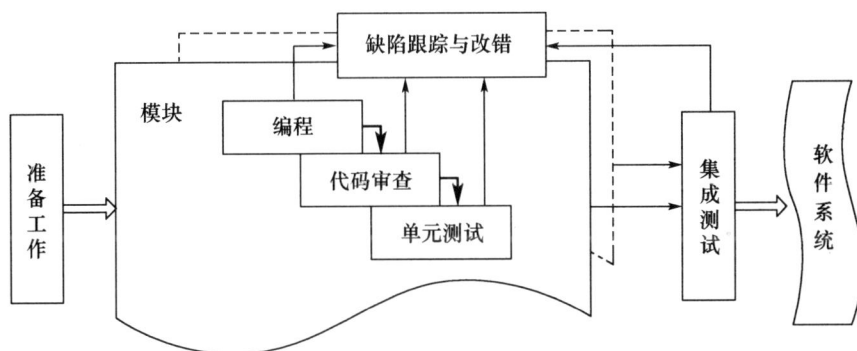

图 5-2　软件实现流程

软件实现阶段的主要准备工作有:

(1)开发小组制订计划(包括编程计划、代码审查计划、测试计划等),项目经理审批该计划。

(2)开发小组确定编程、代码审查、内部测试等规范。如果机构已经存在相应的规范,则采用之,如果机构不存在相应的规范,则由开发小组制订。

(3)开发小组构建编程与测试环境,例如安装软件开发工具(包括复用库)、配置管理工具、软件测试工具和缺陷跟踪工具等。如果是异地开发和测试,那么要构建 Internet 环境。

(4)如果开发小组组长认为开发小组需要接受编程、测试、代码审查等方面的培训,那么由开发小组组长安排相应的培训。

然后进入具体实施过程,在这个过程中按照开发小组制订的计划来完成相应的工作,还要管理好在本阶段产生的各种配置项。

在整个软件实现阶段结束后,应该提交的主要成果包括软件实现阶段的计划、软件的源代码和构件库、编程规范、与编程相关的技术文档、测试用例和测试报告等。

小　结

本章讲解了软件开发在实现阶段的主要任务是按照编程规范完成编码任务,同时介绍了实现阶段与前面的详细设计和后面测试阶段中单元测试之间的密切关系,明确了该阶段的重要性。

本章还重点讲解了与编程语言相关的知识,包括如何针对系统特点选择编程语言的种类,良好的编程风格对系统可维护性的影响,以及何为编程规范、编程过程中需遵守的基本原则。

软件的实现阶段的任务看似简单,由于其与前后阶段之间的密切关系,实际上还有很多工作需要去做,在实现阶段的主要流程中对此作了阐述。

习　题

1. 举例说明各类系统的编程语言的选择。
2. 仔细阅读老师给的编码规范,讨论以往在编码时有哪些地方是违背编码规则的。
3. 简述系统的实施阶段的主要活动有哪些。
4. 实施阶段和测试阶段的关系是怎样的?

第6章　软件测试

一旦生成了源代码,软件必须进行测试,以使软件产品在交付客户之前能够发现(和改正)尽可能多的错误。软件测试的目标是要设计一组具有高的发现错误的可能性的测试方案,如何做呢? 这就是软件测试技术被应用的地方。这些技术提供了软件测试的系统化的指南,用于测试软件构件的内部逻辑和测试程序的输入和输出域,以便发现程序功能、行为和性能方面的错误和不足。

软件的测试从两个不同的视角进行:其一是使用"白盒"测试方案设计技术来测试内部程序逻辑;二是使用"黑盒"测试案例设计技术来测试软件需求。这两种测试方案基本意图均是以最少的工作量和时间发现最大数量的错误。

6.1　软件测试的概述

所谓测试,首先是指一项活动,在这项活动中某个系统或组成的部分将在特定条件下运行,结果被观察和记录,并对系统或组成部分进行评估。测试活动最终会有两种结果:要么找出缺陷,要么显示软件执行正确。测试活动是一个或多个测试用例的集合。

测试用例是指为特定的目的而设计的一组测试输入、执行条件和预期的结果,测试用例是执行测试的最小实体。

软件测试就是在软件投入运行前,对软件需求分析、设计规格说明和编码的最终复查,是软件质量保证的关键步骤。软件测试的定义有两种描述:

(1)软件测试是为了发现错误而执行程序的过程。

(2)软件测试是根据软件开发各阶段的规格说明和程序内部结构而精心设计的一批测试用例(即输入数据及其预期的输出结果),并利用这些测试用例运行程序以及发现错误的过程,即执行测试步骤。

软件测试不仅仅是对程序的测试,它贯穿于软件定义和开发的整个过程。因此软件开发过程中产生的需求分析、概要设计、详细设计以及编码等各个阶段所得到的文档,包括需求规格说明书、概要设计规格说明、详细设计规格说明以及源程序,都是软件测试的对象。

软件测试在软件生命周期(也就是软件在开发设计、运行、直到结束使用的全过程)中,主要横跨以下两个阶段:实现阶段,即对每个模块编写出以后所作的必要测试;综合测试阶段,即在完成单元测试后进行的测试,如系统测试、验收测试。

6.2　软件测试的目的和原则

测试的目的是通过设计测试用例，以最小的代价、在最短时间内系统地发现软件产品中各种不同类型的错误。这就要求测试人员设计的测试用例要合理，在选取测试数据的时候要考虑易于发现程序错误的数据。Grenford J. Myers 指出软件测试的目的是：

(1)测试是程序的执行过程，目的在于发现错误；

(2)一个好的测试用例在于发现至今未发现的错误；

(3)一个成功的测试是发现了至今未发现的错误的测试。

要达到上述的目的，就要采用合理的、科学的方法，经过实践的不断总结，人们发现在软件测试过程中一般遵循如下原则：

(1)所有的软件测试都应该追溯到用户需求。这是因为软件开发的目的是使用户完成预定的任务，并满足用户要求，如果软件中存在的缺陷和错误使软件不能达到用户的要求，只有尽可能地修正软件中的缺陷。

(2)应当把"尽早地和不断地进行软件测试"作为软件测试者的座右铭。由于软件的复杂性和抽象性，在软件的生命周期各个阶段都可能产生错误，所以不应该把软件测试仅仅看做是软件开发这一独立阶段的工作，而应当把它贯穿到软件开发的各个阶段中。在软件开发的需求分析和设计阶段就应该开始测试工作，编写相应的测试文档，同时，坚持在软件开发的各个阶段进行技术评审与验证，这样才能在开发过程中尽早发现和预防错误，杜绝某些缺陷和隐患，提高软件质量。只要测试在生命周期中进行得足够早，就能够提高被测试软件的质量，这就是预防性测试基本原则。

(3)在有限的时间和资源下进行完全测试并找出软件所有的错误和缺陷是不可能的，软件测试不能无限进行下去，应适时终止。因为输入量太大，输出结果太多，路径组合太多，对每一种可能的路径都执行一次的穷举测试是不可能的。测试也是有成本的，越到测试后期付出的代价越大，所以软件测试要在符合软件质量标准的情况下停止。

(4)测试无法显示软件潜在的缺陷。软件测试只能发现软件中的缺陷，不能证明软件中的缺陷全部找到了。在后续的使用过程中，可能还会发现一些错误。

(5)充分注意测试中的群集现象。经验表明，测试后程序中残存的错误数目与该程序中发现的错误数目或检错率成正比，所以应当对错误群集的程序段进行重点测试，以提高测试投资的效益。在所测试的程序段中，若发现错误数目多，则残存错误数目也比较多。这种错误群集现象在很多实际项目中被证实。

(6)程序员应该避免检查自己的程序。基于心理因素，人们认为揭露自己程序中的问题总是一件不愉快的事，不愿否认自己的工作；由于思维定势，人们难于发现自己的错误。因此，为达到测试目的，应有客观、公正、严格的独立测试部门或者独立的第三方测试机构进行测试。

(7)尽量避免测试的随意性。软件测试应该是有组织、有计划、有步骤的,应严格地按照计划,形成标准的测试文档,这样既便于今后测试工作的经验积累,也便于系统的维护。

(8)80/20 原则。80/20 原则是指 80% 的软件缺陷存在于软件 20% 的空间里,软件缺陷具有空间聚集性。这个原则告诉我们,如果想使软件测试更有效,记住常常关注其高危多发"地段",在那里发现软件缺陷的可能性会大得多。该条原则是 Pareto 原理在软件测试中的应用。

以上是软件测试时必须遵守的几条基本原则,除了这些基本原则之外还有一些前人总结出的测试准则,如应该在真正的测试工作开始之前很长时间内,就根据软件的需求和设计来制订测试计划,在测试工作开始后,要严格执行,排除随意性;测试要兼顾合理输入与不合理输入数据,要预先确定被测试软件的测试结果;应该从"小规模"单个程序模块测试开始,并逐步进行"大规模"集成模块和整个系统测试;长期保留测试数据,将它留作测试报告以备以后的反复测试用,重新验证纠错的程序是否有错等。

6.3　软件测试与软件开发各阶段的关系

软件测试并不只是在编码结束时才开始的过程,它在开发的各个阶段都产生一定的作用(如图 6-1 所示)。

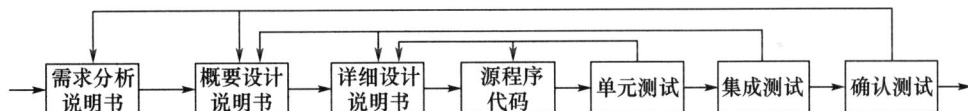

图 6-1　软件测试与软件开发各阶段的关系图

(1)项目规划阶段:负责从单元测试到系统测试的整个测试阶段的监控。

(2)需求分析阶段:确保测试需求分析、系统测试计划的制订,并经评审后成为配置管理项。测试需求分析对产品生命周期中测试所需要的资源、配置、每阶段评判通过标识进行规约;系统测试计划是依据软件的需求规格说明书制订测试计划和设计相应的测试用例。

(3)概要设计和详细设计阶段:确保集成测试计划和单元测试计划完成。

(4)编码阶段:开发人员在编写代码的同时,必须编写自己负责部分的测试代码,如果项目比较大,必须由专人写测试代码。

(5)测试阶段(单元测试、集成测试、系统测试):测试人员依据测试代码进行测试,测试负责人提交相应的测试状态报告和测试结束报告。

软件开发过程中的 V 字模型很好地表述了测试在软件开发各阶段所产生的影响,如图 6-2 所示。

另外,软件测试的对象不只是程序,还包括各阶段的文档,因此软件测试阶段的输入

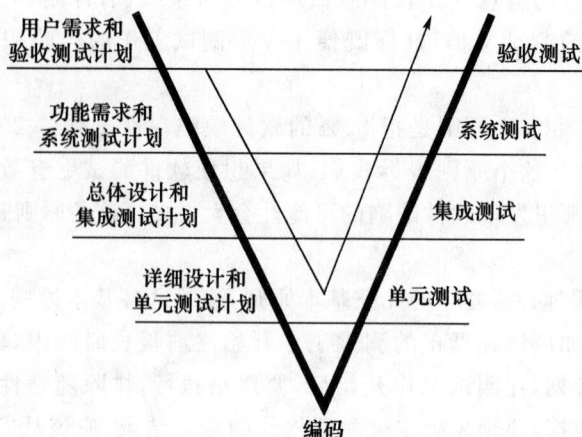

图 6-2　V字模型

信息包括两类：

(1)软件配置：指测试对象。通常包括需求说明书、设计说明书和被测试的源程序等。

(2)测试配置：通常是包括测试计划、测试步骤、测试用例以及具体实施测试的测试程序、测试工具等。

对测试结果与预期的结果进行比较后，即可判断是否存在错误，以决定是否进入排错阶段或者进行调试任务。对修改以后的测试对象进行重新测试，因为修改可能会带来新的问题。

6.4　软件测试的过程

软件测试过程按测试的先后次序可分为单元测试、集成测试、确认(有效性)测试、系统测试和验收(用户)测试等 5 个步骤，如图 6-3 所示。

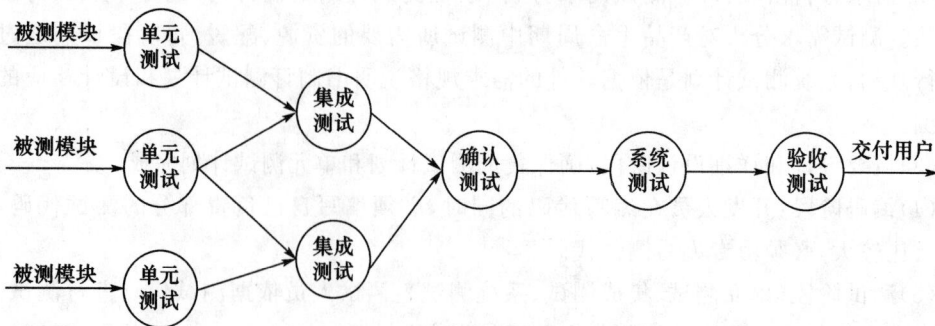

图 6-3　软件测试的步骤

(1)单元测试：针对每个单元的测试，以确保每个模块能正常工作为目标。单元测试大量采用白盒测试法，以发现程序内部的错误。

　　(2)集成测试:对已测试过的模块组装后进行集成测试。这项测试的目的在于检验与软件设计相关的程序结构问题。集成测试较多采用黑盒测试法来设计测试用例。

　　(3)确认测试:在完成集成测试后,开始对开发工作初期制定的确认准则进行检验。确认测试是检验所开发的软件能否满足所有功能和性能需求的最后手段,通常采用黑盒测试法。

　　(4)系统测试:在完成确认测试后,应属于合格软件产品,但为了检验它能否与系统的其他部分(如硬件、数据库和操作人员)协调工作,还需要进行系统测试。

　　(5)验收测试:检验软件产品质量的最后一道工序是验收测试。验收测试主要突出用户的作用,同时软件开发人员也应有一定程度的参与。

6.4.1　单元测试

　　软件单元测试是检验程序的最小单位,即检查模块有无错误,它是编码完成后必须进行的测试工作。单元测试一般由程序开发者自行完成,因而单元测试大多是从程序内部结构出发设计测试用例,即采用白盒测试方法,当有多个程序模块时,可并行独立开展测试工作。

　　单元测试的主要任务是针对每个程序的模块,重点测试 5 个方面的问题:模块接口、局部数据结构、独立路径、边界条件和错误处理。

1. 模块接口

　　模块接口的测试主要检查进出程序单元的数据流是否正确。对模块接口数据流的测试必须在任何其他测试之前进行,因为如果不能确保数据正确地输入输出的话,所有的测试都是没有意义的。

2. 局部数据结构

　　在模块工作过程中,必须测试其内部的数据能否保持完整性,包括内部数据的内容、形式及相互关系不发生错误。应该说,模块的局部数据结构是经常发生错误的错误源。对于局部数据结构,应该在单元测试中注意发现以下几类错误:

　　(1)不正确的或不一致的类型说明。

　　(2)错误的初始化或默认值。

　　(3)错误的变量名,如拼音错误或缩写错误。

　　(4)下溢、上溢或者地址错误。

　　除局部数据结构外,在单元测试中还应弄清全程数据对模块的影响。

3. 路径测试

　　在单元测试中,最主要的测试是针对路径的测试。测试用例必须能够发现由于计算错误、不正确的判定或不正常的控制流而产生的错误。常见的错误有:

　　(1)误解的或不正确的算术优先级。

　　(2)混合模式的运算。

　　(3)错误的初始化。

　　(4)精确度不够精确。

(5)表达式的不正确符号表示。

针对判定和条件覆盖,测试用例还需要能够发现如下错误:

(1)不同数据类型的比较。

(2)不正确的逻辑操作或优先级。

(3)应当相等的地方由于精确度的错误而不能相等。

(4)不正确的判定或不正确的变量。

(5)不正确的或不存在的循环终止。

(6)当遇到分支循环时不能退出。

(7)不适当的修改循环变量。

4. 边界条件

经验表明,软件常在边界处发生问题。例如,处理数组的第 n 个元素时容易出错,循环执行到最后一次循环执行体时也可能出错。边界测试是单元测试的最后一步,十分重要,必须采用边界值分析法来设计测试用例,认真仔细地测试为限制数据处理而设置的边界处,看模块是否能够正常工作。

5. 出错处理

出错处理测试的重点是模块在工作中发生了错误,验证其中的出错处理设施是否有效。

程序运行中出现异常现象并不奇怪,良好的设计应该预先估计到投入运行后可能发生的错误,并给出相应的处理措施,使得用户不至于束手无策。检验程序中的出错处理可能面对的情况有:

(1)对运行发生的错误描述得难以理解。

(2)所报告的错误与实际遇到的错误不一致。

(3)出错后,在错误处理之前就引起系统的干预。

(4)例外条件的处理不正确。

(5)提供的错误信息不足,以至于无法找到出错原因。

在通常情况下,单元测试常常是和代码编写工作同时进行的,在完成了程序编写、复查和语法正确性的验证后,就应该进行单元测试用例设计。

在对每个模块进行单元测试时,不能完全忽视他们与周围模块的相互关系。为模拟这一联系,在进行单元测试时,需要设置一些辅助测试模块。辅助测试模块有两种。一种是驱动模块,用来模拟被测试模块的上一级模块。驱动模块在单元测试中接收数据,并将相关的数据传递给被测试的模块,启动被测试模块,打印相应的结果。另一种是桩模块,用来模拟被测试模块工作过程中所调用的模块。桩模块被测试模块调用,它们一般只进行很少的数据处理,如打印入口和返回,以便检验被测模块与其下级模块的接口。

驱动模块和桩模块是额外开销,虽然在单元测试时必须编写,但并不需要作为最终产品交给用户。

6.4.2　集成测试

集成测试阶段是指每个模块完成单元测试后,需要按照设计时确定的结构图,将它们组装起来进行集成测试,集成测试也称为综合测试。实践表明,即使软件系统的一些模块能够单独地工作,也不能保证连接之后也肯定能正常工作。程序在某些局部反映不出的问题,在全局上有可能暴露出来,影响软件功能的实现。

集成测试包括两种不同的方法:非增量式测试和增量式测试。

非增量式测试方法采用一步到位的方法来构造测试:对所有模块进行个别的单元测试后,按照程序结构图将各模块连接起来,将连接后的程序当做一个整体进行测试。

增量式测试方法的集成是逐步实现的,按照不同的次序实施有两种不同的方法:自顶向下结合和自底向上结合。

(1)自顶向下增量式测试。自顶向下增量式测试表示逐步集成和逐步测试是按照结构图自上而下进行的,即模块继承的顺序是首先集成主控模块(主程序),然后按照控制层次结构向下进行集成,从属于主控模块的按深度优先或者广度优先集成到结构中去。集成的过程中需要设计桩模块,然后再将桩模块用真正的模块(已经执行过单元测试的模块)取代。

(2)自底向上增量式测试。自底向上增量式测试表示逐步集成和逐步测试工作是按照结构图自下而上进行的,由于是从最底层开始集成,所以也就不再需要使用桩模块进行辅助测试。由于是自底向上集成所以需要设计驱动模块辅助测试。

通过对以上介绍的几种集成测试的介绍,可以得出以下结论:

(1)非增量式测试的方法是先分散测试,然后再集中起来一次完成集成测试。假如在模块的接口处存在错误,只会在最后的集成测试时一下子暴露出来。与此相反,增量式测试的逐步集成和逐步测试的方法是将可能出现的差错分散暴露出来,便于找出问题和修改,而且一些模块在逐步集成的测试中,得到了较多次的考验,因此,可能会取得较好的测试效果。总之,增量式测试要比非增量式测具有一定的优越性。

(2)自顶向下测试的主要优点在于它可以自然做到逐步求精,一开始就能让测试者看到系统的框架。它的主要缺点是需要提供桩模块,并且输入/输出模块接入系统以前,在桩模块中表示测试数据有一定困难。因为桩模块不能模拟数据,如果模块间的数据流不能构成有相的非环状形式,一些模块的测试数据便难以生成,同时,观察和解释测试的输出常常也比较困难。

(3)自底向上的优点在于由于驱动模块模拟了所有调用参数,即使数据流并未构成有相的非环状图,生成测试数据也无困难。如果关键的模块是在结构图的底部,那么自底向上测试具有优越性。它的主要缺点在于,直到最后一个模块被加进去之后才能看到整个程序的框架。

在进行集成测试时,回归测试是很必要的。每当一个新的模块被当做集成测试的一部分加进来的时候,软件就发生了改变,因为这时新的数据流路径建立起来,新的 I/O 操作可能出现,还有可能激活了新的控制逻辑,这些改变可能会使原本工作的很正常的功能产生错误。在集成测试策略环境中,回归测试是对某些已经进行过测试的某些子集再重新测试一遍,以保证上述改变不会传播无法预料的副作用或引发新的问题。

在更广的环境里,任何种类的成功测试结果都是发现错误,而错误需要被修改。每当软件被修改的时候,软件配置的某些方面(如程序、文档或者数据)也被修改了。回归测试就是用来保证(由于测试或者其他原因的)改动不会带来不可预料的行为或者新的错误。

回归测试可以通过重新执行所有的测试用例的一个子集人工地进行,也可以使用自动化的捕获回放工具来进行。捕获回放工具使得测试人员能够捕获到测试用例,然后可以进行回放和比较。

在集成测试进行过程中,回归测试可能会变得非常庞大。因此,回归测试应设计为只对出现错误的模块的主要功能进行测试。每进行一个修改时就对所有程序功能都重新执行所有的测试是不实际的,而且效率很低。

6.4.3　确认测试

在集成测试完成之后,分散开发的各个模块将连接起来,从而构成完整的程序。此时各模块之间接口存在的各种错误都已消除,可以进行系统工作的最后部分,即确认测试。确认测试是检验所开发的软件是否能够按用户提出的要求运行,若能够达到这一要求,则认为开发的软件是合格的。确认测试也称为合格性测试。

1. 确认测试的准则

软件确认要通过一系列的证明软件功能和要求一致的黑盒测试来完成。在需求规格说明书中可能作了原则性的规定,但在测试阶段需要更详细、更具体的测试规格说明书作进一步的说明,列出要进行的测试种类,应该对开发的软件给出结论性的评价:

(1)经过检验的软件功能、性能及其他要求已满足需求规格说明书的规定,因而可被认为是合格的软件。

(2)经过检验发现与需求说明是有相当的偏离,得到一个各项缺陷清单。对于这种情况,往往很难在交付期之前将发现的问题校正过来,这就需要开发部门与用户进行协商,找出解决的办法。

2. 配置审查的内容

确认测试过程的重要环节就是配置审查工作,其目的在于确保已开发软件的所有文件资料均已编写齐全,并得到分类编目,足以支持运行以后的软件维护工作。这些文件资料包括用户所需的以下资料:

(1)用户手册;

(2)操作手册;

(3)设计资料,如设计说明书、源程序以及测试资料(测试说明书、测试报告)等。

6.4.4　系统测试

软件在计算机系统当中是重要的组成部分,因此在软件开发完成以后,最终还要和系统中的其他部分,比如硬件系统、数据信息集成起来,在投入运行以前完成系统测试,以保证各组成部分不仅能单独地得到检验,而且在系统各部分协调工作的环境下能正常工作。尽管每一个检验都有特定的目标,然而,所有的检测工作都要验证系统中每个部分均已得到正确的集成,并完成制定的功能。

6.4.5　验收测试

验收测试是以用户为主的测试,软件开发人员和 QA(质量保证)人员也应参加。由用户参加设计测试用例,由用户界面输入测试数据,并分析测试输出结果,一般使用生产中的实际数据进行测试。

6.5　软件测试的方法

软件测试方法就是设计测试用例的方法。测试用例的设计方法随着测试策略的不同而不同。软件测试方法通常按照软件被测试时运行与否,分为静态测试方法和动态测试方法。

1. 静态测试方法

不实际运行软件,主要是对软件的编程格式、结构等方面进行评估。静态测试包括代码检查、静态结构分析、代码质量度量等。静态测试可以由人工进行,充分发挥人的逻辑思维优势,也可以借助软件工具自动进行。

(1)代码检查:主要检查代码和设计的一致性,代码对标准的遵循、可读性,代码的逻辑表达的正确性,代码结构的合理性等,通过此项检查可以发现违背程序编写标准的问题,程序中不安全、不明确和模糊的部分,找出程序中不可移植的部分、违背程序编程风格的问题等。

(2)静态结构分析:主要是以图形的方式表示程序的内部结构,来检验程序的内部逻辑结构的合理性。主要用到下述形式:

①函数关系调用图,以直观的图形方式描述了一个应用程序中各个函数的调用和被调用关系,通过它可以看出函数之间的调用关系的复杂性,以及是否存在递归关系。

②文件调用关系图,体现文件之间的依赖性,通过依赖性来体现系统结构的复杂程度。

③模块控制流图,衡量函数的复杂程度。

2. 动态测试方法

主要特征是计算机必须真正运行被测试的程序,通过输入测试用例,对其运行情况及输入与输出的对应关系进行分析,以达到检测的目的。按照测试的不同出发点,软件测试方法可以分为黑盒测试和白盒测试,后续小节将着重详细讲解。

6.6　白盒测试

白盒测试的目的是证明各种内部操作和过程是否符合设计规格和要求。白盒测试也称为结构测试、逻辑驱动测试或基于程序的测试。它允许测试人员依据软件设计说明书利用被测程序内部的逻辑结构和有关信息设计或选择测试用例,对程序内部的细节严密检验,针对特定条件设计测试用例,对程序所有逻辑路径进行测试。

白盒测试主要针对程序模块进行以下检查:

- 对程序模块的所有独立的执行路径至少测试一次;
- 对所有的逻辑判定,取 TRUE 与取 FALSE 的两种情况都能至少测试一次;
- 在循环的便捷和运行界限内执行循环体;
- 测试内部数据结构的有效性等。

白盒测试主要是以开发人员为主。通过检查软件内部的逻辑结构,对软件中的逻辑路径进行覆盖测试;在程序不同的地方设立检查点,检查程序的状态,以确定实际运行状态与预期状态是否一致。

白盒测试主要介绍两种方法:逻辑覆盖和基本路径覆盖。

6.6.1 逻辑覆盖

逻辑覆盖是一系列设计白盒测试用例的方法,包括:语句覆盖,判定覆盖,条件覆盖,判定-条件覆盖,条件组合覆盖。

1. 语句覆盖

为了暴露程序中的错误,程序中的每条语句至少应该执行一次。语句覆盖的含义是选择足够多的测试数据,使被测程序中每条语句至少执行一次。以图 6-4 中的一段程序为例,要满足语句覆盖,也就是要求程序按照 a—c—d—e 的路径执行,这样的执行路径就满足语句覆盖,所以就要设计能够使程序按照这样的路径执行的的测试用例。如,A=2,B=0,X=4。这样一组数据

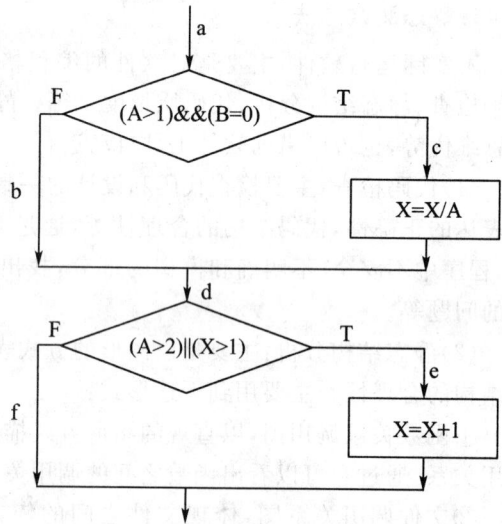

图 6-4 被测程序流程图

能够使第一个判断取"TRUE",第二个判断取"TRUE",这样就保证了这段程序中每一条语句都被执行到。

2. 判定覆盖

比语句覆盖强的覆盖标准,判定覆盖的定义,设计足够的测试用例,使得程序中的每个判定至少都获得一次"TRUE"和"FALSE",或者说是使得程序中的每个取"TRUE"和"FALSE"分支至少执行一次,因此判定覆盖也称为分支覆盖。

要满足判定覆盖一组测试数据是不可能满足要求的,所以至少要两组测试数据,才能够使程序在两个判定结点处分别取"TRUE"和"FALSE"。

如：A＝2，B＝0，X＝4；

A＝1，B＝0，X＝0。

这两组数据，能够使得程序分别按照：a－c－d－e，a－b－d－f 两条路径执行（参考表 6-1）。第一组数据使得判定结点 1 取"TRUE"，判定结点 2 取"TRUE"；第二组数据使得判定结点 1 取"FALSE"，判定结点 2 取"FALSE"。

表 6-1　　　　　　　　　　　符合判定覆盖的测试用例

测试用例			判定条件取值				判定结点取值		程序执行路径
A	B	X	A＞1	B＝0	A＞2	X＞1	(A＞1)&&(B＝0)	(A＞2)‖(X＞1)	
2	0	4	T	T	F	T	T	T	a－c－d－e
1	0	0	F	T	F	F	F	F	a－b－d－f

3. 条件覆盖

条件测试就是设计若干个测试用例，运行所测试程序，使得程序中每个判断的每个条件的可能取值"TRUE"和"FALSE"各至少执行一次。

如上例中两个判定结点，每个判定结点由两个条件经过逻辑运算得到，如（A＞1）&&（B＝0）是由条件：A＞1 和 B＝0 经过"与"运算得到，要满足条件覆盖，这两个条件中的每一个取"TRUE"和"FALSE"都要执行到，另一个判定结点同理。

如：A＝3，B＝1，X＝0；

A＝1，B＝0，X＝2。

其中第一组测试数据能够使得程序分别测试到：A＞1 取"TRUE"和 B＝0 取"FALSE"；A＞2 取"TRUE"和 X＞1 取"FALSE"；另外一组测试数据能够使得程序分别测试到：A＞1 取"FALSE"和 B＝0 取"TRUE"；A＞2 取"FALSE"和 X＞1 取"TRUE"。

注意：这两组测试用例符合条件覆盖，但是不符合判定覆盖。

表 6-2 是符合条件覆盖的测试用例。

表 6-2　　　　　　　　　　　符合条件覆盖的测试用例

测试用例			判定条件取值				判定结点取值		程序执行路径
A	B	X	A＞1	B＝0	A＞2	X＞1	(A＞1)&&(B＝0)	(A＞2)‖(X＞1)	
3	1	0	T	F	T	F	F	T	a－b－d－e
1	0	2	F	T	F	T	F	T	a－b－d－e

4. 判定-条件覆盖

由于判定覆盖和条件覆盖所覆盖的强度不是递增的，不能互相替代，所以就有了判定-条件覆盖，它要求测试用例既满足判定覆盖又满足条件覆盖。

上例中两个判定结点（A＞1）&&（B＝0），（A＞2）‖（X＞1）分别取"TRUE"和"FALSE"，同时又能够使四个判定条件分别取"TRUE"和"FALSE"，下面两组测试数据满足判定条件覆盖。

如：A＝3，B＝0，X＝4；

A＝1，B＝1，X＝1。

表 6-3 是符合判定-条件覆盖的测试用例。

表 6-3　　　　　　　　　　符合判定-条件覆盖的测试用例

测试用例			判定条件取值				判定结点取值		程序执行路径
A	B	X	A>1	B=0	A>2	X>1	(A>1)&&(B=0)	(A>2)||(X>1)	
3	0	4	T	T	T	T	T	T	a—c—d—e
1	1	1	F	F	F	F	F	F	a—b—d—f

5. 条件组合覆盖

条件组合覆盖测试是设计足够的测试用例,运行所测试的程序,使得每个判断的所有可能的条件取值组合至少执行一次。

图 6-4 所示例子中共有 8 种可能的条件组合:

A>1,B=0

A>1,B≠0

A≤1,B=0

A≤1,B≠0

A>2,X>1

A>2,X≤1

A≤2,X>1

A≤2,X≤1

下面的四组数据可以使上面列出来的 8 种条件组合每种至少出现一次。

A=3,B=0,X=4(针对 1,5 两种组合,覆盖路径 ce);

A=3,B=1,X=1(针对 2,6 两种组合,覆盖路径 be);

A=1,B=0,X=2(针对 3,7 两种组合,覆盖路径 be);

A=1,B=1,X=1(针对 4,8 两种组合,覆盖路径 bd)。

6.6.2　基本路径覆盖

上面的例子是比较简单的程序段,只有 4 条执行路径,但实际问题中,即便一个不太复杂的程序,其路径的组合都是一个庞大的数字,所以要穷举程序的所有路径是不现实的。为解决这一难题,需要把覆盖的路径数压缩在一定限度内,例如,程序中的循环体只执行一次。这里介绍的基本路径测试是这样一种测试方法:它在程序控制流图的基础上,通过分析控制流的环形复杂度,导出基本可执行路径的集合,然后据此设计测试用例。设计出的测试用例是保证在测试中程序的每一条可执行语句至少执行一次。

1. 程序控制流图

控制流图是描述程序控制流的一种图示方式。基本的控制结构对应的图形符号如图 6-5 所示,其中圆圈称为控制流图的结点,表示一个或多个无分支的语句或源程序语句。

图 6-6(a)是一个程序流程图,可以映射成如图 6-6(b)所示的控制流程图。

这里我们假定在流程图中用菱形表示的判定条件内没有符合条件,而一组顺序处理框可以映射为一个单一的结点。控制流程图中的箭头表示了控制流的方向,类似于流程图中的流线,一条边必须终止于一个结点,但在选择或者是多分支结构中分支的汇聚处,

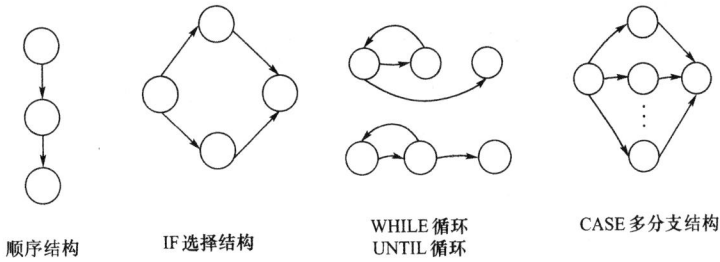

顺序结构　　　　IF 选择结构　　　　WHILE 循环　　　　CASE 多分支结构
　　　　　　　　　　　　　　　　　　UNTIL 循环

图 6-5　控制流图的表示符号

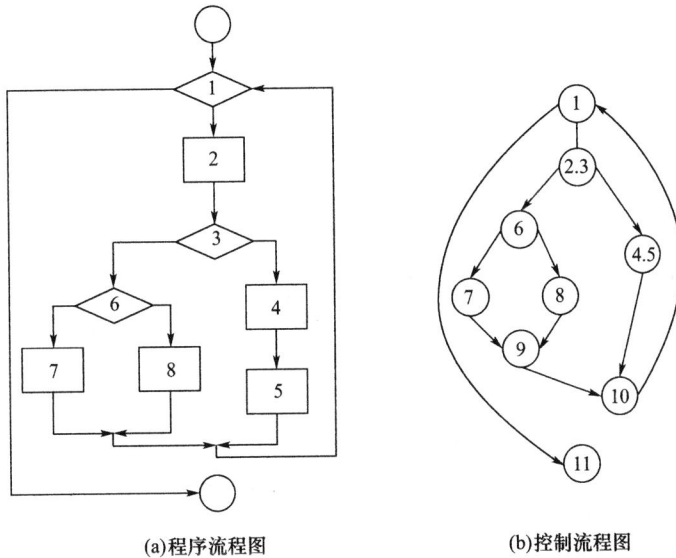

(a)程序流程图　　　　　　　　(b)控制流程图

图 6-6　程序流程图和对应的控制流程图

即使汇聚处没有执行语句也应该添加一个汇聚结点。边和结点圈定的部分叫做区域,当对区域计数时图形外的部分也应记为一个区域。

如果判断中的条件表达式是复合条件,即条件表达式是由一个或多个逻辑运算符连接的逻辑表达式,则需要改变符合条件的判断为一系列只有单个条件的嵌套的判断。例如,对应如图 6-7(a)所示的复合逻辑下的程序流程图的控制流图如图 6-7(b)所示。

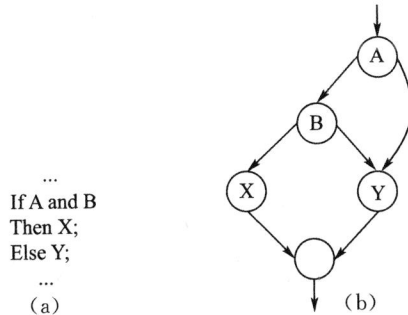

```
    ...
If A and B
Then X;
Else Y;
    ...
```
（a）　　　　　　　　（b）

图 6-7　复合逻辑下的控制流程图

2. 程序的环形复杂度

程序的环形复杂度即 McCade 复杂性度量,在进行程序的基本路径测试时,从程序的环形复杂性可导出程序基本路径集合中的独立路径条数,这是确保程序中每个可执行语句至少执行一次所必需的测试用例数目的上界。可以用下述三种方法之一来计算环形复杂度。

(1)流图中的区域数等于环形复杂度。

(2)流图 G 的环形复杂度 V(G)=E−N+2,其中 E 是流图中边的条数,N 是流图中结点数。

(3)流图 G 的环形复杂度 V(G)=P+1,其中 P 是流图中判定结点的数目。

例如图 6-6 所示的控制流图,其环形复杂度应该是 4。

独立路径是指包括一组以前没有处理的语句或条件的一条路径。从控制流图来看,一条独立路径是至少包含有一条在其他独立路径中从未有过的边的路径。例如,图 6-6 所示的控制流图中,一组独立路径如下:

Path1:1−11;

Path2:1−2−3−4−5−10−1−11;

Path3:1−2−3−6−8−9−10−1−11;

Path4:1−2−3−6−7−9−10−1−11。

从此例中可知,一条新的路径必须含有一条新边。路径 1−2−3−4−5−10−1−2−3−6−8−9−10−1−11 不能作为一条独立路径,因为它只是前面已经说明了的路径的组合,没有通过新的边。

路径 Path1、Path2、Path3 和 Path4 组成了如图 6-6 所示的控制流图的一个基本路径集。只要设计出的测试用例能够确保这些基本路径的执行,就可以使得程序中的每个可执行语句至少执行一次,每个条件的取真和取假分支也能得到测试。基本路径集不是唯一的,对于给定的控制流图,可以得到不同基本路径集。

3. 基本路径测试法步骤

基本路径测试法适用于模块的详细设计及源程序,其主要步骤如下:

(1)以详细设计或源代码作为基础,导出程序的控制流图;

(2)计算得到的控制流图 G 的环形复杂度 V(G);

(3)确定线性无关的路径的基本集;

(4)生成测试用例,确保基本路径集中每条路径的执行。

下面以一个求平均值的过程 average 为例,说明测试用例的设计过程。

例题:根据 PDL 语言描述的 average 过程,采用基本路径测试法设计测试用例。

```
PROCEDURE average;
/*这个过程计算不超过 100 个在规定值域内的有效数字的平均值;同时计算有效数字的总和
及个数。*/
    INTERFACE RETURNS average, total_input, total_valid;
    INTERFACE ACCEPTS value, minimum, maximum;
    TYPE value[1...100] IS SCALAR ARRAY;
    TYPE average, total_input, total_valid, minimum, maximum, sum IS SCALAR;
    TYPE i IS INTEGER;
    i = 1;
    total_input = total_valid = 0;
```

```
sum = 0；
DO WHILE value[i]<> - 999 AND total_input<100
    increment total_input by 1；
    IF value[i]> = minimum  AND value[i]< = maximum
    THEN increment total_valid by 1；
        sum = sum + value[i]；
    ELSE skip；
    ENDIF
    increment i by 1；
ENDDO
IF total_valid>0
THEN average = sum/total_valid；
ELSE average = - 999；
ENDIF
END average
```

（1）首先以源代码作为基础，对 average 过程定义结点，如图 6-8 所示；然后，导出程序的控制流图，如图 6-9 所示。

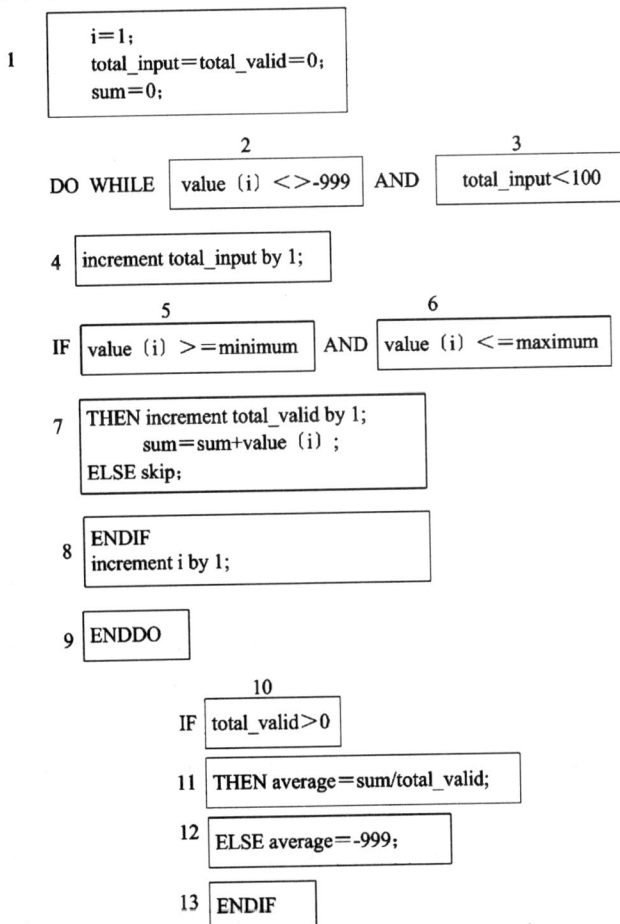

图 6-8　对 average 过程定义结点

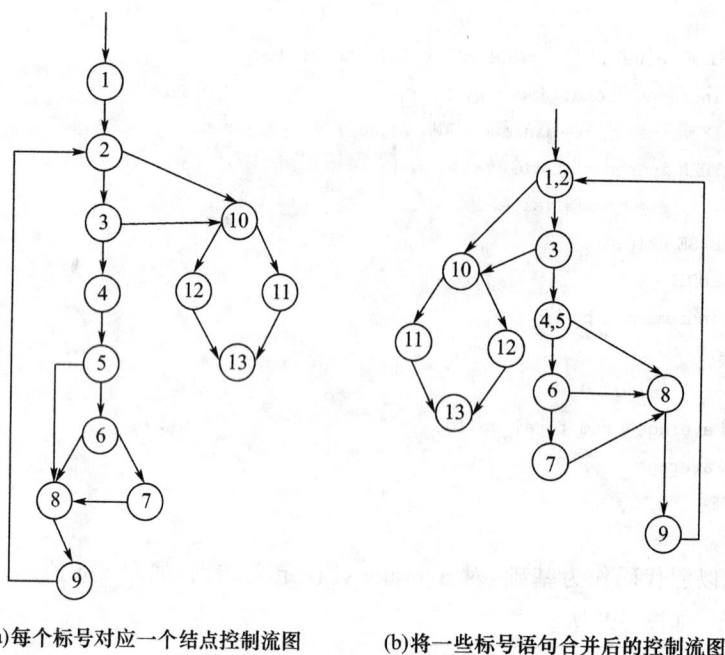

(a)每个标号对应一个结点控制流图　　　(b)将一些标号语句合并后的控制流图

图 6-9　实例的控制流图

（2）其次，计算得到的控制流图 G 的环形复杂度 V(G)。

利用前面给出的计算控制流图环形复杂度的方法，算出控制流图的环形复杂度。如果一开始就知道判断结点的个数，甚至不必画出整个控制流图就可以计算出该图的环形复杂度的值（V(G)＝6）。

（3）再次，确定线性无关的路径的基本集。

针对图 6-9 所示的控制流图计算出的环形复杂度的值，就是该图已有的线性无关基本路径集中路径数目。该图所有的 6 条路径如下所示：

Path1：1－2－10－11－13

Path2：1－2－10－12－13

Path3：1－2－3－10－11－13

Path4：1－2－3－4－5－8－9－2…

Path5：1－2－3－4－5－6－8－9－2…

Path6：1－2－3－4－5－6－7－8－9－2…

路径 Path4、Path5 和 Path6 后面省略号表示控制结构中以后剩下的路径是可选择的。在很多情况下，标识判断结点常常能够有效地帮助导出测试用例。生成的测试用例要确保基本路径集中每条路径的执行。

（4）最后，根据判断结点给出的条件，选择适当的数据以保证某一条路径可以被测试到。满足上述基本路径集的测试用例如下所示。

Path1　输入数据：value[k]＝有效输入，限于 k<i，i 定义如下：

value[i]＝－999，当 2<=i<=100

预期结果：n 个值的正确的平均值、正确的总计数注意:不能孤立地进行测试,应当作为路径 Path4、Path5 和 Path6 测试的一部分来测试。

Path2　输入数据:value[1]＝－999

期望结果:平均值＝－999,总计数取初始值

Path3　输入数据:试图处理 101 个或更多的值,而前 100 个应当是有效的值

期望结果:与测试用例 1 相同

Path4　输入数据:value[i]＝有效输入,且 i＜100

value[k]＜最小值,当 k＜i 时

预期结果:n 个值的正确的平均值、正确的总计数

Path5　输入数据:value[i]＝有效输入,且 i＜100

value[k]＞最大值,当 k＜i 时

预期结果:n 个值的正确的平均值、正确的总计数

Path6　输入数据:value[i]＝有效输入,且 i＜100

预期结果:n 个值的正确的平均值、正确的总计数

每个测试用例执行之后,与预期的结果进行比较。如果所有测试用例都执行完毕,则可以确信程序中所有的可执行语句至少被执行了一次。但是必须注意的是,一些独立的路径(如此例中的 Path1),往往不是完全独立的,有时它是程序正常的控制流的一部分,这时,这些路径的测试可以是另一条路径测试的一部分。

6.7　黑盒测试

黑盒测试也称为功能测试,它通过测试来检验每个功能是否都能正常使用。在测试时,把程序看作一个不能打开的黑盒子,在完全不考虑程序内部结构和内部特性的情况下,在程序接口进行测试,它只检查程序功能是否按照需求规格说明书的规定正常使用,程序是否能够适当地接收输入数据并产生正确的输出信息。黑盒测试着眼于程序外部结构,不考虑内部逻辑结构,主要针对软件界面和软件功能进行测试。

黑盒测试是以用户的角度,从输入数据与输出数据的对应关系出发进行测试的。很明显,如果外部特性本身有问题或规格说明的规定有误,用黑盒测试方法是发现不了的。

黑盒测试法注重测试软件的功能需求,主要试图发现以下几类错误:

(1)功能不正确或遗漏;

(2)界面错误;

(3)数据库访问错误;

(4)性能错误;

(5)初始化和终止错误等。

具体的黑盒测试用例设计方法包括等价类划分、边界值分析法、错误推测法、因果图法、判定表驱动法等。

6.7.1 等价类划分

等价类划分的方法是把程序的输入域划分成若干部分，然后从每个部分中选取少数代表性数据作为测试用例。每一类的代表性数据在测试中的作用等价于这一类中的其他值，也就是说，如果某一类中的一个例子发现了错误，这一等价类中的其他例子也能发现同样的错误；反之，如果某一类中的一个例子没有发现错误，则这一类中的其他例子也不会查出错误。使用这一方法设计测试用例，首先必须在分析需求规格说明的基础上划分等价类，列出等价类表。

1. 划分等价类和列出等价类表

等价类是指某个输入域的子集合。在该子集合中，各个输入数据对于揭露程序中的错误都是等价的，并合理地假定：测试某等价类的代表值就等于对这一类其他值的测试。

因此，可以把全部输入数据合理地划分为若干等价类，在每一个等价类中取一个数据作为测试的输入条件，就可以用少量代表性的测试数据取得较好的测试结果。等价类划分有两种不同的情况：有效等价类和无效等价类。

有效等价类是指对软件规格说明来说是有意义的、合理的输入数据所组成的集合。利用有效等价类，能够检验程序是否实现了规格说明预先规定的功能和性能。根据具体问题有效等价类可以是一个或多个。

无效等价类是指对软件规格说明而言是无意义的、不合理的输入数据所构成的集合。利用无效等价类可以检查被测对象的功能和性能的实现是否有不符合规格说明要求的地方。根据具体问题，无效等价类可以是一个或多个。

设计测试用例时，要同时考虑这两种等价类，因为软件不仅要能接受合理的数据，也要能经受不合理数据的考验。下面给出 6 条确定等价类的原则：

(1)在输入条件规定了取值范围或值的个数的情况下，可以确立一个有效类和两个无效等价类。例如，要求输入为 1～12 月份中的一个月，则 1～12 定义了一个有效等价类和两个无效等价类，月份小于 1 和月份大于 12。

(2)在输入条件规定了输入值的集合或者规定了"必须如何"的条件的情况下，可确定一个有效等价类和一个无效等价类。

(3)在输入条件是一个布尔量的情况下，可确定一个有效等价类和一个无效等价类。

(4)在规定了输入数据的一组值(假定 n 个)，并且程序要对每一个输入值分别处理的情况下，可确立 n 个有效等价类和一个无效等价类。

(5)在规定了输入数据必须遵守的规则的情况下，可确立一个有效等价类(符合规则)和若干个无效等价类(从不同角度违反规则)。

(6)在确知已划分的等价类中，各元素在程序处理中的方式不同的情况下，则应再将该等价类进一步地划分为更小的等价类。

在确立了等价类后，建立等价类表，列出所有划分出的等价类如表 6-4 所示。

表 6-4　　　　　　　　等价类表

输入条件	有效等价类	无效等价类
...	...	...

2. 确定测试用例

根据已列出的等价类表,按以下步骤确定测试用例:

(1)为每个等价类规定一个唯一的编号;

(2)设计一个新的测试用例,使其尽可能多地覆盖尚未覆盖的有效等价类。重复这一步,最后使得所有有效等价类均被测试用例所覆盖;

(3)设计一个新的测试用例,使其只覆盖一个无效等价类。重复这一步使所有无效等价类均被覆盖。

实例:根据下面给出的规格说明,利用等价类划分的方法,给出足够的测试用例。

一个程序读入 3 个整数,把这 3 个数值看作一个三角形的 3 条边的长度值。这个程序要打印出信息,说明这个三角形不等边的、等腰的或是等边的。

我们可以设三角形的 3 条边分别为 A、B、C,如果能够构成三角形的 3 条边,必须满足:A>0,B>0,C>0,且 A+B>C,B+C>A,A+C>B。

如果是等腰的,还要判断 A=B,或 B=C,或 A=C。

如果是等边的,则需判断是否 A=B,且 B=C,且 A=C。

列出等价类表,如表 6-5 所示。

表 6-5　　　　　　　　　　　　　　三角形等价类划分表

输入条件	有效等价类		无效等价类	
是否三角形的 3 条边	A>0 B>0 C>0 A+B>C B+C>A A+C>B	(1) (2) (3) (4) (5) (6)	A≤0 B≤0 C≤0 A+B≤C B+C≤A A+C≤B	(7) (8) (9) (10) (11) (12)
是否等腰三角形	A=B B=C C=A	(13) (14) (15)	(A≠B)and(B≠C)and(C≠A) (16)	
是否等边三角形	(A=B)and(B=C)and(C=A) (17)		A≠B B≠C C≠A	(18) (19) (20)

测试用例:输入顺序为 A,B,C,测试用例如表 6-6 所示。

表 6-6　　　　　　　　　　　　　　测试用例表

序　号	A,B,C	覆盖等价类	输　出
1	3,4,5	(1),(2),(3),(4),(5),(6)	一般三角形
2	0,1,2	(7)	不能构成三角形
3	1,0,2	(8)	
4	1,2,0	(9)	
5	1,2,3	(10)	
6	1,3,2	(11)	
7	3,1,2	(12)	

（续表）

序　号	A,B,C	覆盖等价类	输出
8	3,3,4	(1),(2),(3),(4),(5),(6),(13)	等腰三角形
9	3,4,4	(1),(2),(3),(4),(5),(6),(14)	
10	3,4,3	(1),(2),(3),(4),(5),(6),(15)	
11	3,4,5	(1),(2),(3),(4),(5),(6),(16)	非等腰三角形
12	3,3,3	(1),(2),(3),(4),(5),(6),(17)	等边三角形
13	3,4,4	(1),(2),(3),(4),(5),(6),(14),(18)	非等边三角形
14	3,4,3	(1),(2),(3),(4),(5),(6),(15),(19)	
15	3,3,4	(1),(2),(3),(4),(5),(6),(13),(20)	

等价分配的目标是把可能的测试用例组合缩减到仍然足以满足软件测试需求为止。因为,选择了不完全测试,就要冒一定的风险,所以必须仔细选择分类。但是不同的软件测试人员可能会制定出不同的等价区间,只要审查等价区间的人都认为它们足以覆盖测试对象就可以了。

6.7.2　边界值分析法

边界值分析法是一种很实用的黑盒测试用例设计方法,它具有很强的发现程序错误的能力,与前面提到的等价类划分方法不同,它的测试用例来自等价类的边界。无数的测试实践表明,在设计测试用例时,一定要对边界附近的处理十分重视,大量的故障往往发生在输入定义域或输出域的边界上,而不是在其内部。为检查边界附近的处理专门设计测试用例,通常都会取得很好的测试效果。

应用边界值分析法设计测试用例,首先要确定边界情况,输入等价类和输出等价类的边界就是要测试的边界情况。

边界值分析法的基本思想是:利用输入变量的最小值(min)、略大于最小值(min+)、输入值域内的任意值(nom)、略小于最大值(max-)和最大值(max)来设计测试用例。对于一个含有 n 个变量的程序,边界值分析测试程序会产生 4n+1 个测试用例。还是前面三角形的那个例子,如果假设三角形的边的下限和上限分别是 1 和 100。表 6-7 给出边界值分析测试用例。

表 6-7　　　　　　　　　　边界值分析测试用例

测试用例编号	A	B	C	预期输出
1	**1**	60	60	等腰三角形
2	**2**	60	60	等腰三角形
3	**99**	50	50	等腰三角形
4	**100**	50	50	非三角形
5	60	**1**	60	等腰三角形
6	60	**2**	60	等腰三角形

（续表）

测试用例编号	A	B	C	预期输出
7	50	**99**	50	等腰三角形
8	50	**100**	50	非三角形
9	60	60	**1**	等腰三角形
10	60	60	**2**	等腰三角形
11	50	50	**99**	等腰三角形
12	50	50	**100**	非三角形
13	60	60	60	等边三角形

健壮性测试是边界值分析测试的一种扩展，除了取 5 个边界值外，还需要考虑采用一个略超过最大值以及略小于最小值的取值，检查超过极限值时系统的情况。健壮性测试最有意义的部分不是输入，而是预期的输出。

边界值分析是一种补充等价类划分的测试用例设计技术，它不是选择等价类的任意元素，而是选择等价类边界的测试用例。边界值分析法不仅重视输入条件边界，而且也适用于输出域测试用例。

对边界值设计测试用例应遵循以下几条原则：

（1）如果输入条件规定了值的范围，则应取刚达到这个范围的边界的值以及刚刚超越这个范围边界的值作为测试输入数据。

（2）如果输入条件规定了值的个数，则用最大个数、最小个数、比最小个数少 1、比最大个数多 1 的数作为测试用例。

（3）根据规格说明的每个输入条件，使用前面的原则（1）。

（4）根据规格说明的每个输出条件，使用前面的原则（2）。

（5）如果程序的规格说明给出的输入域或输出域是有序集合，则应该取集合的第一个元素和最后一个元素作为测试用例。

（6）如果程序中使用了一个内部数据结构，则应当选择这个内部数据结构边界上的值作为测试用例。

（7）分析规格说明，找出其他可能的边界条件。

6.7.3 错误推测法

错误推测法就是基于经验和直觉推测程序中的所有可能存在的各种错误，有针对性地设计测试用例。

错误推测法的基本思想是列举程序中所有可能有的错误和容易发生的特殊情况，根据它们选择测试用例。例如，设计一些非法、错误、不正确和垃圾数据进行输入测试是很有意义的。如果软件要求输入数字，就输入字母；如果软件只接受正数，就输入负数；如果软件对时间敏感，就看它在公元 3000 年是否还能正常工作。另外，输入数据和输出数据为 0 的情况,或者输入表格为空格或输入表格只有一行,这些都是容易发生错误的情况,可选择这些情况下的例子作为测试用例。

在应用错误推测法时,以往类似项目、类似环境下出现的错误和问题都可以帮助我们设计相关的测试用例,这也是错误推测法经常被应用的原因之一。

6.7.4　因果图法

等价类划分和边界值分析法都只考虑输入条件而不考虑输入条件的各种组合,也不考虑各个输入条件之间的相互制约的关系。如果在测试时必须考虑输入条件的各种组合,则可能的组合数目将可能是一个天文数字,因此必须考虑使用一种适合于描述多种条件组合,产生多个相应动作的测试方法,这就需要因果图。因果图法能够帮助测试人员按照一定的步骤高效率的开发测试用例,以检查程序输入条件的各种组合情况。它是将自然语言规格说明转化成形式语言规格说明的一种严格的方法,可以指出规格说明存在的不完整性和二义性。

因果图中使用了简单的逻辑符号,以直线连接左右结点。左结点表示输入状态(或称为原因),右结点表示输出状态(或称为结果)。因果图中用 4 种符号分别表示规格说明中的 4 种因果关系。图 6-10 表示了常用的 4 种符号所代表的因果关系。

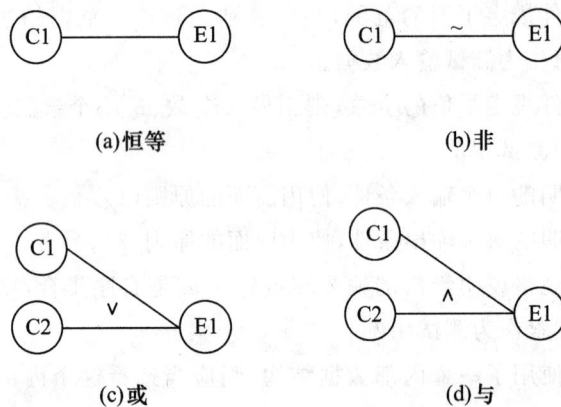

图 6-10　因果图的基本符号

图 6-10 中 C_i 表示原因,通常位于图的左部,E_i 表示结果,位于图的右部。C_i 和 E_i 取值 0 或 1,0 表示某状态不出现,1 表示某状态出现。

恒等:若 C_i 是 1,则 E_i 也为 1,否则 E_i 为 0;

非:若 C_i 是 1,则 E_i 为 0,否则 E_i 为 1;

或:若 C_1 和 C_2 有一个为 1,则 E_1 为 1,如果 C_1 和 C_2 都不为 1,则 E_1 为 0;

与:若 C_1 和 C_2 都为 1,则 E_1 为 1,如果其中一个不为 1,则 E_1 为 0。

在实际问题当中输入状态相互之间还可能存在某些依赖关系,称为"约束"。例如,某些输入条件本身不可能同时出现,输出状态之间往往存在约束。在因果图中用特定的符号表明这些约束,如图 6-11 所示。

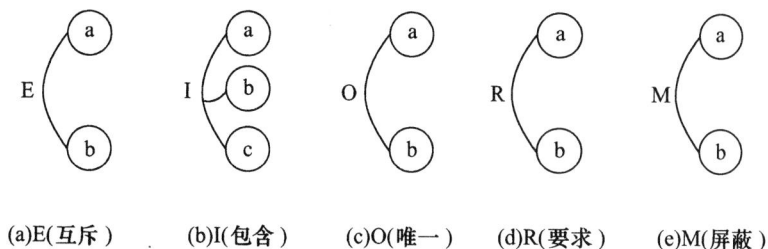

(a)E(互斥)　　(b)I(包含)　　(c)O(唯一)　　(d)R(要求)　　(e)M(屏蔽)

图 6-11　因果图约束符号

(1)E(互斥):表示 a、b 两个原因不会同时成立,两个中最多有一个可能成立;

(2)I(包含):表示 a、b、c 这 3 个原因至少有一个必须成立;

(3)O(唯一):表示 a 和 b 当中必须有一个,且仅有一个成立;

(4)R(要求):表示当 a 出现时,b 必须也出现,即 a 出现时,b 不可能不出现;

(5)M(屏蔽):表示当 a 出现时,b 一定不出现,即 a 不出现,b 不定。

实例:用因果图法测试以下程序。

程序规格说明要求:输入的第一个字符必须是 ♯ 或是 * ,第二个字符必须是一个数字,在此情况下进行文件修改;如果第一个字符不是 ♯ 或 * ,则给出信息 N;如果第二个字符不是数字,则给出信息 M。

(1)根据上述要求,明确地将原因和结果分开:

原因:C1——第一个字符是 ♯;

　　　C2——第一个字符是 *;

　　　C3——第二个字符是一个数字;

结果:E1——给出信息 N;

　　　E2——修改文件;

　　　E3——给出信息 M。

(2)将原因和结果用逻辑符号连接起来,得到因果图,如图 6-12 所示。

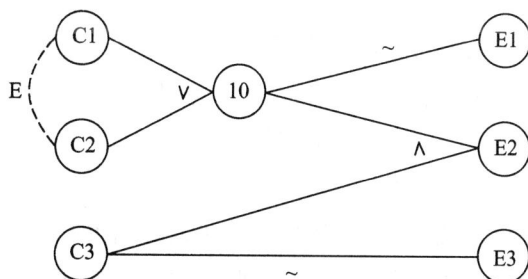

图 6-12　具有约束的因果图

将因果图转换成决策表,如表 6-8 所示。

表 6-8　　　　　　　　　　　决策表

规则 选项	1	2	3	4	5	6	7	8
条件:								
C1	1	1	1	1	0	0	0	0
C2	1	1	0	0	1	1	0	0
C3	1	0	1	0	1	0	1	0
10			1	1	1	1	0	0
动作:								
E1							√	√
E2			√		√			
E3				√		√		√
不可能	√	√						
测试用例			♯3	♯A	＊6	＊B	A1	GT

(3)设计测试用例,可设计出 6 个测试用例:

①测试用例 1:输入数据♯3,预期输出"修改文件";

②测试用例 2:输入数据♯A,预期输出"给出信息 M";

③测试用例 3:输入数据＊6,预期输出"修改文件";

④测试用例 4:输入数据＊B,预期输出"给出信息 M";

⑤测试用例 5:输入数据 A1,预期输出"给出信息 N";

⑥测试用例 6:输入数据 GT,预期输出"给出信息 N 和信息 M"。

以上是因果图应用的一个简单例子,但不要以为因果图是多余的,事实上,在较为复杂的问题中,因果图方法十分有效,可帮助检查输入条件组合,设计出非冗余、高效的测试用例。

6.8　软件可靠性

软件可靠性指在规定的条件和时间内,软件不引起系统失效的概率。从软件可靠性的定义得知,软件可靠性本身是一种概率的表达,这是因为软件失效的产生具有一定的随机性。另外,软件可靠性是在"规定条件"和"规定时间内"定义的,这也就是说,软件的可靠性可以从环境、时间两个大的方面来度量。

在衡量一个软件的可靠性时,常常使用平均无故障时间(MTTF)这个参数,它是指软件按照规格说明书规定正确运行的平均时间,它主要取决于潜伏的故障数量。例如,一个软件的 MTTF=2H,就是说这个软件平均 2 个小时就会出现故障。

为了估算平均无故障时间,首先需要引入一些相关的量。

（1）符号

①E_T——测试之前程序错误总数；

② I_T——程序长度（机器指令总数）；

③τ——测试（包括调试）时间；

④ $E_d(\tau)$——在 0 至 τ 期间发现的错误数；

⑤ $E_c(\tau)$——在 0 至 τ 期间改正的错误数。

（2）基本假定

①单位长度里的错误数 ET/IT 近似为常数。

$0.5\times10^{-2}\leqslant E_T/I_T\leqslant2\times10^{-2}$

在测试之前，每 1000 条指令中大约有 5～20 个错误。

②失效率正比于软件中剩余的错误数，而平均无故障时间 MTTF 与剩下的错误数成反比。

（3）估算平均无故障时间

经验表明，平均无故障时间与单位长度程序中剩余的错误数成反比，即：

$$\mathrm{MTTF}=\frac{1}{\mathrm{K}(E_T/I_T-E_c(\tau)/I_T)}$$

小　结

软件测试阶段是软件质量保证环节中的重要一环。它需要测试人员正确地理解软件测试的目的，顺利地开展软件测试工作，并采用测试技术尽可能多地、尽可能快速地找出软件可能存在的问题，以期达到在用户使用过程中尽可能少地出现问题，提高用户满意度。

本章着重从软件测试的过程，软件测试的原则，软件测试的方法等方面介绍了软件测试的基础知识，强调软件测试工作始于软件开发的早期，而并非只是测试阶段。值得注意的是单元测试的工作是在软件实现阶段完成的，但是单元测试的方法是在本章进行讲解的。

那么，如何评价软件在使用过程中的质量呢？软件的可靠性就是其中的一个评价标准。在本章中介绍了基本的可靠性衡量方法。

习　题

1.对以下程序进行测试：

```
PROCEDURE   EX(A,B:REAL;VAR  X:REAL);

    BEGIN
```

```
IF(A=3)OR(B>1)THEN   X:=A×B
IF(A>2)AND(B=0)THEN  X:=A-3
END
```

先画出程序流程图,再按不同逻辑覆盖法设计(写出名称)测试数据。

2.软件测试分几个步骤进行,每个步骤解决什么问题?

3.在进行单元测试的时候,我们应该先采用哪种测试方法,是黑盒还是白盒,为什么?

4.根据软件测试的过程和方法找出一段以往自己开发的代码,对其进行测试,并记录测试结果,讨论其是否有缺陷。

第 7 章　软件维护

在本章之前,我们已经按软件开发过程模型讲解了软件开发的全部过程,并且在此过程中我们始终强调软件的可维护性,因为绝大多数软件产品都不是一次性买卖,要使用十年左右,所以对软件的维护是必不可少的。本章要讲解的就是软件提交之后的软件维护阶段,该阶段在软件开发费用中所占比重约为 80%,可见形成一套有效的软件维护的管理措施是十分必要的。本章首先介绍软件维护的概念以及软件维护的分类,其次列举了影响软件维护的因素,最后讲解软件维护的规范过程。

7.1　软件维护的概念及分类

在对软件维护这个阶段进行讲解之前,首先应该对这个阶段进行一个简单的定义,明确该阶段在软件生存周期中所处的位置。

软件维护是软件生命周期的最后一个阶段,即在软件交付使用之后,在新版本产品升级之前这段时间里,软件厂商向客户提供的服务工作。该阶段的所有活动都发生在软件交付并投入运行之后,其意义在于提高用户和客户对于软件产品的满意度,这一点类似其他商品的售后服务,同时又能够使软件产品在一定时间内保持其使用价值,进而不被淘汰。

一般来说,软件维护活动可以根据起因分为改正性维护、适应性维护、完善性维护和预防性维护四类。

1. 改正性维护

改正性维护,也称为纠正性维护,是为诊断和改正软件系统中潜藏的错误而进行的活动。在软件交付使用后,因开发时测试的不彻底、不完全,必然会有部分隐藏的错误遗留到运行阶段。这些隐藏下来的错误在某些特定的使用环境下就会暴露出来。测试不可能排除大型软件系统中所有的错误,软件交付使用之后,用户将成为新的测试人员,在使用过程中,一旦发现错误,他们会向开发人员报告并要求维护。

例如,用户可能反映打印报告时一页上会出现太多的打印行,以至于打印到边框上。程序员判断这个问题可能是由于打印机驱动程序的设计故障引起的。作为应急措施,小组成员告诉用户,打印前怎样在报告菜单上通过设置参数来重置每页的行数。最后,维护小组重新设计、编码,并且重新测试打印机驱动,以便它能正确地工作而不用用户再自行处理,此类维护就属于纠错性维护。

2. 适应性维护

适应性维护是为适应系统环境(软件、硬件等)的变化而修改软件的活动。一般应用软件的使用寿命较长,但是其运行的环境却不断变化,硬件、操作系统不断地推出新版本,外部设备和其他系统元素也频繁地升级和变化,因此适应性维护是十分必要且经常发生的。

下面的几个例子表明了适应性维护发生的情况。

(1)假设有一个数据库管理系统,它是一个大的软硬件系统的一部分,这个数据库管理系统要升级为一个新版本。在这个过程中,编程人员发现,磁盘处理例程需要一个额外的参数,增加这个额外参数的适应性改动并不是纠正错误,只是使它们适应系统的演化。

(2)适应性维护也可能在硬件变动或环境变动中进行。如果最初设计在干燥稳定的环境中工作的系统,现在安装在坦克或潜水艇中,则该系统必须被适应性维护,以便能够对付移动、磁场以及潮湿环境。

3. 完善性维护

完善性维护是在使用系统的过程中,根据用户提出的一些建设性的意见而对其进行的维护活动。在一个应用系统成功提交之后,用户也可能请求增加某些新功能,建议修改已有功能或提出一些改进意见。改善性维护通常占所有软件维护工作量的一半以上。例如:

(1)杀毒软件病毒库的升级,就属于这种维护,需要在病毒库中增加新的病毒代码。

(2)论坛留言原本只能使用已提供的用户头像,想改为允许用户使用自行上传的头像。

这两个小例子都属于完善性维护。

4. 预防性维护

预防性维护是为了进一步改善软件系统的可维护性和可靠性,并为以后的进一步改进奠定基础而修改系统的维护活动。这类维护活动包括逆向工程和重购工程。例如:

(1)增加检查类型,扩充故障处理。

(2)对 catch 语句增加 catch-all 语句,以保证系统能够处理所有可能的情况。

以上例子属于预防性维护,提高了软件的可靠性。

图 7-1 是四种维护类型在软件维护中所占的比例。

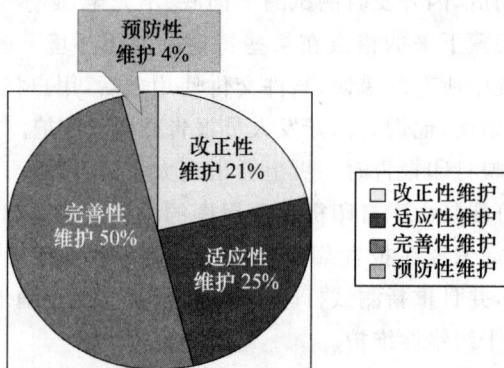

图 7-1　四种维护所占比例

　　是不是在软件运行过程中发现问题就要进行修改,只要修改后软件能够正确运行就可以了呢? 回答是否定的。这里涉及软件的维护原则:尽可能少发生改动,低风险情况下进行改动,必要的情况下进行改动。因为软件维护阶段的特殊性——对正在运行的软件进行修改是有风险的,对于一个处于运行状态的软件做出改动,要比处于开发状态的软件做出改动困难得多。尽可能少地进行改动,软件维护相对保守,只允许必要的改动,强烈反对有风险的行为,另外也要考虑软件产品的整体性和架构的稳定性,因此要尽量少改动。

7.2　软件维护的过程

　　当项目结束之后,软件维护工作就拉开序幕。对于合同项目,软件维护的有效期和费用等都已经写在合同里;对于自主研发的项目,一般软件维护要持续到该产品退役。

　　每次从维护工作的提出到其解决一般都要历经如下三个步骤,这样能够规范软件维护的流程,延长软件的使用寿命并为以后的维护打下较好的基础。软件维护的三个步骤如下:

1. 软件维护的准备工作

　　机构领导首先要为所要维护的产品指定维护人员,建立通畅的软件维护渠道,包括网络、电话、电子邮件、手册等,对维护人员进行相关的培训,包括一定的软件相关的介绍等,之后维护人员撰写软件维护计划并由相关领导进行审批。

2. 接收并响应维护要求

　　客户通过各种渠道向维护人员提出维护要求,维护人员记录这些要求并迅速响应。对于简单的技术咨询,维护人员应立即予以解答;对于"纠错性维护"要求,维护人员必须尽快答复客户何时予以解决;对于"完善性维护"要求,维护人员应该向领导请示决定是否执行该项维护工作。

3. 执行软件维护

　　维护人员及时"确诊"软件产品中存在的缺陷,并对其进行修改,修改后的软件产品要进行相关的测试,以减少维护过程中可能引入的缺陷,然后更新受影响的软件。在这个过程中,应严格遵循配置管理规范,最后维护人员需完成此次维护工作的总结,即撰写维护工作报告。

　　在第二个步骤中,维护的活动可进一步细化,如图 7-2 所示。

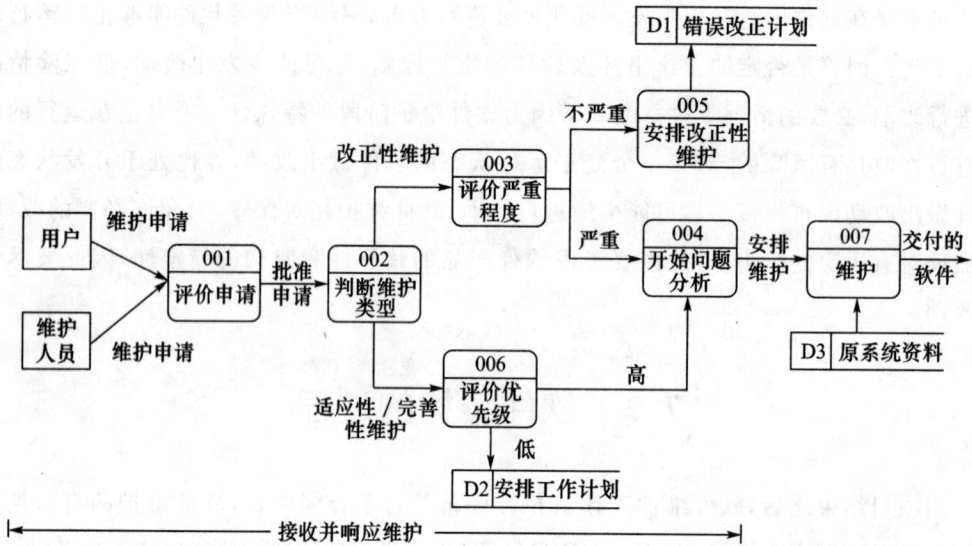

图 7-2　软件维护的第二步

执行软件维护过程的细化,如图 7-3 所示。

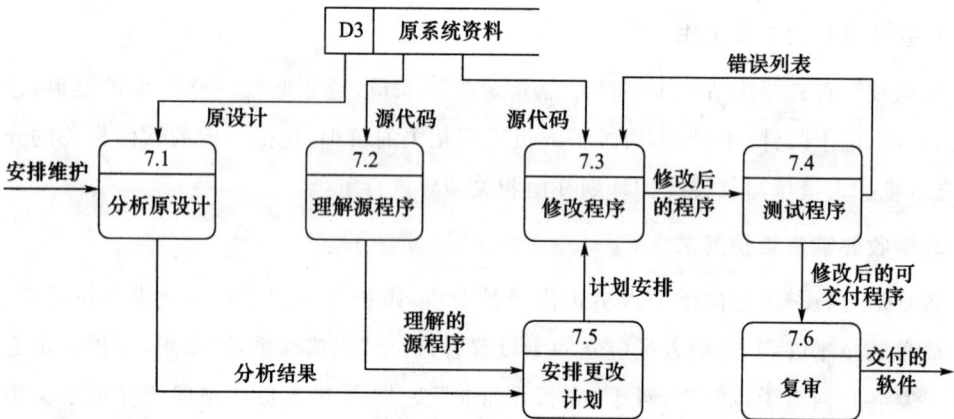

图 7-3　软件维护的第三步

　　软件维护的目的是修改软件中的缺陷,但是这是一项复杂的逻辑过程,哪怕是做一项微小的改动,都可能引入潜在的错误。即使设计文档化和进行细致的回归测试有助于排除错误,但是维护还是会产生副作用。软件维护的副作用是指由于维护或在维护过程中其他一些不期望的行为引入的错误。因此对软件的任何修改都应该在相应的技术文档中反映出来。如果文档和软件不一致,就会带来文档副作用。

　　所以在软件维护的过程中,要注意以下问题的出现:

　　(1)软件版本的控制不规范,软件变化没有在版本上反映出来。

　　(2)很难追踪软件的创建过程,找不到相应的需求、设计等文档。

（3）理解他人的软件比较困难，尤其是当文档和代码发生不一致的时候。

（4）人员流动大，维护人员得不到开发人员帮助。

（5）由于软件各模块的联系使得软件修改困难，"牵一发动全身"易出错。

（6）软件维护缺乏成就感，高水平的人不愿意做维护，公司也不舍得让其从事维护工作。

以上这些问题如果通过严格的过程管理，就能够基本消除副作用，达到理想的软件可维护性。

7.3　软件维护的成本

近些年来，软件的维护成本是在不断增加的，20 世纪 70 年代，一个信息系统用于维护的费用占其软件总预算的 35%～40%，80 年代达到近 60%，目前许多大型软件公司将其预算的 80% 用于软件维护。是什么原因引起了软件维护费用的上升呢？先来看一下软件维护费用估算的模型：$M=P+K*e^{(C-D)}$ 其中：M＝维护总工作量；P＝生产性工作量；K＝经验常数；C＝复杂度（表示设计好坏和文档完整程度）；D＝对欲维护软件的熟悉程度。

软件维护的工作量涉及两方面：生产性的和助动性的。其中生产性的是指用于分析和评价、修改设计和代码工作量；助动性的是指用于理解代码功能、结构特征以及性能约束的工作量。模型表明：生产性的工作量越大，维护的工作量越大，也就是说系统的规模和复杂程度影响软件维护的工作量；另外如果没有好的软件开发方法或者软件开发人员不能参与维护，那么软件维护工作量会指数上升，所以我们在下一节主要讨论影响软件维护成本的因素有哪些以及如何合理地管理维护过程。

7.4　影响软件维护成本的主要因素

软件维护工作既然要耗费较大的人力物力，作为开发商就要考虑如何降低软件维护的成本，这就要知道哪些因素会影响软件维护的成本，才能因地制宜地解决问题，从各种可能的因素中提高软件的可维护性。根据以往软件开发的经验和前一节中维护成本估算公式，将影响软件维护的因素总结为以下几个方面，这其中包括技术因素也包括非技术因素：

（1）应用领域商业模式变化对软件的影响。商业模式的改变将导致软件需求发生巨大的变化，一般来说，商业模式变化越频繁，软件的维护代价就越高。

（2）应用领域的复杂性。如果应用领域复杂，那么软件需求就很难在短时间内分析透彻，随着人们对软件的认识越来越清楚，就会发现原来软件的不足，因此维护代价增高。

（3）软件设计的缺陷。软件的设计没有考虑将来的变化，换句话说也就是软件的可扩展性不够好,导致牵一发动全身的状况,因此软件维护工作也随之难以简单应对。

(4)编程语言。通常来说,用高级语言编写的程序比用低级语言编写的程序维护代价要低得多,因为低级语言比高级语言难以理解,开发效率也低。

(5)软件对运行环境的依赖性。由于硬件和操作系统的不断更新,使得对应用环境依赖很强的软件也不停地更新,维护工作的代价也就随之升高。

(6)软件的生命周期。软件使用得越久,经过维护的次数越多,软件的结构越乱,与文档的差异也越大,维护的成本也越高。

(7)软件的版本。软件的版本越多维护代价越高,这是很显然的。

(8)前期的测试。如果软件在提交以前进行的测试较彻底,发现了较多的缺陷,那么后期的维护代价就会降低。

(9)文档的质量。清晰、正确和完备的文档能降低维护的代价。

(10)开发队伍的稳定性。让软件的原开发者来维护软件代价较低,如果换新手来维护代价相对较高。

当一个系统需要重大的和持续的改变时,如何来判断是否抛弃旧系统、构建一个新系统来替换它,还是继续对其进行维护工作? 可以根据下面几条来决定:

(1)维护的成本太高了吗?

(2)系统的可靠性可以接受吗?

(3)在一个合理的时间内,系统不能够再适应进一步的变化了吗?

(4)系统性能仍旧超出预先规定的约束条件吗?

(5)系统功能的作用有限吗?

(6)其他的系统能更好、更快、更廉价地做同样的工作吗?

(7)维护硬件的成本高得足以用更便宜、更新的硬件来取代吗?

如果上述某些问题或所有问题的答案是肯定的,则意味着需要考虑用一个新系统代替旧系统了。

7.5　再生工程

再生工程主要出于如下愿望:在商业上要提高产品的竞争力和在技术上要提高产品的质量。但这种愿望无法靠软件的维护来实现,因为软件的可维护性可能极差,实在不值得去做;或者即使软件的可维护性比较好,但也只是治标不治本。再生工程干脆对已有软件进行全部或部分的改造,赋予软件新的活力。

再生工程与维护的共同之处是没有抛弃原有的软件。如果把维护比作"修修补补",那么再生工程就算是"痛改前非"。再生工程并不见得一定比维护的代价要高,但再生工程在将来获取的利益却要比通过维护得到的多。再生工程主要有三种类型:重构、逆向工程和前向工程。

1. 重构

所谓重构是这样一个过程：在不改变代码外在行为的前提下，对代码作出修改，以改进程序的内部结构。重构是一种有纪律的、经过训练的、有条不紊的程序整理方法，可以将整理过程中不小心引入错误的几率降到最低。重构的一些好处如下：

(1) 使软件的质量更高，或使软件顺应新的潮流(标准)；

(2) 使软件的后续(升级)版本的生产率更高；

(3) 降低后期的维护代价。

要注意的是，在代码重构和数据重构之后，一定要重构相应的文档。

2. 逆向工程

逆向工程来源于硬件世界。硬件厂商总想弄到竞争对手产品的设计和制造"奥秘"，但是又得不到现成的档案，只好拆卸对手的产品并进行分析，企图从中获取有价值的东西。有些从事集成电路设计工作的人，经常剖析他人的集成电路，甚至不作分析就原封不动地复制该电路的版图，然后投入生产，并美其名曰"反向设计"(Reverse Design)。

软件的逆向工程在道理上与硬件的相似，但在很多时候，软件的逆向工程并不是针对竞争对手的，而是针对自己公司多年前的产品，期望从老产品中提取系统设计、需求说明等有价值的信息。

3. 前向工程

前向工程也称预防性维护，由 Miller 倡导，他把这个术语解释成"为了明天的需要，把今天的方法应用到昨天的系统上"。

乍看起来，主动去改造一个目前正常运行的软件系统简直就是"惹是生非"。但是软件技术发展如此迅速，与其等待一个有价值的产品逐渐老死，还不如主动去更新，以获取更大的收益，其道理就同打预防性针一样，所以，预防性维护是"吃小亏占大便宜"的事。

小　结

随着软件在社会生活中占据的位置越来越重要，软件在投入使用以后的维护工作越来越重要，花费的时间比例在整个软件生周期中越来越长，维护的成本占据软件总成本的比例也越来越高。一些较为复杂的维护工作往往以维护项目的形式单独立项，可见对维护的重视程度。

为了能够更好地完成维护任务，首先需要分清维护活动的种类，从改善性维护占据整个维护活动的半壁江山可以看出，用户对软件需求的变更仍然是软件开发人员主要面对的问题。由于维护工作是在软件投入使用以后对软件系统进行的修改，因此，保证修改过程中和修改之后不会对用户现场数据产生不良影响是非常重要的。了解维护的主要工作和规范流程，是保证在维护过程中尽可能少地出现差错的必要保证手段。

软件维护成本是影响软件总成本的重要因素。那么，了解影响软件维护的主要因素和软件成本的估算方法,对有效控制维护成本是非常重要的。

再生工程作为新的重用软件的思路,可以作为扩充的知识去了解。

习 题

1. 结合自己使用的软件产品,谈谈维护的重要性。
2. 杀毒软件的病毒库升级属于哪种维护,为什么?
3. 游戏软件的升级属于哪种维护,为什么?
4. 谈谈软件维护的成本作为软件成本的一部分对其正确估算的重要性。

第三篇

面向对象软件工程

第 8 章

面向对象技术概述

面向对象技术最早于 20 世纪 60 年代后期在编程语言 Simula 中被提出。虽然当时的实现还不是很完整,但已经是语言发展史上的一个重要的里程碑。第一个完整意义上的面向对象语言是 Smalltalk,它产生于 20 世纪 70 年代,提出"一切皆对象"的思想。第一个被广泛使用的面向对象语言是产生于 1983 的 C++。在经历了将近十年的时间后,Borland 公司和 Microsoft 公司先后推出各自的 C++版本,使得面向对象语言真正走入我们的视野。与此同时,面向过程的编程语言和软件工程方法,经历了从波峰逐步转向波谷的发展历程,在这期间,人们渐渐发现由于系统规模的不断增大,原有的结构化表示方法很难清晰准确地描述业务模型和程序模型,并且它们之间的转换也存在着很多不确定性,程序越来越难以控制,越来越难以维护。此时,人们的目光逐渐集中到面向对象技术上,面向对象所具有的良好独立性、信息隐蔽性等特点能够灵活地处理这种情况,让人们看到了应对这种局面的一条新的途径。

同结构化的系统分析和设计方法一样,面向对象的系统分析和设计方法,乃至面向对象的软件工程,都是随着程序设计语言的发展演变而来的,都是为了更好地进行程序设计而发展成一套相应的系统分析和设计的方法与理论。现在,针对于面向对象的方法学正处在蓬勃发展的阶段,各种学说层出不穷,极大地推动了软件理论的发展。那么,面向对象软件工程到底有哪些特点,为什么面向对象的方法学统领了软件工程方法论的大部分江山,下面我们就来比较一下几种常见的软件工程方法。

8.1 常见的软件工程方法三论

1. 结构化分析和设计方法论

结构化分析设计方法也叫数据流建模方法论或者面向过程方法论,它是把现实世界描绘为数据在信息系统中的流动,在数据流动过程中数据发生转化。它通过自顶向下的程序设计思想将复杂的程序分解为程序模块,形成软件的层次关系。

结构化的程序遵循面向过程的问题求解方法,其中心思想是用计算机能够理解的逻辑来描述和表达待解决的问题及其具体的解决过程。结构化程序设计的核心就是算法加数据结构。数据结构利用计算机的离散逻辑来量化表达需要解决的问题,而算法则研究如何快捷、高效地组织解决问题的具体过程。面向过程即是面向机器。

然而,面向过程方法大多基于瀑布模型,需要对整体结构有通盘的掌握。这种方法将用户需求对应到软件功能上,采用面向过程的处理方式来应对用户提出的功能上的变更,当用户的需求发生变化时,整个软件功能就随之发生变化,从而导致整个软件结构的不稳定,同时,过程分析和数据分析始终是两个相对独立的过程,两者之间存在着明显的边界,这个问题始终在结构化方法中未能解决。

2. 信息建模方法论

信息建模方法论也称数据建模方法论或信息工程方法论,出现在20世纪80年代中期,当时很多公司开始接受数据库管理系统。它主要是从信息角度来开发信息系统。客观世界被描述成数据、数据属性及其相互之间的关系。

结构化方法论和信息建模方法论都考虑功能和信息,但它们处理功能和信息的策略不同。信息建模法从信息角度开发系统,而不像结构化那样从功能入手考虑问题,就是说通过信息建模的方法,首先拿到的是数据实体模型。从信息角度对系统进行分析,系统分析人员考虑的是系统将向用户提供什么信息,但是,信息建模法缺乏灵活性,不适用于小型的桌面应用程序和客户-服务型应用程序。

结构化方法和信息工程方法都是通过查看过程、数据以及两者之间的相互作用,来定义信息系统的需求、设计和构造信息系统的,因此统称为传统方法。

3. 面向对象方法论

对象是面向对象程序设计的核心,它由描述状态的属性(变量)和用来实现对象行为的方法(函数)组成,完成了从数据模型到处理模型的结合与统一。面向对象方法论的出发点和基本原则是尽可能模拟人类习惯的思维方式,使开发软件的方法与过程尽可能接近人类认识世界解决问题的方法与过程,也就是使描述问题的问题空间(也称为问题域)与实现解法的解空间(也称为求解域)在结构上尽可能一致。这样就解决了系统在分析过程中获得的分析模型与设计过程中所获得的设计模型进行转换时,由于理解上的差异而造成的系统不稳定性。面向对象方法论中产生的设计模型是分析模型的进一步完善和细化,使得模型之间的转换成为一种平滑的过渡。

8.2 结构化方法与面向对象方法的比较

结构化分析设计方法拥有较长的发展历史,如果以前拥有结构化程序设计的基础和经验,现在转换使用面向对象的方法,则容易出现采用面向对象语言却是结构化的实现方式的问题。那么,面向对象方法论与结构化方法论到底存在什么样的差异呢?

下面通过一个具体实例的分析来比较一下结构化方法论与面向对象方法论在分析问题的出发点和描述问题的方法等方面的区别。

实例:设计一个程序,对不同类型的图形(例如,圆和矩形)提供求其面积、绘制指定图形的功能。

总的来说,结构化的程序设计是一种自上而下的设计方法,设计者用一个主函数概括出整个应用程序需要做的事情主线,并由一系列子函数的调用组成,对于主函数中的每一个子函数,又可以再被精炼成更小的函数。重复这个过程,就可以完成一个结构化的设计,其特征是以函数为中心,用函数作为划分程序的基本单位,通过问题求解过程将函数串联起来,数据在其间进行传递。数据在结构化设计中往往处于从属的位置。

根据这种原则,针对具体的问题,可以分析出来,程序的核心是要求完成两项功能:计算图形面积和绘制相应图形。程序执行的过程是计算面积,然后再绘制相应图形。因此,从整体上看,主函数描述程序的主逻辑并控制功能实现的顺序。从模块内聚的角度,提取两个功能函数:计算面积和绘制图形。软件结构图设计如图 8-1 所示。

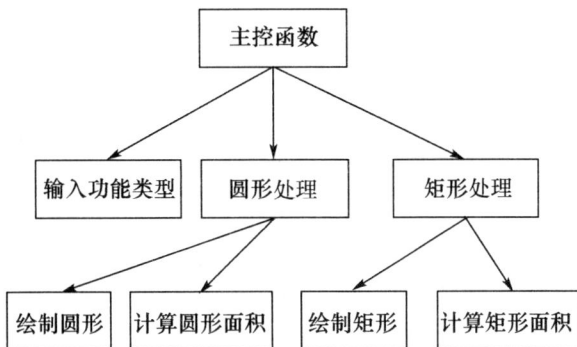

图 8-1　结构化软件结构图

最终的程序(以 C 语言为例)实现的部分代码如下:

```c
//主函数,描述事件处理机制
int main()
{
    int t;
    //获得用户需要处理的图形类型
    t = inputFuncType();
    //根据用户输入进行相应的图形处理
    switch(t)
    {
        case 1:processCircle();
        case 2:processRectangle();
        default:printf("error");
    }
    //屏幕暂停
    getch();
    return 0;
}
//获得用户要处理图形类型
int inputFuncType()
{
    int t;
    printf("请选择图形代号:\n");
    printf("1:圆形\n");
    printf("2:矩形\n");
```

```
        scanf("%d",&t);
        return t;
    }


    //对圆形进行处理
    void processCircle()
    {
        int t;
        double s;
        //获得用户对图形要进行的操作类型
        t = inputProcessType();
        switch(t)
        {
            case 1:drawCircle();
                    break;
            case 2:s = areaCircle();
                    printf("圆形的面积是:%f\n",s);
                    break;
            default:printf("error\n");
        }
    }


    //获得用户对图形施加的操作
    int inputProcessType()
    {
        int t;
        printf("请输入操作的类型:");
        printf("1:绘制图形");
        printf("2:计算面积");
        scanf("%d",&t);
        return t;
    }
    //计算圆形面积过程
    double areaCircle()
    {
        float r;
        //输入圆形半径
        r = inputRadius();
        //计算圆形面积
        return calCircArea(r);
    }
    //圆形面积的计算
```

```
double calCircArea(float r)
{
    double PI = 3.1415926；
    //圆形面积计算公式
    return PI * r * r；
}
```

……

结构化方法将系统看成是过程的集合,过程与数据实体之间交互,过程接受输入并产生输出。

面向对象方法则不再把程序看成工作在数据上的一系列过程或函数的集合,而是把程序看做是相互协作而又彼此独立的对象的集合。

以面向对象的视角观察例题中的内容,我们看到的是具体的图形对象,例如圆和矩形,它们具有各自的特征,圆具有圆心坐标和半径,而矩形具有边长和左上角坐标。它们都能够提供面积计算和图形绘制的行为,并且可以抽象提取图形的共同特点形成通用图形对象。图 8-2 展示了这些对象之间的关系。在这里,每个对象可以看做是一个微型程序,有自己的数据、操作、功能和目的,自己对自己的数据进行处理和维护,模块(对象)独立性强。

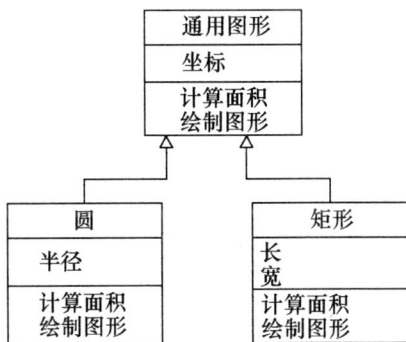

图 8-2　面向对象设计过程中的类图

基于上述的分析与设计,以 JAVA 语言实现的部分代码如下:

```
public abstract class Graphic
{
    abstract double area()；
    abstract void draw()；
    private static String    str；
    //键盘输入
    static InputStreamReader stdin = new InputStreamReader(System.in)；
    static BufferedReader    bufin =   new BufferedReader(stdin)；
    private int x；
    private int y；
    public void setX(int x)
```

```
{
    this.x = x;
    System.out .println("x = " + x);
}
public void setY(int y)
{
    this.y = y;
    System.out .println("y = " + y);
}
public   static   void   main(String   args[])
{
    Graphic g;
    Circle c = new Circle();
    Rectangle rec = new Rectangle();
    String  sArray[];
    try
    {   //给出用户界面提示
      System.out .println  ("请选择图形：   ");
      System.out .println("1:圆形");
      System.out .println("2:矩形");
      str = bufin .readLine();
      System.out .println ("你选择的图形为：" + str );
      if (str .equals("1"))
      {  //对圆形的处理过程
        System.out .println("请输入半径:");
        str = bufin .readLine();
        c. setRadious(Integer. valueOf (str ).intValue());
        g = c;
      }
      else
      {  //对矩形的处理过程
        System.out .println("请输入宽度:");
        str = bufin .readLine();
        rec. setWidth(Integer. valueOf (str ).intValue());
        System.out .println("请输入高度:");
        str = bufin .readLine();
        rec. setHeight(Integer. valueOf (str ).intValue());
        g = rec;
      }
      System.out .println("面积为" + g. area());
      System.out .println("请输入坐标:x,y");
      str = bufin .readLine();
```

```
                sArray = str.split(",");
                g.setX(Integer.valueOf(sArray[0]).intValue());
                g.setY(Integer.valueOf(sArray[1]).intValue());
                g.draw();
            }
        catch(IOException   e)
        {
            System.out.println("发生 i/o 错误!!!");
        }
        }
    }
public class Circle extends Graphic {
    private float radious;
    private double PI = 3.1415926;
    public void setRadious(int r)
    {
        radious = r;
    }
    public double area()
    {
        return PI * radious * radious;
    }
    public void draw()
    {
        System.out.println("绘制圆形");
    }
}
```

面向对象方法尽可能模拟客观世界,它把数据以及在这些数据上的操作所构成的统一体称为"对象"。对象是进行处理的主体,它必须发消息请求接收消息的对象执行它的某些操作,处理它的私有数据,而不能从外界直接对它的私有数据进行操作。这样,软件开发者可以根据处理问题的背景和范围,定义或选取对象,然后用一系列离散的对象集合组成软件系统。在许多系统中对象都可以直接模拟现实世界问题背景下的对象,与现实世界的对象认知十分一致,因此,这样的程序易于理解和维护。

下面从五个方面对结构化方法和面向对象方法的区别作总结:

(1)从概念方面看,结构化软件是功能的集合,通过模块以及模块和模块之间的分层调用关系实现;面向对象软件是事物对象的集合,通过对象以及对象和对象之间的通讯联系实现。

(2)从构成方面看,结构化软件是过程和数据的集合,以过程为中心;面向对象软件是数据和相应操作的封装,以对象为中心。

(3)从运行控制方面看,结构化软件采用顺序处理方式,由过程驱动控制;面向对象软件采用交互式和并行处理方式,由消息驱动控制。

(4)从开发方面看,结构化方法的工作重点是设计;面向对象方法的工作重点是分析。但是,在结构化方法中,分析阶段和设计阶段采用了不相吻合的表达方式,需要把在分析阶段采用的具有网络特征的数据流图转换为设计阶段采用的具有分层特征的软件结构图,在面向对象方法中设计阶段的内容是分析阶段成果的细化,则不存在这一转换问题。

(5)从应用方面看,相对而言,结构化方法更加适合数据类型比较简单的数值计算和数据统计管理软件的开发;面向对象方法更加适合大型复杂的人机交互式软件的开发。

8.3 面向对象的基本概念

面向对象的软件工程将以面向对象视角,采用面向对象的分析设计方法来解决搭建软件系统的问题,因此对于面向对象概念的理解和把握将直接影响面向对象系统的构成质量。下面将简单介绍一下面向对象中几个基本的也是非常重要的概念。

1. 对象(Object)

对象是在应用领域中有意义的、与所要解决的问题有关系的任何事物。它既可以是具体的物理实体的抽象,也可以是人为的概念,或者是任何有明确边界和意义的东西。从一支笔到一家商店,从简单的整数到整数列,极其复杂的自动化工厂、航天飞机都可看作对象,它不仅能表示有形的实体,也能表示无形的(抽象的)规则、计划或事件。面向对象方法学中的对象是由描述该对象属性的数据(数据结构)以及可以对这些数据施加的所有操作封装在一起构成的统一体。这个封装体有可以唯一地标识它的名字,而且向外界提供一组服务。从程序设计者来看,对象是一个程序模块;从用户来看,对象为他们提供所希望的行为或服务;从对象自身来看,这种服务或行为通常称为方法。

要想深刻理解对象的特点,就必须明确对象的下述特点:

(1)以数据为中心

所有施加在对象上的操作都基于对象的属性,这样保证了对象内部的数据只能通过对象的私有方法来访问或处理,也保证了对这些数据的访问或处理,在任何时候都是使用统一的方法进行的。

(2)对象是主动的

对象向外提供的方法是自身向外提供的服务。对于数据的提供不是被动的,而是根据自身的特点及接收发来的消息进行处理后向外反馈信息。

(3)实现了数据封装

使用对象时只需知道它向外界提供的接口形式而无须知道它的内部实现算法。不仅使得对象的使用变得非常简单、方便,而且具有很高的安全性和可靠性,实现了信息隐藏。

（4）对象对自己负责

对象可以通过父类得知自己的类型，对象中的数据能够告诉自己它的状态如何，而对象中的代码能够使它正确工作。

（5）模块独立性好

对象中的方法都是为同一职责服务的，模块的内聚程度高。

2. 类（Class）

我们一般习惯于把有相似特征的事物归为一类。在面向对象的技术中，把具有相同属性和相同操作的一组相似对象也归为一"类"。类是对象的模板，即类是对一组有相同属性和相同操作的对象的定义，一个类所包含的方法和属性描述一组对象的共同属性和行为。类是在对象之上的抽象，对象则是类的具体化，是类的实例。类可有其子类，也可有其他类，从而形成类的层次结构。

例如，三个圆心位置、半径大小和颜色均不相同的圆，是三个不同的对象，但是，它们都有相同的属性（圆心坐标、半径、颜色）和相同的操作（计算面积、绘制图形等），因此，它们是同一类事物，可以用"Circle 类"来定义。

类与类之间存在三种相互关系：

（1）泛化关系（Generalization）

B 类继承了 A 类，就是继承了 A 类的属性和方法，A 类称之为父类，B 类称之为子类。子类在获得父类功能的同时，还可以扩展自己的功能。

（2）依赖关系（Dependency）

对于两个相对独立的对象，当一个对象负责构造另一个对象的实例，或者依赖另一个对象的服务时，这两个对象之间主要体现为依赖关系。在代码实现中主要体现在某个类对象存在于另一个类的某个方法调用的参数中，或某个方法的局部变量中，或调用被调用类的静态方法中。

（3）关联关系（Association）

对于两个相对独立的对象，当一个对象的实例与另一个对象的一些特定实例存在固定的结构关系时，这两个对象之间为关联关系。例如，班级是由学生组成的，这是客观存在的规则，是不能够随意改变的固定结构关系。关联有两种特殊的形式，聚合（Aggregation）和组合（Composition）。

聚合指的是整体与部分的关系，当整体不存在了，部分仍可以独立存在，例如计算机和组成计算机的配件；组合表示类之间整体和部分的关系，但是组合关系中部分和整体具有统一的生存期，即整体对象不存在，部分对象也将不存在，例如鸟和翅膀之间的关系，当鸟不存在了，鸟的翅膀也就没有存在的意义了。

从代码层面上讲，关联、聚合和组合没有什么区别，主要是从语义环境中加以区分，当这种结构关系比较强的时候，就可以考虑使用聚合或组合关系了。

3. 实例（Instance）

实例是由某个特定的类所描述的一个具体的对象。类是对具有相同属性和行为的一组相似的对象的抽象，类在现实世界中并不能真正存在。

在地球上并没有抽象的"中国人",只有一个个具体的中国人,例如,张三、李四、王五……实际上类就是建立对象时使用的"模板",按照这个模板所建立的一个个具体的对象,才是类的实际表现,称为实例。可以说对象就是实例。在程序设计中将特定的类称为实例,在业务环境中(或分析过程中)将特定的类称为对象。

4. 消息(Message)

消息是对象之间进行通信的一种规格说明,一般由三部分组成:接收消息的对象、消息名及实际变元。例如,MyCircle 是一个半径为 4cm、圆心位于(100,200)的 Circle 类的对象,也就是 Circle 类的一个实例。当要求它在屏幕上绘制出自己时,在 JAVA 语言中应该向它发下列消息:

```
MyCircle.draw();
```

消息的发送相当于 A 向 B 发送请求 doSomething(),则 B 必须具有 doSomething 的这项服务,也就是 B 对外提供公共方法,A 了解 B 的行为后,请求 B 为其提供服务,帮助 A 解决 B 管辖范围内的事务。消息就是 A 向 B 发起的请求。

5. 方法(Method)

方法是指对象所能执行的操作,也就是类中所定义的服务。方法描述了对象执行操作的算法或者响应消息的方法。例如,为了 Circle 类的对象能够响应让它在屏幕上绘制出自己的消息,在 Circle 类中必须给出成员函数 draw() 的定义,也就是要给出这个成员函数的实现代码。

6. 属性(Attribute)

属性指类中所定义的数据,它是对客观世界实体所具有的性质的抽象。类的每个实例都有自己特有的属性值。例如,Circle 类中定义的代表圆心坐标、半径、颜色等的数据成员,就是圆的属性。

7. 封装(Encapsulation)

封装是面向对象的主要特征之一,它是一种信息隐蔽技术,它体现于类的说明。封装使数据和加工该数据的方法(函数)封装为一个整体,使得用户只能见到对象的外部特性(对象能接收哪些消息,具有哪些处理能力),而对象的内部特性(保存内部状态、私有数据和实现加工能力的算法)对用户是隐蔽的。封装的目的在于把对象的设计者和对象的使用者分开,使用者不必知晓行为实现的细节,只需用设计者提供的接口来访问该对象。

对象具有封装性的条件如下:

(1)有一个清晰的边界。所有私有数据和实现操作的代码都被封装在这个边界内,从外面看不见,更不能直接访问。

(2)有确定的接口(即协议)。这些接口就是对象可以接收的消息,只能通过向对象发送消息来使用它。

(3)受保护的内部实现。实现对象功能的细节(私有数据和代码)不能在定义该对象的类的范围外访问。

8. 继承（Inheritance）

继承是子类自动共享父类之间数据和方法的机制，它由类的派生功能体现。一个类直接继承其他类的全部描述，同时可修改和扩充。继承能够直接获得已有的性质和特征，而不必重复定义它们。

继承具有传递性。继承分为单继承（一个子类只有一个父类，使得类等级成为树形结构）和多重继承（一个类有多个父类，多重继承的类可以组合多个父类的性质构成所需要的性质）。类的对象是各自封闭的，如果没有继承机制，则类对象中数据、方法就会出现大量重复。继承不仅支持系统的可重用性，而且还促进系统的可扩充性。

一个类实际上继承了它所在的类等级中在它上层的全部基类的所有描述，也就是说，属于某类的对象除了具有该类所描述的性质外，还具有类等级中该类上层全部基类描述的一切性质。

9. 多态性（Polymorphism）

多态性指对象根据所接收的消息而做出动作。同一消息为不同的对象接收时可产生完全不同的行动，这种现象称为多态性。利用多态性用户可发送一个通用的信息，而将所有的实现细节都留给接收消息的对象自行决定，这样，同一消息即可调用不同的方法。例如，Print 消息被发送给一个图或表时调用的打印方法与将同样的 Print 消息发送给一个正文文件而调用的打印方法会完全不同。多态性的实现受到继承的支持，利用类继承的层次关系，把具有通用功能的协议存放在类层次中尽可能高的地方，而将实现这一功能的不同方法置于较低层次，这样，在这些低层次上生成的对象就能给通用消息以不同的响应。在面向对象编程中可通过在派生类中重定义基类函数来实现多态性。

10. 重载（Overloading）

重载是在同一类层次中，使用同一方法名，通过传递不同类型的参数来确定具体的方法的一种机制。

重载在面向对象中有两种：

（1）函数重载。是指在同一作用域内的若干个参数特征不同的函数可以使用相同的函数名字。

（2）运算符重载。是指同一个运算符可以施加于不同类型的操作数上面。

8.4　面向对象方法的总结

综上可知，面向对象方法学可以采用方程的形式来总结：

OO＝Objects＋Classes＋Inheritance＋Communication with Messages

也就是说，面向对象就是既使用对象又使用类和继承等机制，而且对象之间仅能通过传递消息实现彼此通信。

在面向对象方法中，对象和传递消息分别表现事物及事物间相互联系的概念。类和继承是适应人们一般思维方式的描述模式。方法是允许作用于该类对象上的各种操作。

这种对象、类、消息和方法的程序设计模式的基本点在于对象的封装性和类的继承性。通过封装能将对象的定义和对象的实现分开,通过继承能体现类与类之间的关系,以及由此带来的动态联编和实体的多态性,从而构成了面向对象的基本特征。

采用面向对象方法具有以下几个主要优点:

1. 稳定性好

面向对象方法以对象为中心构造软件系统。用对象模拟问题领域中的实体,以对象间的联系刻画实体间的联系,当系统的功能需求变化时,往往只需要作一些局部性的修改,这样的软件系统比较稳定。而结构化方法以算法为核心,开发过程基于功能分析和功能分解,软件系统的结构紧密依赖于系统所要完成的功能,当功能需求发生变化时将引起软件结构的整体修改。

2. 可重用性好

面向对象的设计方法中重用一个对象类有两种方法,一是创建该类的实例,从而直接使用它;另一种方法是从它派生出一个满足当前需要的新类。继承机制使得子类不仅可以重用其父类的数据结构和程序代码,而且可以在父类代码的基础上方便地修改和扩充,这种修改并不影响对原有类的使用。

结构化方法通过标准函数库中的函数作为"预制件"来建造新的软件系统。但标准函数缺乏必要的"柔性",不能适应不同的应用场合,不是理想的可重用的软件成分。

3. 较易开发大型软件产品

用面向对象方法开发软件时,可以把一个大型产品看作一系列本质上相互独立的小产品来处理,这不仅降低了开发的技术难度,而且也使得对开发工作的管理变得容易。这就是为什么对于大型软件产品来说,面向对象方法优于结构化方法的原因之一。许多软件开发公司的经验都表明,当把面向对象技术用于大型软件开发时,软件成本明显地降低了,软件的整体质量也提高了。

4. 可维护性好

由于对象的独立性强,模拟了人们对现实世界的认识,因此用面向对象的方法开发的软件比较容易修改、理解且易于测试和调试。

5. 面向对象方法解决的两个经典问题

首先,面向对象的方法将数据模型和处理模型合二为一;其次,使用面向对象方法可以从系统分析平滑地过渡到系统设计。UML的出现将分析和设计模型统一,使用的符号统一,设计模型是分析模型的完善和扩充。如果此时需求发生变动,修改相应的分析模型,而设计模型只要在分析模型的基础上稍作调整即可,不用再重新进行设计。传统方法学中从分析到设计采用两种模型的转换,从数据流图到结构图的转变因人而异,不是唯一的,每个人的设计思想不能够统一到一起,如果需求发生变化,则需要更改分析模型,而对应的设计模型将会随之发生很大的变化,并可能推翻原有的设计重新开始。

8.5　面向对象建模(UML)

无论是结构化方法还是面向对象方法,在进行系统分析和设计的过程中都需要对分析得到的结果进行描述,让其他相关人员能够理解你的想法,这就需要一种简洁直观的描述方式,这让我们马上想到了图形符号,它能让我们对问题的认识更快地进行统一,减少了文字描述带来的复杂性,可以把知识规范地表示出来。

在软件工程中,这种主要以图形的方式来达成共识的方式称为构建模型,简称建模。建模并不只是单纯地由图形构成,而是由一组图示符号和组织这些符号的规则组成,利用它们来定义和描述问题域中的术语和概念。模型是对事物的一种无歧义的书面描述,是现实的简化,它提供了系统的设计图。模型可以包含详细的规划,也可以包含概括性的规划,这种规划高度概括了正在考虑的系统。好的模型包括那些具有高度抽象性的元素。

回顾前面学习过的内容,结构化建模主要是通过数据流图、实体关系图和软件结构图来实现。面向对象技术中,通常需要建立三种形式的模型,它们分别是对象模型、动态模型和功能模型。对象模型用来描述系统的数据结构,动态模型用来描述系统的控制结构,功能模型用来描述系统的功能。一个典型的软件系统组合了上述三方面内容。

面向对象建模的形式自其产生以来,出现了许多自成体系的表示方法,这些表示法表达了相同的概念,但符号不同,令开发者混淆,使得开发者之间的交流反而更加困难。

为了能够解决这种混乱的局面,软件界开始集中力量合并这些不同的表示法。1994年,Jim Rumbaugh 加入了 Rational 公司,与 Grady Booch 一起统一了 OMT 和 Booch 表示法。1995 年,Ivar Jacobson 也加入了 Rational 公司,并把用例(Objectory)加入到统一化工作中。Rational 公司在 1996 年向对象管理组织(OMG)发出请求,提议完成一套标准面向对象建模表示法。

对于 UML 视图种类的说法,各种参考书上根据描述的角度的不同而有所不同。典型的是 UML 4+1 视图,如图 8-3 所示,包括用例视图、逻辑视图、实现视图、进程视图和部署视图。主要是从应用的角度进行描述在什么阶段对某一问题进行建模时,使用什么

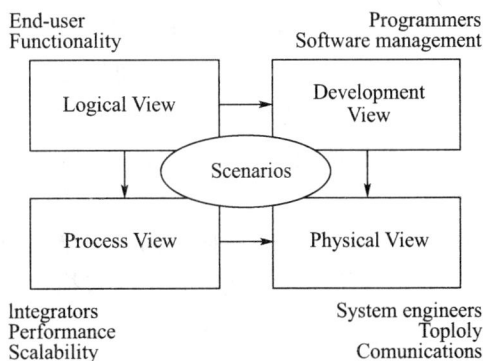

图 8-3　UML4+1 视图

视图,这个视图都包括哪些具体的 UML 图,即通过哪几种图形能够描述这个问题。

1. 用例视图(Scenarios)

描述了从外部参与者看来系统应该完成的功能以及系统的需求。它是为用户、系统分析人员、设计者、开发者和测试人员设计的。用例视图是其他视图的中心,其内容驱动了其他视图的开发。从技术角度看,用例应该是中立的,不包含对象,也就是说,其内容集中在系统解决方案能够完成哪些功能,而不是如何构建系统,强调了需求阶段的任务。

2. 逻辑视图(Logical View)

描述了如何提供系统功能,该视图是系统的设计者和开发者,它着眼于系统的内部,与更为宏观的用例视图形成对比。它描述了静态结构(类、对象及其关系),也描述了对象为响应外部或内部事件而发送消息时的动作协作序列。

3. 实现视图(Development View)

描述了各个实现模块以及它们之间的依赖关系。这些模块可以和其他交付产品进行交叉检验,以确保所有的需求最终都实现为代码。它主要用于开发者,由组件图组成。

4. 进程视图(Process View)

也称为并发性视图。它描述了如何将系统划分为各个进程和处理器。这种划分考虑到了有效的资源使用、并行执行以及对异步事件的处理。它是为开发者和系统集成人员设计的。包括状态图、序列图、协作图、活动图、组件图和部署图。

5. 部署视图(Physical View)

通过组件图和部署图描述系统物理部署情况,开发者、系统集成人员和测试人员要求会使用该视图。

UML 并不是面向对象分析和设计的全部,它只是一种手段,一种工具。我们需要通过自己对对象的理解和使用面向对象分析设计技术来进行系统的分析和设计,然后通过 UML 的形式进行表述。

UML 可以作为草图,作为一种非正式的、不完整的图,借助可视化语言的功能,用于探讨问题或解决方案空间的复杂部分。

UML 可以作为蓝图,来描述相对详细的设计图。逆向工程就是利用 UML 间接直观的特点将已有的代码转换成系统模型的过程。而前向工程(代码生成)则是基于 UML 对问题描述的规则,通过工具的应用自动生成代码框架的过程。

UML 可以描述原始图类型,如类图和序列图,也可以在这些图上叠加建模的透视图。例如,同样的 UML 类图,既能够描述现实世界的概念,又能够描述面向对象语言中的软件类,这种分类是从抽象层次上进行的。概念透视图的抽象层次最高,它是用图来描述现实世界或关注领域中的事物。例如,后面提到的领域模型,同样是类图,它与设计类图所表达的含义完全不同;而规格说明透视图是用图来描述软件的抽象物或具有规格说明和接口的构件,但是并不约束特定实现。实现透视图是用图来描述特定技术中的软件实现。

UML 仅仅是标准的图形化表示方法,它使用常用符号给可视化建模带来了极大的帮助,但它不可能与设计和对象思想同等重要。设计知识是极不寻常的且更为重要的技能,它不是通过学习 UML 表示法或相关 CASE 工具就可以掌握的,如果不具备良好的面向对象设计和编程能力,那么,即使使用 UML,也只能作出拙劣的设计,记住这一点是至关重要的。

在后续的章节中,我们将采用 UML 作为系统的建模描述语言。不仅因为它已经成为软件界公认的建模标准,而且也是 RUP 过程模型中的重要组成部分,RUP 是面向对象软件工程方法介绍过程中选用的过程模型。

小　结

本章重点对几种常见的软件工程方法进行了比较,突出了各自的优缺点,明确在何种情况下选择哪种软件工程方法。由于面向对象方法在解决复杂问题时,显示出突出的优势,而且面向对象的语言应用也正处于蓬勃发展阶段,因此,面向对象技术得到了广泛的使用。为了能够熟练掌握面向对象的分析设计的思路和技术,就必须熟悉面向对象的基本概念,为后续的各章学习打好基础。

习　题

1. 请描述面向对象分析设计方法与结构化分析设计方法的特点与区别。

2. 请简单论述一下你对面向对象基本概念的理解。

3. 请举例说明依赖、关联、聚合、组合之间的区别。

4. 请运用一种学习过的面向对象语言编写一段代码,让它能够表示家庭与孩子之间的关系。

5. UML 的英文全称是什么,它是由谁提出来的?

6. 请简单描述一下什么是"UML 4+1 视图",并对视图中的每个组成部分进行解释。

第9章

面向对象软件开发过程模型

迭代开发是大多数现代方法中的关键实践。在生命周期方法中,开发被组织成一系列固定的短期(如三个星期)小项目,称为迭代。每次迭代都产生经过测试、集成的可执行的局部系统。每次迭代都具有各自的需求分析、设计、实现和测试。

迭代是软件开发过程中普遍存在的一种内在属性,它不是面向对象方法所独有的。研究资料表明,过程模型都朝着迭代的方向发展,只是这种迭代过程在面向对象开发中更常见。在实际的项目开发过程中,用户的需求极少且一成不变,因此迭代便成为目前提高用户满意度、提高软件质量、按时交纳产品的一种有效途径。可以说,现代的软件过程就是一个迭代的过程,软件产品的生产是迭代进行的。

迭代的生命周期是通过对经过多次迭代的系统进行持续扩展和精化,并以循环反馈和调整为核心驱动力,使之最终成为适当的系统。随着时间的推移和迭代的递进,系统增量式地发展完善。因此,这一方法又被称为迭代和增量式开发。由于反馈和调整使规格说明和设计不断进化,故这种方法又被称为迭代和进化式开发,如图 9-1 所示。

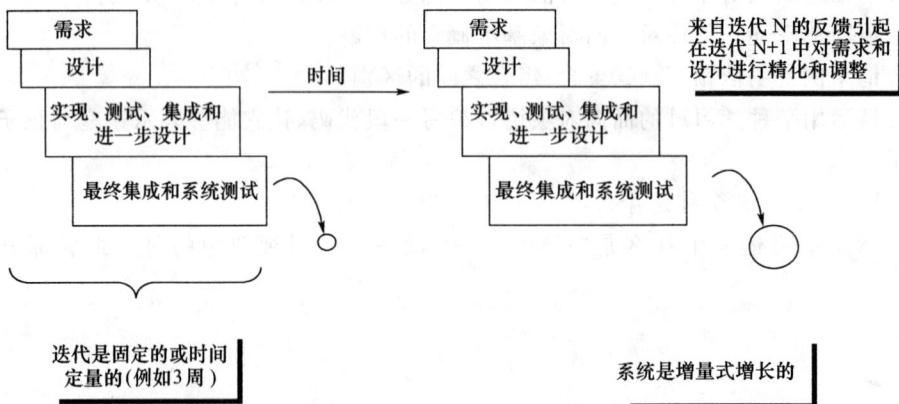

图 9-1　迭代和进化式开发

成功的迭代可以通过对上一次迭代的扩展和优化得到一个更强大的产品。每次迭代都产生一个可执行的、经过测试的、综合的软件版本。因为迭代是一个很短的过程(几周时间),所以技术人员能对软件开发持有信心,同时也能及时得到用户对于迭代的反馈意见。

每次迭代所要完成的任务就是软件生命周期中的一个开发阶段,这类似于应用一个小型的瀑布模型。而每次迭代所生成的部分可执行系统又类似于快速原型法中向用户提供的获取反馈的原型。那么,是否能够将这种迭代开发理解为多次瀑布模型加上原型法的综合应用呢？我们先来比较一下迭代开发和这两种常见的开发方法——瀑布模型和快速原型法的不同。

9.1　迭代开发与瀑布式开发

在 20 世纪 80 年代和 90 年代早期,瀑布式开发方法是占主导地位的生命周期过程模型。使用这种开发方法,开发人员必须以严格的顺序完成软件开发的过程,没有回溯,而且每个阶段都必须在下一个阶段开始之前结束。

实践表明,在构造大多数应用时,瀑布模型效率并不高。瀑布模型适用于那些了解充分的应用,并且分析和设计的结果是可以预测的,但是这样的应用出现的几率很小。大多数应用的需求都有很大的不确定性,况且,使用瀑布过程模型(如图 9-2)直到开发完成才能交付有用的系统,这使得进度管理以及需要挽回偏离初衷的项目变得非常困难。

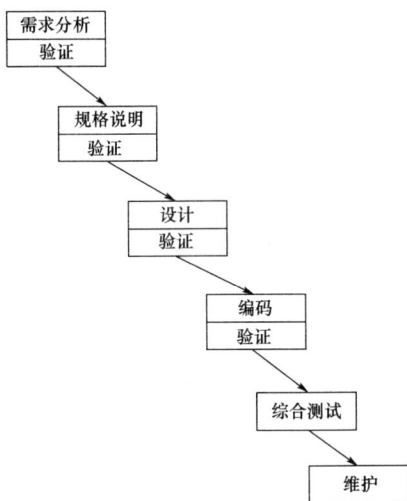

图 9-2　瀑布式开发过程模型

相反,迭代开发在开发早期阶段就能揭示其中的缺陷,并且越早发现问题,系统就会越具有可塑性,越容易顺应变化;如果不拖延,修改也会越容易,而且成本也会越少。很明显,迭代开发是将前一次迭代的结果和反馈带入到下一次迭代过程中,而瀑布模型没有相应的反馈机制。

9.2　迭代开发与快速原型法

使用快速原型法(如图 9-3)可以快速地开发一部分软件,然后反馈给用户进行评估。接着根据反馈修改原型,重复上述过程。最后,交付最终原型作为完成的应用,或者在完成一些原型之后,转而使用另一种方法。

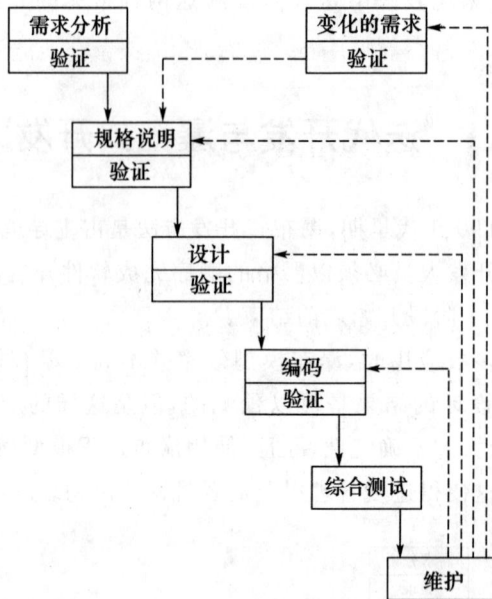

图 9-3   快速原型法

迭代开发与快速原型法不同。原型法是概念的验证,经常采用抛弃型原型法,即使用完后需要根据获得的信息重新构建新的系统;相比而言,迭代开发过程则是后续的迭代以前面的进度为基础。使用迭代开发,出于修改的原因会丢弃一些代码,但是大部分的代码将会被继续使用。

快速原型法的长处在于它会促进与客户的交流,有助于启发需求,也有助于体现技术可行性和其中可能会存在的技术难点。快速原型法的弊端是可能要抛弃代码,而代码像鸡肋,留之无用,弃之可惜。客户常常会沉醉于产品的原型,没有意识到原型代码的真实价值是获取和验证需求的一种手段,而可能缺乏健壮的基础架构。

迭代开发有着与快捷原型法相同的长处,因为迭代步足够小,次数多,就需要经常给客户进行演示。快速原型法和迭代开发两者都提供频繁的检查点,以确保开发的顺利进行。然而,由于反馈所带来的代码修改需要在前一次迭代的基础之上进行,即下一次的迭代开发将在修改的基础上对本阶段增量内容进行开发,因此,代码的使用具有连续性。

9.3   迭代的适用范围

迭代开发由一系列活动所组成。迭代的次数和持续的时间要根据项目的大小而定。对于小型项目(6 个月或更少)而言,迭代时间可能是 2 周～4 周,而对于大型多年期的项目而言,3～4 个月的迭代会更加有效。如果迭代太小,迭代的开销就会很高;如果迭代太大,而评估应用程序的检查点又很有限,就必须在中途进行修改。要保证迭代长度的一致性,深层架构或者困难的功能会需要较长的迭代。

迭代的目标是使代表实质性进展的工作量最低。应尽早地创建任务关键性模块以及会被应用程序频繁执行的核心代码片断,同时也要确保系统功能的平衡性。

9.4　Rational 统一过程模型

IBM Rational Unified Process (RUP)不仅仅是一个生命周期模型,也是一个支持环境(又称为 RUP 平台),该开发环境帮助开发人员使用并顺应 RUP 生命周期。它以在线帮助、模板、指导等 HTML 或其他形式的文档为开发人员提供帮助,是文档化的软件工程产品。RUP 支持环境是 IBM 软件工程套件中的重要组成部分,但作为一个生命周期模型,各个组织可根据自身的实际情况,以及项目规模对 RUP 进行裁剪和修改。因此,它可以应用于任何软件产品的开发。RUP 有三大特点:

(1)软件开发是一个迭代的过程;

(2)软件开发是由用例驱动的;

(3)软件开发是以架构设计(Architectural Design)为中心的。

RUP 强调软件开发是一个迭代模型(Iterative Model),它定义了四个阶段:初始(Inception)、细化(Elaboration)、构造(Construction)、交付(Transition)。每个阶段都有可能经历以上所提到的从商务需求分析开始的各个步骤,只是每个步骤的高峰期会发生在各自相应的阶段,例如开发实现的高峰期发生在构造阶段。实际上这样的一个开发方法论是一个二维模型,它的实现在很大程度上提供了及早发现隐患和错误的机会,因此被现代大型信息技术项目所采用。

RUP 的另一大特征是用例驱动。用例是 RUP 方法论中一个非常重要的概念。简单地说,一个用例就是系统的一个功能。在系统分析和系统设计中,用例被用来将一个复杂的庞大系统分割、定义成一个个小的单元,每个小单元称为一个用例,然后以每个小的单元为对象进行开发。按照 RUP 过程模型的描述,用例贯穿整个软件开发的生命周期:在需求分析中,客户或用户对用例进行描述;在系统分布和系统设计过程中,设计师对用例进行分析;在开发实现过程中,开发编程人员对用例进行实现;在测试过程中,测试人员对用例进行检验。

RUP 的第三大特征是它强调软件开发是以架构为中心的。架构设计是系统设计的一个重要组成部分。在架构设计过程中,设计师必须完成对技术和运行平台的选取、整个项目的基础框架的设计以及对公共组件的设计,如审计系统、日志系统、错误处理系统、安全系统等。设计师必须对系统的可扩展性、安全性、可维护性、可延拓性、可重用性和运行速度提出可行的解决方案。

9.4.1　RUP 软件开发过程模型

RUP 生命周期模型是一个二维的软件开发模型,如图 9-4 所示,其中纵轴代表核心工作流,是静态的一面,是软件周期活动和支持活动;横轴代表时间,是过程动态的一面,它表示整个过程消耗的时间,用工作流程、周期、阶段、迭代和里程碑等名词描述。

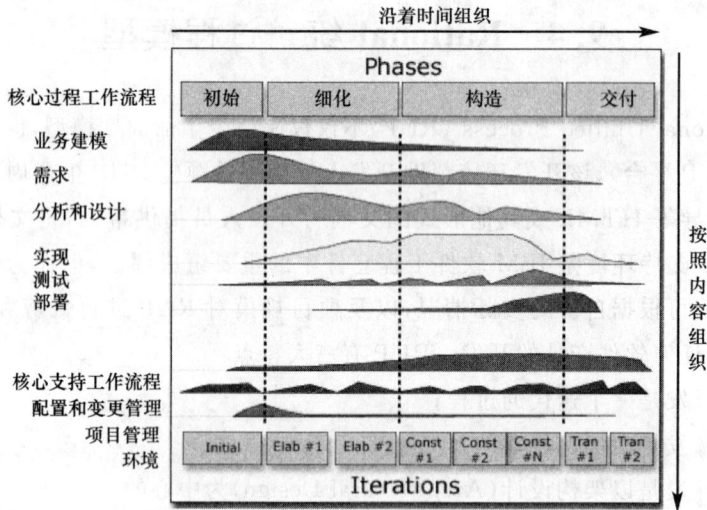

图 9-4   RUP 过程模型

1. 纵轴

纵轴表示的是在每次迭代过程中经历的工作流程(即有一定顺序的活动)。核心过程工作流程中描述了软件生命周期过程中的各个阶段。核心支持工作流程则是一直贯穿于生命周期活动中的管理部分的内容。

(1)业务建模:理解待开发系统所在的机构及其商业运作,确保所有人员对它有共同的认识,评估待开发系统对结构的影响;

(2)需求:定义系统功能及用户界面,为项目预算及计划提供基础;

(3)分析与设计:把需求分析结果转换为分析与设计模型;

(4)实现:把设计模型转换为实现结果,并做单元测试,集成为可执行系统;

(5)测试:验证所有需求是否已经被正确实现,对软件质量提出改进意见;

(6)部署:打包、分发、安装软件,培训用户及销售人员;

(7)配置与变更管理:跟踪并维护系统开发过程中制品的完整性和一致性;

(8)项目管理:为软件开发项目提供计划、人员分配、执行、监控等方面的指导,为风险管理提供框架;

(9)环境:为软件开发机构提供软件开发环境。

2. 横轴

从横轴来看,RUP 把软件开发生命周期划分为多个迭代,每个迭代生成产品的一个新版本,整个软件开发的生命周期由 4 个连续阶段组成,分别是初始阶段、细化阶段、构造阶段和交付阶段,下面逐一进行解释。

(1)初始阶段。初始阶段的主要任务是定义最终产品视图和业务模型,确定系统范围。

RUP 不是瀑布模型,初始阶段作为 RUP 的第一个阶段不需要完成所有需求或建立可靠预算和计划,这些内容是在细化的过程中逐步完成的。大部分的需求分析是在细化阶段进行的,并且伴以具有产品品质的早期编程和测试。因此大多数项目的初始阶段持续的时间相对较短,例如耗时一周或几周。

初始阶段主要的工作包括如下内容:
①简短的需求讨论会;
②确定大多数参与者、目标和用例名称;
③以摘要形式编写大多数用例;
④以详细形式编写 10%～20% 的用例;
⑤确定大多数质量需求;
⑥编写设想和补充性规格说明;
⑦列出风险列表;
⑧完成技术上的概念验证原型和其他调查;
⑨建立面向用户界面的原型;
⑩对购买/构建/复用构件的建议;
⑪对候选的高层架构和构件给出建议;
⑫制订第一次迭代的计划;
⑬列出候选工具列表。

如果这个时期过长,往往是需求规格说明和计划过度的表现。用一句话来概括初始阶段要解决的主要问题:是否就项目设想基本达成一致,项目是否值得继续进行认真研究。初始阶段完成的主要制品参见表 9-1。

表 9-1　　　　　　　　　　　　初始阶段的制品

制品(按照重要性排序)	里程碑状态
前景	已经对核心项目的需求、关键功能和主要约束进行了记录
商业理由	已经确定并得到了批准
风险列表	已经确定了最初的项目风险
软件开发计划	已经确定了最初阶段及其持续时间和目标。软件开发计划中的资源估算(特别是时间、人员和开发环境成本)必须与商业理由一致。资源估算可以涵盖整个项目直到交付所需的资源,也可以只包括进行细化阶段所需的资源。此时,整个项目所需的资源估算应该看做是大致的"粗略估计",该估算在每个阶段和每次迭代中都会更新,并且随着每次迭代变得更加准确
迭代计划	第一个精化迭代的迭代计划已经完成并经过了复审
软件验收计划	完成复审并确定了基线;随着其他需求的发现,将对其在随后的迭代中进行改进

（续表）

制品（按照重要性排序）	里程碑状态
项目专用模板	已使用文档模板制作了文档工件
工具	选择了支持项目的所有工具；安装了先启阶段工作的必要工具
词汇表	已经定义了重要的术语；完成了词汇表的复审
用例模型	已经确定了重要的主要参与者和用例，只为最关键的用例简要说明了事件流
原型	概念原型的一个或多个证据，以支持前景和商业理由、解决非常具体的风险

（2）细化阶段。细化阶段的任务主要是设计、确定系统的体系结构，制订工作计划及资源要求。

细化阶段是最初的系列迭代，在这一阶段中，小组进行细致的调查、实现（编程和测试）核心架构，澄清大多数需求和应对高风险问题。在 RUP 中，"风险"包含业务价值。因此早期工作可能包括实现那些被认为重要的场景，而不是专门针对技术风险。

细化阶段通常由两个或多个迭代组成，建议每次迭代的时间为 2～6 周。除开发团队规模庞大之外，最好采用时间较短的迭代。每次迭代时间都是定量的，这意味着其结束日期是固定的。

细化不是设计阶段，不是要完成所有模型的开发，也不是创建可以丢弃的原型，与之相反，该阶段产生的代码和设计是具有产品品质的最终系统的一部分。

用一句话来概括细化阶段要解决的主要问题：构建核心架构，解决高风险元素，定义大部分需求，以及预计总体进度和资源。细化阶段完成的主要制品参见表 9-2。

细化阶段的关键思想和最佳实践如下：

①实行短时间定量、风险驱动的迭代。

②及早编程。

③对架构的核心和风险部分进行适应性的设计、实现和测试。

④尽早测试、频繁测试、实际测试。

⑤基于来自测试、用户、开发者的反馈进行调整。

⑥通过一系列讨论会，详细编写大部分用例和其他需求，每个细化迭代举行一次讨论会。

第一次迭代结束时应该完成的任务如下：

①所有软件已经被充分测试。

②客户定期地参与对已完成部分的评估，从而使开发人员获得对调整和澄清需求的反馈。

③已经对（子）系统进行了完整的集成和固化，使其成为基线化的内部版本。

④迭代计划会议。

⑤对 UI 的可用性分析和工程正在进行中。

⑥数据库建模和实现正在进行中。

⑦举行另一个为期两天的需求讨论会。

表 9-2　　　　　　　　　　　　在细化阶段构建的制品

核心文档及模型 （按照重要性排序）	里程碑状态
原型	已经创建了一个或多个可执行架构原型,以探索关键功能和架构上的重要场景
风险列表	已经进行了更新和复审。新的风险可能是架构方面的,主要与处理非功能性需求有关
项目专用模板	已使用文档模板制作了文档工件
工具	已经安装了用于支持细化阶段工作的工具
软件架构文档	编写完成并确定了基线,如果系统是分布式的或必须处理并行问题,则包括架构上重要用例的详细说明(用例视图)、关键机制和设计元素的标识(逻辑视图),以及(部署模型的)进程视图和部署视图的定义
领域模型	也叫业务对象模型。已经对系统中使用的核心概念进行了记录和复审。在核心概念之间存在特定关系的情况下,以用作对词汇表的补充
设计模型	制作完成并确定了基线。已经定义了架构方面重要场景的用例实现,并将所需行为分配给了适当的设计元素。已经确定了构件并充分理解了自制外购/复用决策,以便有把握地确定构造阶段的成本和进度。集成了所选架构构件,并按主要场景进行了评估。通过这些活动得到的经验有可能导致重新设计架构、考虑替代设计或重新考虑需求
数据模型	制作完成并确定了基线。已经确定并复审了主要的数据模型元素(例如重要实体、关系和表)
实施模型	已经创建了最初结构,确定了主要构件并设计了原型
前景	已经根据此阶段获得的新信息进行了改进,对推动架构和计划决策的最关键用例建立了可靠的了解
软件开发计划	已经进行了更新和扩展,以便涵盖构建阶段和产品化阶段
指南,如设计指南和编程指南	使用指南对工作进行了支持
迭代计划	已经完成并复审了构造阶段的迭代计划
用例模型	用例模型大约完成 80%,已经在用例模型调查中所有用例、所有主要参与者并编写了大部分用例说明(需求分析)
补充规约	已经对包括非功能性需求在内的补充需求进行了记录和复审
可选	里程碑状态
商业理由	如果架构调查不涵盖变更基本项目假设的问题,则已经对商业理由进行了更新
分析模型	可能作为正式工件进行了开发;进行了经常但不正式的维护,正演进为设计模型的早期版本
培训材料	用户手册与其他培训材料。根据用例进行了初步起草。如果系统具有复杂的用户界面,可能需要培训材料

（3）构造阶段。构造阶段构造产品并继续演进需求、体系结构、计划直至产品提交。

在此阶段将会涉及两个重要概念：①程序重构：指对程序中与新添功能相关的成分进行适当改造，使其在结构上完全适合新功能的加入。②模式：解决相似问题的不同解决方案。

此阶段要建立类图、交互图和配置图。例如，一个类具有复杂的生命周期，可绘制状态图；如果具有复杂的算法，可绘制活动图。

表 9-3   提供的文档及模型

核心文档及模型 （按照重要性排序）	里程碑状态
"系统"	可执行系统本身随时可以进行"Beta"测试
部署计划	已开发最初版本、进行了复审并建立了基线
实施模型	对在细化阶段创建的模型进行了扩展，构造阶段末期完成所有构件的创建
测试模型	对在细化阶段创建的模型进行了扩展，构造阶段末期完成所有构件的创建
培训材料	用户手册与其他培训材料。根据用例进行了初步起草，如果系统具有复杂的用户界面，可能需要培训材料
迭代计划	已经完成并复审了交付阶段的迭代计划
设计模型	已经用新设计元素进行了更新，这些设计元素是在完成所有需求期间确定的
项目专用模板	已使用文档模板制作了文档
工具	已经安装了用于支持构造阶段工作的工具
数据模型	已经用支持持续实施所需的所有元素（例如表、索引、对象关系型映射等）进行了更新
可选	里程碑状态
补充规约	已经用构造阶段发现的新需求（如果有）进行了更新
用例模型	已经用构造阶段发现的新用例（如果有）进行了更新

（4）交付阶段

交付阶段，把产品提交给用户使用。

迭代式开发关键在于规范化地进行整个开发过程。在交付阶段，不能再开发新的功能（除了个别小功能或非常基本的功能以外），而只是集中精力进行纠错和优化工作。

表 9-4	交付阶段的制品
核心文档及模型 （按照重要性排序）	里程碑状态
产品工作版本	已按照产品需求完成,客户应该可以使用最终产品
发布说明	完成
安装产品与模型	完成
培训材料	完成,以确保客户自己可以使用和维护产品
最终用户支持材料	完成,以确保客户自己可以使用和维护产品
可选	里程碑状态
测试模型	在客户想要进行现场测试的情况下,可以提供测试模型

9.4.2　对 RUP 的错误理解

如果你在使用 RUP 的过程中,与下述一点或几点看法一致,就说明你没有真正理解 RUP:

(1)在开始设计或实现之前试图定义大多数需求;

(2)在编码之前试图做绝大部分需求分析和设计,将项目的主要测试和评估放到项目的最后;

(3)在编程之前花费数日或数周进行 UML 建模;

(4)认为初始阶段＝需求阶段,细化阶段＝设计阶段,构造阶段＝实现阶段;

(5)认为细化的目的是完整仔细地定义模型,以能够在构造阶段将其转换成代码;

(6)试图对项目从开始到结束制订详细计划,或者试图预测所有迭代,以及每个迭代中可能发生的事情;

(7)没有进行迭代开发;

(8)迭代周期过长;

(9)每次迭代都以产品发布作为结束(提交不等于发布);

(10)细化阶段的目标是提交一个用之即抛弃的原型为目标(应该是起始阶段使用原型);

(11)使用预见性的计划;

(12)在细化阶段完成之前就完成架构文档。

9.4.3　RUP 裁剪

RUP 是一个通用的过程模板,包含了很多开发指南、制品、开发过程所涉及的角色说明,由于它非常庞大,所以在具体的开发机构和项目使用 RUP 时需要做裁剪,也就是要对 RUP 进行配置。RUP 就像一个元过程,通过对 RUP 进行裁剪得到很多不同的开发过程,这些软件开发过程可以看做是 RUP 的具体实例。RUP 裁剪可以分为以下几步:

(1)确定本项目需要哪些工作流。RUP 的 9 个核心工作流并不总是需要的,可以进行取舍。

(2)确定每个工作流需要哪些制品。

(3)确定 4 个阶段之间如何演进。确定阶段间演进要以风险控制为原则,决定每个阶段需要哪些工作流,每个工作流需要执行到什么程度,制品有哪些,以及每个制品需要完成到什么程度。

(4)确定每个阶段内的迭代计划。规划 RUP 的 4 个阶段中每次迭代开发的内容。

(5)规划工作流的内部结构。工作流所涉及的角色、活动及制品,它的复杂程度与项目规模即角色多少有关。最后规划工作流的内部结构,通常用活动图的形式给出。

小　结

RUP 过程模型是目前支持面向对象开发的常用过程模型。它以迭代和增量的形式很好地应对了目前用户需求易于发生变化的情况。同时,RUP 过程模型也是目前支持文档较为完备的一种过程模型,能够很好地引导项目小组成员实施该过程。

习　题

1.什么是 RUP? 请阐述你对 RUP 过程模型的理解。

2.RUP 过程模型的核心机制是什么?

3.RUP 过程相当复杂,它可以根据具体项目背景进行裁剪吗,其裁剪原则是什么?

第10章

启动项目

一个项目的产生往往是从市场人员那里获得的有关用户的一些想法，或是软件行业当中某个人的奇思妙想，经过对市场前景、技术实施、经济效益等方面的可行性分析后，被确定下来的。而在启动项目时，对于系统开发人员来讲，项目的描述和需求往往不是很清楚，要想摸清楚用户的真正意图或是市场需求的准确定位，仍然需要做很多工作。

正如前面第 3 章需求工程中所讲述的那样，系统分析人员需要进行深入的、大量的需求调查和搜集，在此基础之上，分析人员才能进行分析整理，构建起系统的需求模型，获得真正要做的系统功能。那么，如何应用面向对象的思想进行分析、设计和开发呢？

在后续的讲述中，本书将以"资料共享管理系统（Material Share Management System）"为示例项目，按照 RUP 过程模型，遵循软件工程的基本理论，应用面向对象软件工程方法进行系统的分析和设计。

本着精炼、实用的原则，本章着重对 RUP 的初始阶段和细化阶段的第一次迭代的内容进行讲解。后续迭代过程和构造、交付阶段的内容将不在书中讲述。这样做的目的是为了起到引导的作用，让大家了解 RUP 过程的基本特点，在此过程中涉及如何运用面向对象的知识、在实际项目中从何入手开展项目以及如何进行系统的分析和设计。

10.1　项目背景

在某信息学院的计算机系内，有一个系属的小型图书馆（资料室），主要用来存放系里教师自行购买并由学校报销过的图书资料，这部分图书在经过校图书馆登记之后，将归系里自行保管。同时，系里统一订阅的期刊也存放在系图书馆。对于图书的借阅和归还事宜全部由系里的秘书来负责。

目前，这部分图书资料存放在一个资料室中，在规定的时间内，教师可以到资料室查阅自己感兴趣的图书资料。确定欲借阅的图书之后，拿着规定数量之内的图书到秘书处办理借阅；同时秘书也负责收集整理教师归还的图书，并将它们统一放归资料室。年终资料归档时，秘书将负责把当年的期刊进行整理，提交给院图书馆进行统一保管。

但是，现在的查阅过程中，教师并不知道资料室中有什么资料，而是在规定的时间内挤在资料室中四处搜寻。另外，由于资料室中的图书借阅期限较长（一般为三个月），很多教师往往忘记归还手中的资料，从而减少了其他教师借阅的机会。同时，部分教师手中还有自己购买的私人图书（藏书），这部分书会根据研究领域的变化出现资源闲置的情况。而此时其他教师有可能正在寻找这方面的资料。虽然教师们也经常相互借阅图书，但随着时间的推移经常出现自己想用书时，不知道借给谁了；或者想还书时，忘记是从谁那里借的情况。由于计算机系由多个教研室构成,不同的教研室有自己的办公地点,所以教师之间相互借阅图书时被限制在一个很小的范围内,其他教研室的资源信息则很大程度上需要教师之间的相互传递。怎样使这些图书资源尽可能地被充分利用,并使资源的流动处于一个有序透明的状态之下呢?本章将利用 RUP 过程模型,运用面向对象的方法进行该系统的分析和设计。

10.2   过程模型

按照 RUP 统一过程模型的指导,当确定目标启动项目后,项目进入到初始阶段。初始阶段的目标就是对整个系统进行勘查,但是范围广而不深。此间一个重要的任务就是基本确定触发该项目的问题、机会和(或)指示,并将每个问题、机会和指示按照紧急程度、可见性、好处和优先权进行评估。在这一阶段,项目开发人员不需要解决所有预期发生的问题,只需要建立一个总体路线图来规划将来的工作,估计将来在项目实施的过程中,需要完成的一些任务和可能会出现的情况。任何额外的详细分析在这个阶段都是不必要的,但是需要列出项目中所有可见的约束条件(限制),例如最终期限、最大预算或通用技术。

在初始阶段,项目开发人员还需要考虑一些问题来获取尽可能多的与项目相关的约束信息。例如,需要构建用来解决什么问题的系统?谁想得到这个系统?他们是否愿意为该系统付出报酬或愿意将系统付诸应用?系统中的构件是进行购买,还是复用公司构件库中的构件,还是自己重新进行开发等。在此基础之上粗略估计一下成本,确定工作量,帮助人们决定是否将项目继续下去。项目在此基础上是否具有可行性?项目应该继续下去还是停止?用更为具体的术语来描述这些信息,就是建立项目的前景以及业务案例。与此同时,还需要和所有的项目相关人员对要构建的目标达成一致,以确保将各方面的意见和约束考虑在内。

为了能够完成本阶段的目标,下面列出了可能需要进行的活动,供大家参考。

(1)在项目前景中说明哪些是目标,哪些不是;

(2)讨论构成系统的用例,写出项目用例的初稿(简单描述),确定用例的优先级;

(3)分析在系统体系结构中具有重要作用的用例和/或用例路径;

(4)对项目的四个阶段(开始、细化、构造、交付)的高层阶段进行规划;

(5)对前述步骤中识别出来的影响体系结构的重要需求,制订详细的迭代计划;

(6)确定风险,并估计在风险发生时应该采取的措施;

(7)建立一个开发环境,用来选择、安装并配置开发工具。

10.3   项目前景

系统概念的形成并不是一开始就非常清楚,多数系统概念开始时模糊,需要补充更多的实质性的内容。对于一般系统来讲,在此阶段系统开发人员还不是很清楚业务的实施规则,如接下去要做的系统到底处在哪个业务流程的环节中,这一系统如何能够有效地帮助客户解决面临的问题,以及是否仍然存在潜在的业务需求等,这些都是需要解决的问题。

就像书中给出的 MSMS 案例描述,虽然描述了项目的大致背景及要求,但是仍然有许多内容是含糊的、模棱两可的。例如,这些图书资源是否要与院级图书馆之间存在信息的交互;系内对于图书资源的借阅规则实际上是如何运作的;资料管理员需要管理的图书资料具体都有哪些种类,每种资料的管理方式和要求是否存在差异;资料管理员需要通过获得什么资料才能够帮助购书工作组确定购买的书目等,都是需要进一步明确的内容。

明确项目前景的描述有助于帮助项目团队理解自己要构建的内容。一个清晰的前景是开发一个满足项目相关人员真正需求的产品的关键。项目前景的描述不只是一个将要构建系统所要达到目标的综述,还包括了产品高层功能的描述。

对前景的陈述可以参考下述问题来帮助系统开发人员抓住问题的关键(需要的话这些问题还可以分成更小、更详细的问题):

(1)项目团队尝试解决的问题是什么?

用户在业务过程中遇到了什么样的困难,希望通过系统解决什么样的问题。这个内容一般可以借助于用户的问题陈述。

(2)项目团队需要构建什么,不需要构建什么?

项目要解决问题的范围需要明确,同时还要抓住解决问题的关键内容。

(3)项目相关人员是谁? 用户是谁? 他们各自的需求是什么?

项目的相关人员也被称为"项目的涉众"。在构建项目前景的过程中,要想弄清楚想要构建的目标,就必须清楚你为谁构建这个软件,谁将使用它,他们为什么会使用它。这些问题的答案可以帮助你在收集软件的需求时,确认需要对哪些人进行哪些方面的提问。涉众并不局限于项目的客户,还包括能够在成功项目中获得利益的人,例如系统使用者。应用我们在第 3 章需求工程中学习过的用户类型知识,就可以很好地把握涉众的范围。

例如,在示例项目中,一些教师对于现行图书借阅制度提出了一些想法;同时充当资料管理员的教学秘书对目前要开发的系统也非常感兴趣,并期望这个系统能够给她带来更多的工作上的便利;计算机系的相关领导对于此项系统的实施也非常关注。当需要面对的客户逐渐清晰起来之后,项目团队要获取信息的方向相应也明朗了。

(4)关键术语是什么?

在业务实施的过程中,存在很多的专业性词汇。这使得业务人员在业务范围内能够省却一些繁琐的解释,增强沟通的有效性。系统在开发过程中,系统开发人员需要熟悉用户的业务环境,并能够通过模拟这种环境,增强团队之间的沟通,也便于用户日后更快熟悉系统应用环境,增强系统的易用性和可理解性。在下面一节中,将详细介绍关键术语的搜集及描述方法。

(5)产品的特性是什么?

产品特性是指除了产品(系统)本身所具有的基本功能外,产品还能够提供哪些有特色的功能或性能指标。这些特性将是系统在构建过程中需要重点考虑的要素,是具有高业务价值的需求。

（6）功能性需求是什么？

系统提供的功能在 RUP 过程中采用用例技术进行描述。

（7）非功能性需求是什么？

从软件质量属性的角度来描述系统需要达到的要求。在 RUP 过程中，使用"补充性规格说明"对非功能性需求进行描述。

（8）设计约束是什么？

设计约束描述了系统在实现过程中必须使用的手段和必须要达到的目标。

前景为更详细的技术需求提供了一个高层的、合同式的基础。正像这个术语隐含的那样，它是软件项目的一个清晰的、高层的视图，能被过程中任何决策者或者实施者借用。它捕获了高层的需求和设计约束，让读者理解将要开发的系统的目的及它所期望完成的目标。由于前景构成了"项目是什么"和"为什么要进行这个项目"，所以可以把前景作为验证决策的手段和途径之一，它与商业理由密切相关。

在前景的描述过程中，要注意灵活运用前面"需求工程"一章中提到的需求获取和描述的手段、方法。恰当地运用问答分析法，强调"是什么"和"不是什么"，用以有效地避免问题描述存在的含混表述和二义性问题。其他的注意事项，请参见第 3 章中"需求验证与评审"一节中相关内容。

10.4　术语表

术语表（Glossary）为所有项目相关人员建立了一个交流的平台，使得大家对于某些问题的描述可以在这些术语的基础之上达成共识。它包含各种定义，有可能产生不清楚或不准确的所有的术语，尤其是与业务相关的专业词汇，也包含一些缩略语的定义和解释，即使它们之间只有细微的差别。术语表的使用，一方面遵循业务环境的使用习惯，使用户在使用软件时更易于熟悉应用环境；另一方面，团队成员使用一致的语言来对项目进行描述，省却了解释的时间，使用起来简单、明了。

在软件开发中要尽早建立一个术语表，以便对一些专用的名词进行定义和解释。术语表的制定和补充应该是一个持续性的活动，在软件开发的各个阶段，尤其是 RUP 中增量的过程，随着构建系统范围的不断扩大，获得信息不断丰富，有必要及时对术语表进行修订。

术语表可以按表格的形式写成文档。这个表格至少要有两列：术语和它的定义。如果术语的数目比较大，就需要按照一定的方式（字母的顺序或汉语拼音的顺序）进行排序。业务术语表包括的内容会随着对系统认识的不断加深而扩大，在必要的情况下需要对术语表进行分类，以便于管理和查询。

针对书中的示例项目，着重从图书管理领域对专业词汇进行定义。例如，预约指的是在库存无存货的情况下，提前进行借书告知。当然，也要考虑在系统的解决方案中，对一些过程描述的抽象和定义。例如，对"晒书"过程的定义，用它来取代向教师提供图书的共享列表过程的描述。这种描述在实际的业务操作过程中是不存在的，在术语表中描述后，就统一了大家对此过程的称谓。资料共享管理系统（MSMS）业务术语表请参见表 10-1。

表 10-1　　　　　　　　　　　　　**MSMS 业务术语表**

术　语	定义和解释
图书	图书是通过一定的方法与手段将知识内容以一定的形式和符号(文字、图画、电子文件等),按照一定的体例,系统地记录于一定形态的材料之上,用于表达思想、积累经验、保存知识与传播知识的工具。在本项目前期特指纸质载体,在项目的后期可能会增加对电子图书的管理
资料管理员	系内资料室的管理员,即图书管理员
资料室	系内保存图书的地方
借阅	从资料室中选定图书之后,到资料管理员处办理相关手续,允许在规定的时间内使用选定图书的过程
续借	已经到了还书的期限,但是借阅者仍然想继续拥有同一本书,则可在办理相关手续后继续拥有借阅者的资格
还书	到了借阅的期限后,需要将所借图书交还资料管理员
预约	提前进行借书告知,当资料室内存在预约图书后,将会按照告知的先后顺序提供借阅的机会
藏书者	拥有图书者,包括个人藏书者和资料管理员。资料管理员可以认为是一种特殊形式的藏书者,只不过对于他的藏书,系统将全部自动进行晾晒,并且晾晒的期限是固定的(借阅时间)
晒书	藏书者将自己的暂时闲置的图书共享出来,并将名单公布出来的过程
拣书	从共享书目中挑选图书,并完成了借阅过程
晒书场	虚拟的教师之间交换图书的场所

　　与业务术语表相近的信息资料还包括缩略语表和词汇表。缩略语表顾名思义,描述的是系统开发过程中对系统中的一些词汇的简称,一般采用英文缩写来表示。词汇表描述的是系统中术语的中英文对应关系,便于日后在进行软件设计乃至软件实现中对术语进行统一。一般情况下,它们是相对独立地进行搜集和整理的文档,然而在信息比较少,内容不是很繁杂的情况下,这些内容是可以合并成一个文档的。

10.5　开发案例

　　在 RUP 的初始阶段,我们不仅关注需求的获取和描述,而且还需要从项目管理的角度对整个项目制定宏观上的规划。编写开发案例就是对项目的实施方案做一个统筹的安排。

　　在 RUP 中,一个开发案例是指项目管理者如何为当前的项目定制开发过程的描述,它将描述如何根据需要采用 RUP,是 RUP 中的一个重要制品。即使是在一个小型的、定义相当清楚的项目中,使用 RUP 也可以引导项目团队执行项目开发过程,并确保他们工作的方向。

那么,如何根据项目的背景来确定使用 RUP 中的相关过程呢?借鉴 Gary Police 等所著的《小型团队软件开发——以 RUP 为中心的方法》一书提到的方法,可以从以下两个角度描述可作为启发性原则帮助项目团队确定使用相关的过程。首先,"只进行那些可以直接向你的客户或者其他项目相关人员交付有价值产品的活动,生产相关的制品";换个角度说,"如果开发团队不进行一个特定的过程步骤,会发生不好的事情吗?"根据这两个角度,项目团队可以从繁杂的 RUP 过程中抽取适当的过程和制品用于自己的项目中,从而对 RUP 进行有效的裁剪。

开发案例的另一个重要部分就是解释项目中每个不同角色的职责。特别是对于一个小型团队来讲,每个人很可能担任了不止一个角色,所以仔细定义所有这些职责是很重要的。团队成员需要明白自己的职责,他们需要了解这个项目期望产生哪些制品、可以使用哪些制品以及这些制品本身的形式。

10.5.1　开发案例中使用的惯例

即使对一个使用通用开发案例的大型机构来讲,每个项目团队也都会针对自己的项目对开发案例进行裁减。

项目团队应该着重于制品而不是活动。关注制品可以使团队成员将精力集中在要完成的任务上,明确本阶段的目标。因此在开发案例中最重要的载体就是用于描述每一个制品的表格。表 10-2 是在开发案例中制品表格的常见格式。

表 10-2　　　　　　　　　　开发案例中制品表格的格式

制　品	如何使用				审阅的详细情况	使用的工具	负责人
	初始阶段	细化阶段	构造阶段	交付阶段			

下面对表 10-2 的属性进行简单说明。

(1)制品。描述制品的名称,对 RUP 中某种制品的引用,或是在开发案例中定义的某种局部制品。

(2)如何使用。描述在生命周期中如何使用该制品。判定在每一个阶段中该制品是否被生成或者被显著地修改。这一阶段可能的值包括:C——在本阶段生成,M——在本阶段被修改,空缺——不需要进行审阅。

(3)审阅的详细情况。定义对该制品的审阅等级以及审阅的过程。"正规"表示由客户或者相关涉众进行审阅和签署;"非正规"表示由一个或多个团队成员进行审阅,不需要进行签署;"空缺"表示不需要审阅。

(4)使用的工具。定义用于产生该制品的开发工具。有关用于开发和维护该制品的工具的详细参考。

(5)责任人。负责该制品的角色。描述由哪一个角色(例如项目经理或开发人员)来负责保证该制品的完成。

以示例项目为例,表 10-3 简单描述了案例项目的开发案例。

表 10-3 计划的简单开发案例

工作流程	制 品	如何使用				审阅的详细情况	使用的工具	负责人
		初始阶段	细化阶段	构造阶段	交付阶段			
业务建模	领域模型		C				VSS,MS Word&MS Visio	系统分析师
需求	用例模型	C	M			正规的	VSS,MS Word&MS Visio	系统分析师
	补充性规格说明	C	M			正规的	VSS,MS Word&MS Visio	系统分析师
	词汇表	C	M				VSS&MS Word	系统分析师
	用户界面原型		C				Dream Weaver	用户界面设计师
	前景	C	M			正规的	VSS&MS Word	系统分析师
分析和设计	设计模型		C	M		正规的	VSS,MS Word&MS Visio	软件架构师
	软件架构文档		C	M		正规的	VSS&MS Word	技术文档作者
	数据模型		C	M		正规的	VSS&PowerDes	数据设计师
实现	…							
项目管理	…							
…	…							

在初始阶段团队成员的主要任务是确定项目的总体范围,明确项目的前景,因此,在初始阶段关注的是前景的创建,但随着细化阶段迭代的不断进行,前景的内容也会不断改进并趋于完善。同时,为了能够更好地获得系统的功能性需求,团队成员采用用例技术对需求进行描述,因此,用例模型的构建将是初始阶段的又一重要的任务。随后大家将会了解到,用例模型的构建仍需要在细化阶段进行不断的修改和补充。鉴于用例模型的重要性,因此需要对阶段性的内容进行正规的评审,以保证质量。在构建模型的过程中,强调工具环境的要求,一方面保证项目初期能够尽早建立一个团队的开发环境,另外一方面强调文档书写的一致性。

10.5.2 角色的映射

每一个项目都需要将其中的工作职责以不同的方式分配给其团队成员。没有几个项目能够在 RUP 所描述的角色和实际的人员之间建立起一一映射。因此,弄清楚每一个人需要承担哪些责任是非常重要的。在小型项目中,由于能够容忍的重复工作是非常有限的,因此这一点尤为关键。

表 10-4 显示了示例项目中最初的角色映射关系,在这张表中,项目负责人确保至少为每一个角色分配了一个团队成员。当明确了各自所承担的角色之后,就可以对照表 10-4 中负责人一栏的内容明确自己的任务和责任。

表 10-4   开发案例中的角色映射

角色	石凌	张博	邹杰	贾跃
系统分析师		X		
用户界面设计师			X	
数据设计师	X			
软件架构师	X			
集成工程师				X
实现人员	X	X	X	X
测试设计师	X			X
测试人员	X	X	X	X
部署经理		X		
技术文档作者			X	
配置经理				X
项目经理	X			
过程工程师		X		
工具专家	X	X	X	X

10.5.3 开发案例中的制品

制品的选择着重在于它是否能够直接向你的客户或者其他项目相关人员交付有价值产品,或者说如果项目小组不进行一个特定的过程步骤,是否会对后续的工作带来不便或不利的影响。因此一开始制定的开发案例的制品,不一定就是项目小组最终完成的制品。到后来很有可能会发现,原先计划中的事情在实际的操作过程中并不适用,或者是错误的。这种情况下,大可不必为了完成计划去做一些无用的事情。项目小组应该重新构建那些确实能提供帮助的制品。

下面的内容是常用的开发案例制品列表,供大家参考。

(1)项目前景。

（2）风险列表。

（3）用例模型。

（4）界面原型。

（5）设计模型。

（6）实施模型。

（7）组件。

（8）测试计划。

（9）测试用例。

（10）测试结果。

（11）产品（交付给用户的完整系统）。

（12）发布说明。

（13）终端用户支持材料。

（14）迭代计划。

（15）迭代评估。

（16）项目计划。

（17）开发案例。

（18）编程指南。

（19）工具。

10.5.4　为初始阶段制订计划

为了使项目顺利地开展下去，项目小组必须制订相应的计划，使用 RUP 的过程中尤其如此。RUP 是一个基于迭代开发的过程，在每一次迭代开始之前，应该建立当前阶段的迭代计划。

在项目的初始阶段所生成的所有计划最多也只是推测而不是精确的表述，不要把过多的时间花费在细节上，大多数的细节都会在以后被更改。一旦形成了计划，就应该保证将它传达给整个团队，而且每一个成员都同意采用该计划并开始实现项目负责人制定的意图。图 10-1 为 MSMS 项目初始阶段计划。

		任务名称	工期	开始时间	完成时间	前置任务	资源名称
1		初始阶段	9 工作日	2007年3月28日	2007年4月9日		
2		确定开发案例	1 工作日	2007年3月28日	2007年3月28日		张博,石凌
3		前景目标和产品特性需求	2 工作日	2007年3月29日	2007年3月30日	2	张博
4		附加需求	1 工作日	2007年4月2日	2007年4月2日	3	张博,石凌
5		工具环境	1 工作日	2007年3月29日	2007年3月29日	2	邹杰
6		初始用例模型	2 工作日	2007年4月3日	2007年4月4日	4	石凌,张博
7		初始项目计划	1 工作日	2007年4月5日	2007年4月5日	6	石凌
8		初始风险列表	1 工作日	2007年4月2日	2007年4月2日	3	贾跃
9		细化阶段迭代计划	1 工作日	2007年4月6日	2007年4月6日	7	石凌
10		测试计划(初稿)	1 工作日	2007年4月5日	2007年4月5日	6	贾跃
11		迭代评估	1 工作日	2007年4月9日	2007年4月9日	9, 10	用户,项目组

图 10-1　MSMS 项目初始阶段计划

真正的问题在于,项目小组应该花费多少时间和精力来建立和维护开发案例。如果这是一个小型的以前曾经一起工作过、对开发过程有共同理解的团体,那么开发案例只是一个口头上的制品,也就是说可以通过讨论来和全体成员进行沟通。如果项目负责人发现构建的团队离一个小型的、熟悉的团队很远——无论是团队的规模还是团队成员相互之间或是对共同的开发过程缺乏了解,就需要写下开发案例,并保持它与当前情况相符合。

小　结

项目启动的时候,往往资料比较繁杂,头绪比较多,不知道如何开头,如何下手。本章讲述的启动项目的过程及方法能够帮助大家迅速地抓住问题的关键,明确初始阶段的任务。从项目前景入手明确项目的范围及约束,制定项目的开发案例,确定项目的人员组成、任务分配、RUP过程制品及初步开发计划,理清了项目的开发脉络。获取功能性需求是在此阶段中的一项重要任务,我们将采用用例技术加以实现,由于涉及的知识比较多,这部分内容将在下一章中进行讲述。

习　题

1. 请简单描述一下项目前景以及它的作用。
2. 什么是开发案例,它的作用是什么?
3. 在实施的过程中,开发案例允许被修改吗,为什么?
4. 请根据自己的项目背景,编制出一份业务术语表。
5. 请根据自己的项目背景,编写一份项目开发案例。

第11章　获取功能性需求

项目的成功在很大程度上依赖于采用一种对 IT 人员和项目投资者都比较直观的方式来定义需求。多年来，分析者总是利用情景或经历来描述用户和软件系统之间的交互方式，从而获取需求。Ivar Jacobson 把这种看法系统地阐述成用例的方法，利用它进行需求获取和建模。虽然用例来源于面向对象的开发环境，但是它也能应用在具有其他开发方法的项目中，因为用户并不关心你是怎样开发软件的。用例的观点和思维过程带给需求开发的改变比是否画正式的用例图显得更为重要。

用例就是功能性需求，它主要说明系统的功能性或行为性需求。用例强调了功能性或行为性，但也可用于其他类型，特别是与用例紧密相关的那些类型。在 RUP 中，用例被推荐为发现和定义需求的核心机制。

书中第 3 章已介绍了很多有关需求获取的方法，这些方法都是获得需求信息的渠道。当信息汇总起来之后，又该如何理解系统、抽象出系统应该提供的功能呢？前面讲述的数据流图的方法，能够帮助系统分析人员通过对数据流动进行加工处理，从而分析和提取功能。那么，RUP 过程中所使用的用例技术，就是一种利用事件清单和事件表为入手点提取系统功能的方法。

11.1　事件清单和事件表

实际上，所有的系统开发方法都是以时间概念来建模的。事件发生在某一特定的时间和地点，可描述并且软件系统可以参与，并需要记录。系统的所有处理过程都是由事件驱动或触发的，因此当定义系统需求时，把所有事件罗列出来并加以分析，是系统分析人员对系统着手分析的入手点。部分参考书中将事件清单和事件表称为初始问题陈述。称谓虽然不同，但是实质上都是对项目中出现的典型事件进行记录、总结的结果。无论是数据流图技术还是用例技术，列出事件清单都是一种快捷的抓住系统主要需求的方法。事件清单的构成就是将与系统活动相关的行为描述抽取出来后形成一个列表的过程。

当定义一个系统需求时，先调查清楚能对该系统产生影响的事件是十分有用的。更准确地说，要明确什么事件发生时需要系统参与并做出响应。事件的发现，可以借助项目前景中系统特性的描述，将重点集中在对用户具有重要价值的核心目标上。在此基础之上询问对系统产生影响的事件。

通过询问对系统产生影响的事件，系统分析人员可以将注意力集中在外部环境上，遵循需求分析的目的是"做什么"，避免陷入"怎么做"的细节之中，可以把整个系统看成一个黑盒。最初的调查主要帮助系统分析人员从高层次上全面考察系统，而不是集中在系统内部工作上。最终用户，即真正使用系统的人，也习惯于按照那些影响他们工作的事件来描述系统需求。因此,当用户使用系统时,把重点集中在事件上也是合情合理的。最后,把重点集中在事件上也提供了一种划分(或分解)系统需求的方法,这样系统分析人员就可以针对不同场合下出现的相关事件来分别研究各个部分。复杂的系统需要分解成易处理并能更好理解的小单元,而按照事件来划分系统是这种分解的一种方法。

11.1.1　事件的类型

系统分析人员在记录和抽取事件的过程中,分清事件的类别有助于更好地理解系统需要做出的响应和系统的职责。

事件分为外部事件、内部事件两类。系统分析人员开始工作时识别并列出尽可能多的事件,在与系统用户的交谈中不断细化这些事件列表。示例项目的外部事件与内部事件的对比请参见图 11-1。

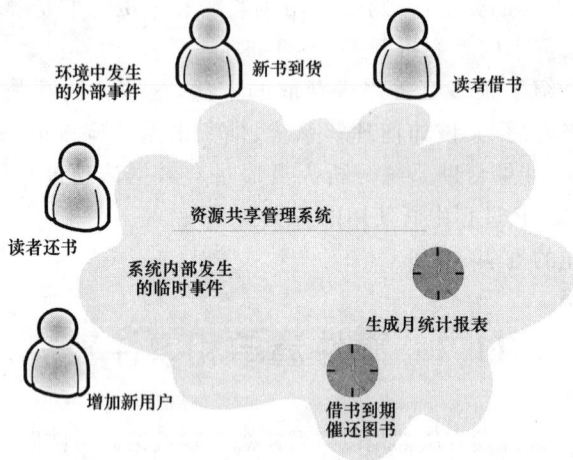

图 11-1　影响系统的事件

1. 外部事件

外部事件是系统之外发生的事件,通常都是由外部实体(或动作参与者)触发的。外部实体是一个人或组织单位,它为系统提供数据或从系统获取数据。为了识别关键的外部事件,系统分析人员首先要确定所有可能需要从系统获取信息的参与者。例如,在示例项目中读者就是一个典型的参与者,他通过系统获得相关的图书信息,当他从资料室中借阅一本图书时,系统需要根据他提供的读者信息将借阅的图书与借阅者关联起来,记录借阅信息。由参与者发起的外部事件促使系统必须处理这些重要的事务。

当描述外部事件时,需要给事件命名,这样参与者才能明确触发的任务,同时将参与者需要处理的工作也包括进来。例如,"读者借阅图书"描述了一个外部参与者(读者)以及这个外部参与者想做的事情(借阅图书),这一事件直接影响系统需要完成的任务。

下面的描述有助于帮助系统分析人员把握事件抽取的情形,当这些情景发生时,就产生了外部事件,系统分析人员需要对这些情景进行记录。

(1)参与者需要触发一个事务处理(过程);

（2）参与者想获取某些信息；

（3）数据发生改变后，需要更新这些数据，以备其他相关人员使用；

（4）管理部门想获取某些信息。

2. 内部事件

内部事件是由于达到某一时刻时所发生的事件。许多信息需要系统预设在特定时间间隔内产生一些输出结果。例如，工资系统每两周（或每月）生成工资清单，每个月的1号需要话费管理系统自动产生话费清单。有时输出结果是管理部门需要定期获得的报表，例如业绩报告、销售统计报表，这些是系统自动产生输出结果的，而不需要用户进行操作和干预，也就是没有外部动作参与者下达命令，系统就会在需要的时候（用户指定的时间点上）自动产生所需的信息或其他输出。

下面的描述有助于系统分析人员提取要记录的内部事件。

（1）所需的内部输出结果：管理部门报表（汇总或异常报表）、操作报表（详细的事务处理）、综述、状况报表等。

（2）所需的外部输出结果：结算单、状况报表、账单、备忘录等。

11.1.2　示例中的事件

系统分析人员在获取事件的过程中，如果对项目背景了解的话，可以利用原有的借阅图书的经验引出一些典型事件，也可沿着典型的业务处理流程来逐个提取业务事件。现在以新书入库，上报上级图书馆，而后返回本级资料室以供教师借阅为例，描述一下事件提取过程，请参见图 11-2。

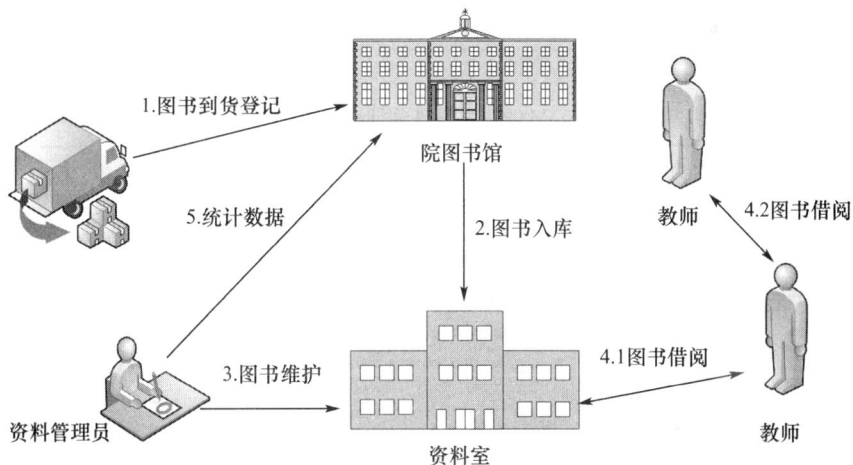

图 11-2　系资料室业务流程

首先，系内购得新书，按照图书管理的要求，需对新书信息进行登记，此时的工作需要资料管理员来完成，因此，对于资料管理员来讲，就会产生与系统业务相关的活动——登记新书。通过这件事情的发生，大家可以观察到系统将会对这件事件的结果进行处理；也就是说，以后系统的构建应该能够提供相应的功能以帮助资料管理员响应这个事件的发生。

　　之后,为了能够将图书资源纳入到学院的统筹管理范畴,资料管理员必须上报新书数据给院图书馆备用,那么,新书数据的上报活动,就成为保障整体资源完善性的一个环节。这个事件的发生,对整个系统的行为也会产生影响。因此,将系统管理员上报新书信息进行事件的提取。

　　当获得院图书馆的确认之后,教师就可以进行正常的借阅活动了。系统分析人员需要提取的事件会集中在教师借阅图书的各个环节中,这里不一一进行讲解。

　　另外,还可以从事件的分类上去获得相关事件。例如,前面所提取的事件都有相应的参与者参与,凡外界可以观察到的都是外部事件。那么,是否存在需要根据时间触发的任务,也就是所谓的内部事件呢? 这需要从业务规则入手,参照前面提到的内部事件内容列表,可以发现在每学期都存在一个固定的时间要求资料管理员对图书信息进行汇总并提交,它属于管理部门报表的范畴。系统自动上报图书的统计信息就成为系统内部的一个事件。

　　综合整理这些内部事件和外部事件,系统分析人员将获得资料共享管理系统中的很多事件,并采用"主语＋谓语(动词)＋宾语"的形式对事件进行描述。其中,主语是前述过程提到的参与者,如资料管理员;谓语给出需要进行的操作,如借阅图书、归还图书等;宾语是由谓语定义的操作的对象,如读者借阅图书中的图书。

　　将这些事件按照上述规则做以简单的整理后,形成 MSMS 内部事件清单(表 11-1)和 MSMS 外部事件清单(表 11-2)。

表 11-1　　　　　　　　　　　　　　**MSMS 内部事件清单**

内部事件清单
系统发送催还通知单
系统生成现有图书统计表

表 11-2　　　　　　　　　　　　　　**MSMS 外部事件清单**

外部事件清单
资料管理员将新书进行登记,并可进行修改
资料管理员向院图书馆上报图书信息
拣书者借阅图书
拣书者归还图书
资料管理员获得图书统计清单
资料管理员获得图书购买推荐清单
图书拥有者将图书资料整理保存,并可以进行修改
图书拥有者选择闲置图书进行公开(放到晒书场)
拣书者获得晒书清单
拣书者收藏中意的书目
拣书者获得选中的图书
拣书者对晾晒的(或资料室的)图书进行评论
读者或拣书者向系统推荐图书,作为图书购买的依据

11.1.3　关注每个事件

事件的提取并不只停留在表述的这一个层面上。系统分析人员还需要对事件做进一步的分析。当项目小组在一次会议中提出事件后,需要尽快地在另一次会议中添加事件的相关信息,并将事件放置到事件表中。

事件表是确定项目前景中第一批的关键图表之一。事件表能识别出事件的附加信息,可能为构建系统的其他领域的内容提供重要的输入。一个事件表包括行和列,事件表中的每一行记录了一个事件的详细信息,每列代表了事件的一个关键信息。被填入事件表中的信息包括主语、谓语、宾语、到达方式和响应。其中主语描述的是事件的发起者是谁;谓语描述的是引发事件的动作;宾语描述的是事件发生针对的对象;事件的到达方式则描述了事件发生的频率是规律的(周期式)还是随机的(阵发式);响应描述的是事件发生时,系统为应对发生的事件所进行的相应处理。

表 11-3 列出了示例项目中的事件信息。

表 11-3　　　　示例项目中的事件信息

主　语	谓　语	宾　语	到达方式	响　应
资料管理员	登记	新书	阵发式	系统编辑新书,并保存在系统中
读者	借阅	图书	阵发式	系统告知藏书者要借阅的信息并进行记录
读者	归还	图书	阵发式	系统告知藏书者要归还的信息并进行记录
资料管理员	获得	图书统计清单	阵发式	系统根据统计条件产生图书统计清单
资料管理员	获得	图书推荐清单	阵发式	系统根据读者推荐的次数产生图书推荐清单
藏书者	保存	图书资料	阵发式	编辑资料,并保存在系统中
藏书者	公开	闲置图书	阵发式	系统修改图书状态为公开状态
拣书者	获得	晒书清单	阵发式	系统将状态为公开的图书信息提取出来
拣书者	收藏	书目	阵发式	系统编辑收藏信息并保存在系统中
拣书者	获得	图书	阵发式	系统修改图书借阅状态并记录相关信息
拣书者	评论	图书	阵发式	系统记录评语
拣书者	推荐	图书	阵发式	系统编辑推荐信息并保存在系统中
系统	发送	催还通知单	周期式	系统产生到期催还通知单
系统	生成	图书统计表	周期式	系统产生图书统计表

事件表的获得使得系统分析人员对系统需要提供的功能有了一个初步的了解。但并不能说每个事件就对应一个功能,或者说是每个事件对应一个用例,系统分析人员还需要进一步对事件进行分析和归类。对于如何从事件表向用例模型进行转换,将在 11.4 节中介绍。

11.1.4　业务规则的识别和分类

在事件搜集过程中,业务规则经常会被提出,它将贯穿于整个项目的始终,鉴于它的重要性,业务规则将被单独列出。那如何对业务规则进行识别呢?下列规则的分类有助于系统分析人员识别业务规则:

(1)结构性事实。在业务背景下,必须具有的业务信息的组成形式。要求在一些事实或条件为真的情况下,才能进行下一步的工作。例如,每个订单都必须有一个订单处理日期,否则该订单不能被称为有效订单。

(2)限制性操作。根据其条件来禁止一个或多个操作。例如,MSMS 系统进行注册时,通过员工号来确定用户身份时,非计算机系的教师不允许使用本系统。

(3)触发操作。在其条件为真时触发一个或多个操作。例如,对于借阅时间的监控,如果某个读者的借阅时间距离规定期限还有三天,系统将自动生成催还通知单;逾期未还,系统连续三天继续发送催还通知单,如若期间归还图书或逾期未还,则结束发送。

(4)推论。如果某些事实为真,则推出一个结论或了解一些新的知识。例如,如果新员工进行登记注册后,则拥有了默认的访问 MSMS 网站的用户名和密码。

(5)推算。进行计算的公式。例如,为了鼓励大家进行图书共享,制定优惠政策奖励提供共享图书者。默认情况下借阅图书数量最多不超过 2 本。如果该读者晒书 1 本～2 本,则可多借 1 本,如果晒书 3 本～4 本,则可多借 2 本,依此类推。

这些分类不是一成不变的,但也提供了一种收集业务规则的方法。如果需要,系统分析人员还可以添加额外的分类,以便提供更细的粒度。

在整理和认识业务规则的同时,还应注意到一种情况,那就是业务规则的实施往往依附于业务本身的流程,而这种业务流程在计算机系统的参与之后可能会发生变化,也就是说,原有系统的物理模型有可能与当前系统的物理模型不一致,这就是所谓的业务流程再造。

11.1.5　业务流程再造(BPR)

业务流程再造已经成为许多新的信息系统的来源。在许多系统开发项目中,通过提高新的自动化水平来支持现有的商业过程;而在其他的一些项目中,新系统支持一种新的商业服务或业务。

系统分析人员会发现有时他们必须又要成为商业分析员,并且需要根据新的、创新的信息系统来帮助客户重建所有的内部商业过程。必须牢记一点,在项目进行期间有可能发现改进商业过程的机会,也有可能对商业过程的某些领域进行彻底的重新评估。作为一个系统分析员,经常有责任在项目进行期间识别和建议一些改进方法。系统分析人员可以对公司的不断成功发挥巨大影响,甚至可以让公司在激烈的竞争中生存下来。

在这方面,一个典型的案例就是网上拍卖系统,它使得传统的拍卖过程由于信息化的参与完全改变了其原有的业务方式,但是期间所固有的业务规则并没有改变。同时使得拍卖领域迅速扩大和发展起来,让一些不便于在拍卖交易所进行的日常用品的交易得以实现。

11.2 RUP 过程中的需求特点

在 RUP 中,不要试图在项目的初始阶段进行彻底的分析和编写需求,相反,要通过一系列需求讨论会,并辅以及早的具有产品品质的编程和测试。早期开发中的反馈可用于精化规格说明。在初始阶段,详细分析 10% 的用例,确定大部分需求的名称,即确定用例的名称。对于其他部分的需求描述将在细化阶段进行,这种需求随着项目的进展不断完善的过程被称为进化式的需求。对于需求的演进过程请参阅表 11-4 所示的跨越早期迭代的需求工作任务示例。

表 11-4　　　　　　　　　　跨越早期迭代的需求工作任务示例

科　目	制　品	初始(1 周)	细化 1(4 周)	细化 2(4 周)	细化 3(4 周)	细化 4(4 周)
需求	用例模型	2 天的需求讨论会。定义大多数用例的名称,并附以简短文字摘要 从高阶列表中选择 10% 的需求加以分析并详细编写。这 10% 的用例具有重要的架构意义、风险和高业务价值	在本次迭代接近结束时,举行 2 天的需求讨论会从实践工作中获取理解和反馈,然后完成 30% 的详细用例	在本次迭代接近结束时,举行 2 天的需求讨论会从实践工作中获取理解和反馈,然后完成 50% 的详细用例	重复,详细完成 70% 的用例	重复,确定 80%~90% 的详细用例,并详细编写。其中只有一小部分在细化阶段构建,其余在构造阶段实现
设计	设计模型	无	对一组高风险的、具有重要架构意义的需求进行设计	重复	重复	重复,高风险和重要架构意义的方面现在应该稳定化
实现	实现模型(代码等)	无	实现	重复,构建了 5% 的最终系统	重复,构建了 10% 的最终系统	重复,构建了 15% 的最终系统
项目管理	软件开发计划	十分粗略地估计整体工作量	预算开始成形	少许改进……	少许改进……	现在可以提交合理的总体项目进程、主要里程碑、工作量、成本预算

注意,当仅仅定义约 10% 的需求时,项目小组就开始构建系统的产品化核心了。因为这 10% 用例的确定是根据优先级的高低确定的,即具有高业务价值、高架构意义、高风险的用例。此时,项目小组需要刻意推延进一步的深入需求工作,直到第一次迭代接近尾声时为止。这样的做法有助于将本次迭代所获得的反馈增加到下一次迭代过程中,也有助于对其他需求的进一步认识和理解。通过细化阶段,给予对部分系统增量构建的反馈、调整,其他需求将更为清晰并且可以将补充性信息记录在补充性规格说明中。在细

化阶段结束时,就可以完成并提交用例、补充性规格说明和设想了。因为此时,这些文档能够合理地反映系统的主要特性和其他需求。通过构造阶段,主要需求(包括功能性需求和其他需求)已经基本稳定下来了,虽然还不是最终结果,但是已经可以专注于次要的微扰事务了。因此,在该阶段补充性规格说明和设想都不必进行大量改动。

在 RUP 最佳实践的需求管理中有这样的一段描述:采用一种系统的方法来寻找、记录、组织和跟踪系统不断变更的需求。定义中的"不断变更"表明 RUP 能够包容需求中的变更,并将其作为项目的基本驱动力;另一个关键词是"寻找",也就是说,RUP 中提倡使用一些有效的技巧来获得启示,例如,与用户一起编写用例,开发者和客户共同参加需求讨论会,请客户代理参加焦点小组,以及向客户演示每次迭代的成果以求得反馈。

在 RUP 或其他进化式方法中,具有产品品质的编程和测试要远早于大多数需求的分析和规格化——或许当时只完成了 10% 到 20% 的需求规格说明,这些需求都指出了存在的风险,具有重要架构意义及高业务价值。

在此阶段中,系统分析人员将要关注的重要需求制品包括:

(1)用例模型。

(2)补充性规格说明。

11.3 用例模型

在 RUP 中,用例是这样定义的:一组用例的实例中,每个实例都是系统执行的一系列活动,这些活动产生了某个参与者可观察的返回值。用例的含义从下面几个方面进行解释:

(1)用例是一个自包含的单元。用例与行为相关意味着用例所包含的交互在整体上组成一个自包含的单元,它以自身为结果,无需有业务规定时间延迟。

(2)用例必须由参与者发起并监控。用例必须由参与者发起,由参与者监控,直至用例完成。

(3)用例必须完成一个特定目标。可观察的返回值意味着用例必须完成一个特定的业务目标。如果用例找不到与业务相关的目标,则应该重新考虑该用例。

用例是面向目标的,这一点很关键,它们表示系统需要做什么,而不是怎么做。用例还是中立于技术的,因此它们可以应用于任何应用程序体系结构或过程。

(4)用例应该使系统保持在稳定状态。用例应该使系统保持在稳定状态下,它不能只完成一部分,得不到系统处理的最终结果。一个完整的用例必须描述系统在执行了一系列操作之后所达到的某种状态,而这种状态不触发其他动作的执行。

用例描述了当参与者给系统特定的刺激时系统的活动,也描述了触发用例的刺激本质,包括输入、输出到其他参与者以及转换输入到输出的活动。用例文本通常也描述每一个活动在特殊的活动路线时可能的错误和系统应采取的补救措施。

这样说可能会非常复杂,其实一个用例是描述了系统和一个参与者的交互顺序。用例被定义成系统执行的一系列动作,动作执行的结果能被指定的参与者察觉到。用例可以捕获某些用户可见的需求,从而实现一个具体的用户目标。用例由参与者激活,并由系统提供确切的值给参与者。

在具体的需求过程中,有大的用例(业务用例),也有小的用例,主要是由用例的范围决定的。用例像是一个黑盒,它没有包括任何与实现有关或是内部的一些信息。它很容易就被用户(也包括开发者)理解(是简单的谓词短语)。如果用例不足以表达足够的信息来支持系统的开发,就有必要把用例黑盒打开,审视其内部的结构,找出黑盒内部的参与者和用例。就这样通过不断地打开黑盒,分析黑盒,再打开新的黑盒,直到整个系统可以被清晰地了解为止。采用这种不同层次来描述信息,主要是因为以下几点原因:

(1)需求并不是在项目一开始就很明确,往往是随着项目的推进逐渐细化的。

(2)人的认知往往具有层次的特性。从粗到细、从一般到特殊,采用不同的层次来描述,适于认知的过程。

黑盒用例是最常被推荐使用的类型,它不对系统内部的工作、构建或设计进行描述。而且通过职责来描述系统,这是面向对象思想中普遍使用的隐喻主题——软件元素具有职责,并且与其他具有职责的元素进行协作。

在需求分析中应避免进行"如何"的决策,而是规定系统的外部行为,就像黑盒一样,并在此后的设计过程中创建满足该规格说明的解决方案。表 11-5 是对用例的黑盒风格和非黑盒风格的比较。

表 11-5　　　　　　　　　　　　用例的黑盒风格与非黑盒风格的比较

黑盒风格	非黑盒风格
系统记录图书信息	系统将录入图书信息写入数据库……或者(更糟糕的描述)系统对录入图书信息生成 SQL INSERT 语句……

在 RUP 中是这样定义用例模型的:这是所有书面用例的集合;同时是系统功能性和环境的模型。用例模型包括 UML 用例图,以显示用例和参与者的名称及其关系。UML 用例图可以为系统及其环境提供良好的语境图,也为按名称列出的用例提供了快捷方式。

用例不是面向对象的,编写用例时不进行面向对象分析。但这并不妨碍其有效性,用例可以被广泛应用,也就是说,用例是经典面向对象分析与设计的关键需求输入。

11.3.1　参与者

参与者(或称为执行者)是任何具有行为的人或事物。参与者和用例通信并且期待它的反馈——一个有价值或可觉察的结果。主要参与者和协助参与者会出现在用例文本的活动步骤中。参与者不仅可以是人扮演的角色,也可以是组织、软件和计算机,它们必须能刺激系统部分并接收返回。

在某些组织中可能有许多参与者实例(例如有多个销售员),但就该系统而言,他们均起着同一种作用,扮演着相同的角色,所以可用一个参与者表示。一个用户也可以扮演多种角色。例如,一个高级营销人员既可以是贸易经理,也可以是普通的营销人员;一个营销人员也可以是售货员。在处理参与者时,应考虑其作用,而不是人或工作名称,这一点是很重要的。参与者触发用例,并与用例进行信息交换。

有三种类型的参与者:

（1）主要参与者。具有用户目标，并通过使用当前系统的服务完成（例如收银员），他们是发现驱动用例的用户目标。

（2）协助参与者。为当前系统提供服务（例如自动付费授权服务）。协助参与者通常是计算机系统，但也可以是组织或人。通过协助参与者可以明确外部接口和协议。

（3）幕后参与者。在用例行为中具有影响或利益，但不是主要或协助参与者（例如政府税收机关）。幕后参与者一经确定，所有重要事务均得到确定并满足。如果不明确地对幕后参与者进行命名，则有时很容易忽略其影响或利益。

11.3.2 用例的描述形式

用例是一种编写形式，它可采用多种形式。它可用来描述一个业务工作过程，也可用来集中讨论未来系统的需求问题。用例作为系统的功能性需求将系统分析结果文档化，可能被应用在小型的、集中的工作组中，也可能被应用在大型的或分散的工作组中。每种情况下提倡的编写风格都会有所差异。项目开始阶段中识别出的各个事件必须由用例来满足。一个用例可以满足多个事件，因此一个用例可能有多个路径。路径是为满足参与者的目标而必须进行的步骤的集合，用于收集有关用例的高层信息，这里所包含的大部分内容都是资料性的，用来描绘用例的总体目标。

用例文档是一个按照项目开发者提前定义的格式创建的文档，格式有很多模板。模板将文档分为几部分，并且引入其他写作惯例。用例文档就是用户需求。

用例有以下三种常用形式，它能够以不同的形式化程度或格式进行编写。

（1）摘要。简洁的一段式概要描述，通常用于主成功场景。在早期需求分析过程中，为了快速了解主题和范围，经常使用摘要式用例描述，只需花费几分钟编写即可完成。

（2）非正式。非正式的段落格式，用几个段落覆盖不同场景，一般也是在需求分析早期来使用。

（3）详述。详细编写所有步骤及各种变化，同时具有补充部分，如前置条件和成功保证。确定并以摘要形式编写了大量用例后，在第一次需求讨论会中，详细地编写其中少量的具有重要架构意义和高价值的用例。表 11-6 给出了详述形式的用例模板中所包含的主要内容。

表 11-6　　　　　　　　　　　用例模板内容

用例的不同部分	注　释
用例名称	以动词开始
范围	要设计的系统
级别	"用户目标"或是"子功能"
主要参与者	调用系统，使之交付服务
涉众及其关注点	关注该用例的人及其需要
前置条件	值得告知读者的，开始前必须为真的条件
成功保证	值得告知读者的，成功完成必须满足的条件
基本流程	典型的、无条件的、理想方式的成功场景
分支流程	成功或失败的替代场景
特殊需求	相关的非功能性需求
技术和数据变元表	不同的 I/O 方法和数据格式
发生频率	影响对实现的调查、测试和时间安排
杂项	例如未解决问题

下面对表 11-6 中各部分用例的含义进行简单的解释。

(1)范围。范围界定了所要设计的系统。通常,用例描述的是对一个软件系统(或硬件加软件)的使用,这种情况下称为系统用例。在更广义的范围上,用例也能描述顾客和有关人员如何使用业务。这种企业级的过程描述称为业务用例。

(2)级别。用户目标级别是通常所使用的级别,描述了实现主要参与者目标的场景,该级别大致相当于业务流程工程中的基本业务流程。子功能级别用例描述支持用户目标所需的子步骤。当若干常规用例共享重复的子步骤时,则将其分离出来,创建为子功能级别用例,来避免重复使用公共的文本。

(3)主要参与者。调用系统服务来完成目标的主要参与者。

(4)涉众及其关注点列表。它建议并界定了系统必须完成的工作。用例应该包含满足所有涉众关注点的事务。在编写用例其余部分之前就确定涉众及其关注点,能够使项目小组更加清楚地了解详细的系统职责。图 11-3 给出了涉众及其关注点列表的例子。

涉众及其关注点

收银员:希望能够准确快速地输入,并且没有支付错误。因为少收的货款将从其薪水中扣除

售货员:希望自动更新销售提成

图 11-3　涉众及其关注点列表示例

(5)前置条件和后置条件。首先,前置条件和后置条件是为了要对某些不明显却值得重视的事务进行陈述,以帮助读者增强理解。其次,在绝大部分情况下,不需要对这部分内容进行描述。

前置条件:给出在用例场景开始之前,必须永远为真的条件。在用例中不会检查前置条件,前置条件总是被假设为真。通常,前置条件隐含已经成功完成的其他用例场景,例如"登录"。要注意的是,有些条件也必须为真,但是不用编写出来,例如"系统有电力供应"。前置条件传达的是能够引起读者警惕的那些值得注意的假设。

后置条件:给出用例成功结束后必须为真的事务,包括主成功场景及其替代路径。该保证应该满足所有涉众的需求。后置条件也被称为成功保障。

图 11-4 给出了前置条件和后置条件的例子。

前置条件:收银员必须经过确认和认证。

后置条件:存储销售信息。准确计算税金。更新账务和库存信息。记录提成。生成票据。

图 11-4　前置条件和后置条件示例

(6)基本流程(主成功场景和步骤)。用例中最常用的路径。该路径中所有内容都产生正面结果。

(7)分支流程(扩展)。分支流程描述了其他所有场景和分支,包括成功和失败路径。成功的分支路径产生正面结果,但发生的频率低于主路径。

(8)特殊需求。如果有与用例相关的非功能性需求、质量属性或约束,应该将其写入

用例,其中包含需要考虑的及必须包含在内的质量属性(如性能、可靠性和可用性)和设计约束(通常用于 I/O 设备)。图 11-5 是特殊需求的例子。

特殊需求

使用大尺寸平面显示器触摸屏 UI。文本信息可见性为 1 米。

90%的信用卡授权响应时间应小于 30 秒内。

支持文本显示语言的国际化。

在步骤 3 和步骤 7 之间能够加入可插拔的业务规则。

图 11-5　特殊需求示例

(9)技术和数据变元表。需求分析中通常会发现一些技术变元,这些变元是关于如何实现系统的,而非实现系统的哪些功能,它们需要记录在用例中。常见的情况是涉众指定了关于输入或输出技术的约束。例如,涉众可能要求"POS 系统中必须使用读卡器和键盘来支持信用卡账户"。要注意的是,以上都是在项目早期进行的设计决策或约束。一般来说,应该避免早期不成熟的设计决策,但有时候这些决策是明显的或不可避免的,特别是关于输入/输出技术的决策。

虽然在详述过程中,系统分析人员需要描述用例的许多要素,但是,还应该清楚什么是用例最根本的东西,什么是使用用例最根本的目的,这就是对场景的描述。实际中使用的要素要看项目的大小而定。把大量的时间花在用例的描述上是没有意义的,用户需要的是一个软件系统,并不是一大堆的用例说明。在有些情况下,单独列取的用例要素内容实际上已经包含在用例文本描述中了。例如,用例的后置条件实际上已经隐含在用例基本路径中对系统响应的描述里了。因此,在大多数情况下,采用非正式形式描述用例足以表达意图,除非有重要的必须要记录的约束内容,可以以详述的形式出现。

11.3.3　用例的可视化描述:用例图

用例图是一种 UML 技术,可用于可视化用例、参与者以及它们之间的联系。可视化图形可以帮助系统分析人员和用户简化对用例的理解,也可以采用流程图、序列图、Petri 网或程序设计语言来表示用例。但从根本上说,用例是文本形式的,所以,需要强调的是,用例不是图形,而是文本。用例建模主要是编写文本的活动,而非制图。初学者常见的错误就是注重于次要的 UML 用例图,而非重要的用例文本。

用例图是一种良好的系统语境图,也就是说,用例图能够展现系统边界、位于边界之外的事务以及系统如何被使用。用例图可以作为沟通工具,用来概括系统及其参与者的行为。图 11-6 展示了为 MSMS 系统绘制的简单的部分用例语境图。本书使用不带箭头的线段将角色与用例连接到一起,表示两者之间交换信息,称之为通信联系。参与者之间可以通过泛化关系分类。

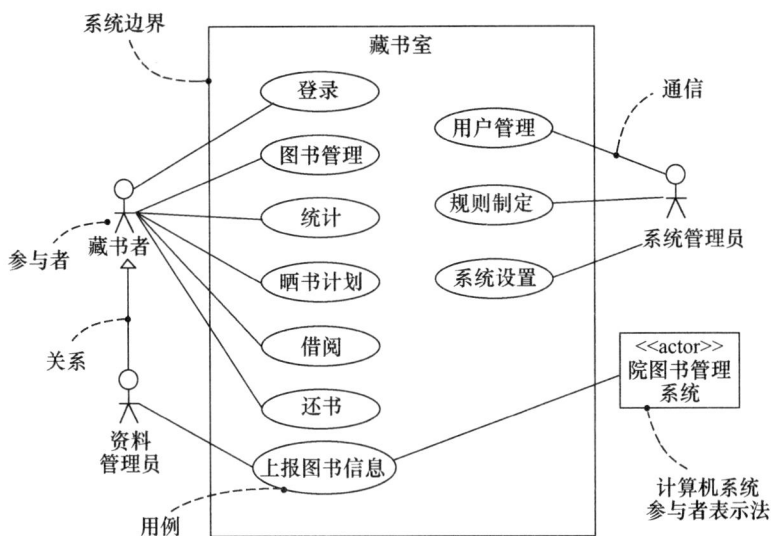

图 11-6 部分用例语境图

11.3.4 用例之间的联系

用例可以通过关联和泛化联系或者两个构造型联系<<include>>和<<extend>>连接在一起。<<include>>联系指一个业务用例的执行总是涵盖所包含业务用例（子用例）的所有功能。也就是说，该业务的执行依赖于子用例的执行，如果没有子用例，业务用例的执行是不完整的。例如，用例"预订票务"与子用例"收集支付信息"。如果用户要预订游船则必须收集支付信息以保证游船预订的有效性，否则预订游船的过程不完整，不能够最终完成预订的功能。<<extend>>联系指一个业务用例的执行有时需要对用例的功能进行扩展。也就是说，这个业务用例的执行不依赖于该子用例，即使没有子用例的存在该业务用例仍然能够达成自己的任务目标。例如，子用例"为飞行常客预订航班"扩展了用例"预订航班"。用户在正常情况下使用"预定航班"用例就可以完成自己的目标。在特殊情况下，如果用户经常乘坐飞机，则可以使用"为飞行常客预订航班"用例，使用专门针对于飞行常客的一些优惠政策，完成特殊情况的处理。<<include>>和<<extend>>联系总是单向的，以指出包含和扩展的方向。图 11-7 给出了 UML 图中对用例的描述形式。

用例是相互连接的，因为它们需要通过合作来完成系统任务，但是如果标出所有的联系则会扰乱模型的意图。因此，用例在绘制时可以设定一定的层次。例如高阶用例用来描述系统的基本用例，使用用户级用例来描述分解后用例之间的关系，但这种联系仍然是有限的。只标出一些选定的联系会带来一个问题，为什么这些联系比其他的联系更重要呢？因为系统分析人员必须明白用例的最根本描述形式是用例文本，图形只是次要的辅助手段。要谨慎使用联系。

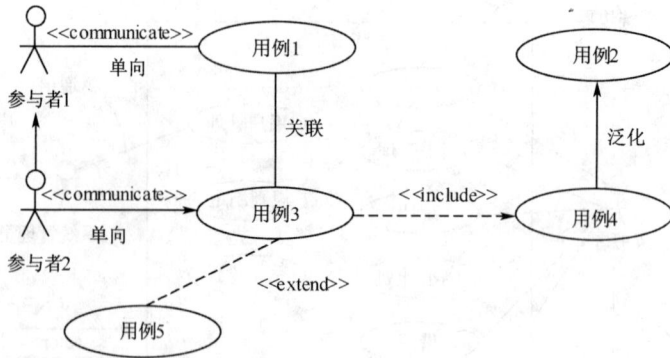

图 11-7　用例模型类元之间的联系

11.4　用例产生的过程

用例代表了用户的需求,在构建的系统中,应该直接从不同用户类的代表或从代理那里收集需求。用例为表达用户需求提供了一种方法,这一方法必须与系统的业务需求相一致。系统分析人员和用户必须检查每一个用例,在把它们纳入需求之前确定其是否在项目所定义的范围内。在理论上,用例的结果集包括所有合理的系统功能。

当使用用例进行需求获取时,应避免受不成熟细节的影响。在对切合的客户任务取得共识之前,用户能很容易地在一个报表或对话框中列出每一项的精确设计。如果这些细节都作为需求记录下来,它们会给随后的设计过程带来不必要的限制。

产生用例最常用的方法是使用事件表。系统分析员以系统特性为基础,捕获由此产生的事件,记录事件清单。在对事件清单中的事件补充相应的细节后,分析表中每一个事件,以决定系统支持这个事件的方式并初始化这个事件的参与者,以及由于这个事件可能触发的其他用例,从而将其进行整理概括。图 11-8 简单描述了用例的产生过程。

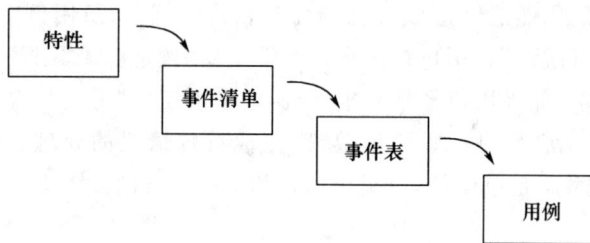

图 11-8　用例产生的过程

本章一开始已经为大家介绍了事件表的构建过程和方法,下面的内容将着重介绍如何将事件表转换成用例。事件表,按照主语(参与者)进行分类,整理后获得的部分事件表参见表 11-7。系统分析员通过查找事件表中主语所在列,分析谁或什么在使用这个系统以及它的用途是什么,可以建立一个参与者列表。注意系统中同一个人可能充当多个特定的角色。

表 11-7　示例项目部分事件表

主　语	谓　语	宾　语	到达方式	响　应
资料管理员	登记	新书	阵发式	编辑新书,并保存在系统中
资料管理员	获得	图书统计清单	阵发式	产生图书统计清单,并以报表的形式进行输出
资料管理员	获得	图书统计清单	阵发式	产生图书推荐清单,并以报表的形式进行输出
系统使用者	验证	身份	阵发式	根据系统保存的用户信息进行比对,做出是否是系统用户的答复
藏书者	修改	图书资料	阵发式	编辑资料,并保存在系统中
藏书者	添加	藏书信息	阵发式	编辑新加入的图书信息,并保存在系统中
藏书者	删除	藏书信息	阵发式	从系统中删除此项图书信息
藏书者	公开	闲置图书	阵发式	完成要求
拣书者	借阅	图书	阵发式	告知藏书者要借阅的信息并进行记录
拣书者	归还	图书	阵发式	告知藏书者要借阅的信息并进行记录
拣书者	获得	晒书清单	阵发式	完成要求
拣书者	收藏	书目	阵发式	记录收藏信息
拣书者	获得	图书	阵发式	修改图书借阅状态
拣书者	评论	图书	阵发式	记录评语
拣书者	推荐	图书	阵发式	编辑推荐信息并保存在系统中
系统	发送	催还通知单	周期式	产生到期催还通知单
系统	生成	图书统计表	周期式	产生图书统计表

一般情况下,一个事件对应一个用例,但要注意表中有些事件具有群集的趋向,例如,处理图书信息维护的事件,包括添加图书、删除图书、查询图书等。但有时一个事件可能产生多个用例,或多个事件表示同一个用例。

系统分析人员应该保持这些自然的分组,并各加一个简略的描述性短语,再提出下列问题进行检测(验证群集分类的正确性):

(1)这些事件的共同点是什么?

(2)这些事件有相同的最终目标吗? 倘若有,目标是什么?

根据参与者大家可以很容易地将表 11-7 列出的事件分为四大类:藏书者、资料管理员、拣书者、系统。藏书者的操作大多数集中在对图书信息的维护上,拣书者则集中在图书借阅和共享信息的个性化处理上,同时,图书管理员既要对图书信息进行维护还需要获得一些统计信息。

接下来,将这些描述性的短语放在一个椭圆中,并加上相关的参与者,就形成了用例的初步概要性描述。

初步用例图(见图 11-9)的绘制,只是为了方便对用例的识别和整理。下一步就需要根据事件表中响应所在列的内容,采用文本形式对识别出来的用例进行摘要式的描述,从而获得对用例的进一步认识。示例项目中的摘要式描述如图 11-10 所示。

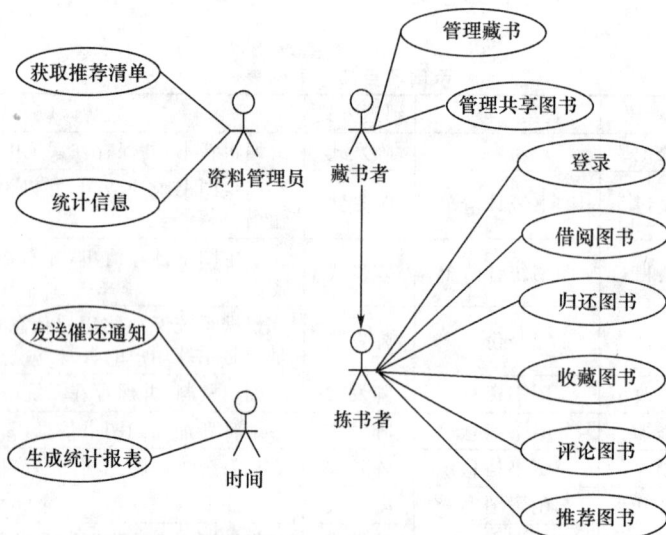

图 11-9　初步用例图

登录：设定使用权限。用户提供用户名和密码，系统根据注册信息进行验证，通过后根据用户权限显示主界面

藏书管理：对个人拥有图书信息的管理

添加：登记新购买图书的信息，包括书名、作者、译者、出版社、购买时间（系统自动给出录入时间）、价格、对图书的推荐信息、喜爱程度（默认情况下为 3 星，最高等级为 5 星，最低等级为 1 星）、数量（默认为 1 本，极个别情况会出现多本重复书籍）、归类（方便管理，可自己设定归类名称）。系统根据图书名称进行重复图书检查之后，将图书信息进行存储，并提示存储成功。系统重新显示初始录入界面，用户可以进行下一本图书的录入过程

查询：根据指定条件进行图书信息的查询，条件包括：书名、作者、购买时间范围、喜爱程度、公开程度（是否进行晾晒）

修改：图书资料的内容有可能会出现偏差，通过信息修改功能改正偏差

归还图书：将拣来的图书进行归还。从晒书场上拣来的图书到期后，拣书者应主动向藏书拥有者归还图书。系统在收到拣书者的归还请求后，自动向藏书拥有者发送提示信息。藏书拥有者在确定拿到图书后，通过系统进行确认彻底改变图书的状态（变为被晾晒图书，或收回私人藏书）

图书推荐：老师们可以推荐自己喜爱的图书，得到的推荐列表可作为其他老师或学院购买图书的依据

图 11-10　部分用例的摘要式描述

　　初始阶段不需要以详述形式编写所有用例，获得初步的系统用例之后，需要对这些用例进行优先级的排序，以此作为确定增量的基础。用例优先级的确定标准包括业务价值、风险、架构意义三个方面。

　　首先是高业务价值的用例。用户应当列出用例的业务优先级，一般分为三级，首先要实现的、短期内可以没有、长期内可以没有的。首先要实现的这部分用例的需求稳定性相对较高，因为是用户业务中的核心功能，用户对于要完成的目标比较明确。例如，图

书的借阅和归还就是当前系统的核心业务。

其次,具有高架构意义的用例。高架构意义是指被别的用例多次引用的用例。RUP 是以架构为核心的。对于每一个用例,开发人员都应考虑体系结构(或技术上)风险。体系结构风险一般分为三级:高风险、可能的风险、完全不可能的风险。具有架构意义的用例往往处在系统的核心环节当中,对这部分用例进行细致分析将有助于系统获得解决方案。例如,为了能够做到图书资源的共享,晒书过程管理用例就是解决这个问题的关键。晒书的过程及形式确定下来之后,整个系统就以此为基础,架构的形式就基本明朗了。

最后是高风险的用例。风险性越高,说明可能发生的几率就越高,应立即对这部分内容进行分析,及早解决问题,减弱可能对系统造成的影响。在示例项目中,统计信息的实现策略打算使用图表的形式进行实现,那么如果选用 JfreeChart 作为实现技术的话,则必须考虑其可能存在的风险,尽快做出一个原型是化解风险的一种手段。

到目前为止,大家已经将注意力集中到优先级最大的需求上,使项目由粗略向精细演进,为此,根据上述三方面的考虑,研究在该阶段的用例模型可以详述如表11-8所示。

表 11-8　　　　　　　　　　　　用例模型的初步规划

详述形式	非正式形式	摘要形式
借阅藏书	制订晒书计划	用户管理
归还藏书	进入晒书场	规则制定
增加藏书	晒书场-拣书	系统设置
查看晒书场	确认还书	数据统计
		报表打印
		密码设置
		图书推荐

11.4.1　非正式形式的样例项目用例

在需求讨论会时,对具有高优先级的用例进行讨论,以便尽快整理出非正式形式的用例描述,用以记录用户需求的核心内容。它侧重于描述某个业务目标用户与系统之间是如何进行交互的,需要用户提供的信息有哪些,用户希望系统做出什么样的处理,也就是系统的响应是什么,以及在这期间,可能出现的其他情形有哪些,可能出现的必须处理的异常有哪些。

这里给出示例项目的非正式形式用例的描述的例子,如图 11-11 所示。

用例 UC1:登录

　　为了保证资源利用的有效性和准确性,系统的使用需要进行用户身份验证,通过登录界面来
验证系统使用者的身份合法性和相应的使用权限。
　　基本流程:
　　1.用户在系统登录界面上输入用户名和密码。
　　2.系统验证输入信息的有效性。
　　3.系统根据注册信息验证用户的合法性。
　　4.验证合法后,系统根据用户权限显示欢迎界面。
　　分支流程:
　　2.a 用户名或是密码为空,则提示用户此信息。
　　2.b 用户名超过 10 个字符或者密码超过 8 个字符,则提示用户此信息。
　　4.a 如果用户非法,则提示用户此信息,要求用户重新输入信息或进行注册。
　　4.b 如果用户权限为拣书者,则显示晒书场界面。
　　4.c 如果用户权限为藏书者,则显示藏书管理界面。

用例 UC2:藏书管理

　　对个人拥有图书信息的管理。子用例包括添加藏书(UC2.1)、修改藏书(UC2.2)、查找图书
(UC2.3)、删除藏书(UC2.4)。
　　用例 UC2.1:添加藏书
　　基本流程:
　　1.藏书者登记新购买图书的信息,包括书名、作者、译者、出版社、购买时间、价格、对图书的推
荐信息、喜爱程度、数量、归类。
　　2.系统进行输入信息的有效性检查。
　　3.系统根据图书名称进行重复图书检查。
　　4.系统保存图书信息,并提示保存成功。
　　5.系统重新显示初始录入界面,用户可以进行下一本图书的录入过程。
　　分支流程:
　　2.a 如果藏书者录入信息有误,系统提示藏书者此信息,返回添加藏书界面,界面保持原来填
写数据。
　　3.a 如果图书名称发生重复,系统将提示此信息,并给出相应图书列表,用户可以查阅图书的
详细信息,同时要求用户对此情况进行处理。
　　　　①如果确认图书录入重复,则系统提取该书的其余信息显示在录入界面中,并增加 1 本该书
　　　　的数量。
　　　　②如果只是同名不同书,则用户确认此情况后,系统对当前录入的图书信息进行保存。
　　备注:
　　1.系统自动给出录入时间。
　　2.喜爱程度,默认情况下为 3 星,最高等级为 5 级,最低等级为 1 级,藏书者可以以后进行
修改。
　　3.图书数量,默认为 1 本,极个别情况会出现多本重复书籍。
　　4.为方便管理,可允许用户自己设定归类名称。

图 11-11　非正式形式的样例项目用例

11.4.2　详述形式的样例项目用例

　　一般情况下,对于用例的描述采用非正式形式即可,但是在需要对一些细节问题
进行记录并加以强调的时候就需要使用详述形式了。图 11-12 给出了详述形式的例
子,从中我们注意到其中核心内容就是前面非正式形式中给出的基本流程和分支
流程。

范围：应用

级别：用户目标

主要参与者：藏书者、资料管理员

涉众及其关注点：

藏书者：录入信息时，希望能够简洁快捷

前置条件：已经确认使用者身份

成功保证：系统增加一条新录入藏书的信息

基本流程：

1. 登记新购买图书的信息，包括书名、作者、译者、出版社、购买时间（系统自动给出录入时间）、价格、对图书的推荐信息、喜爱程度、数量、归类。
2. 系统进行输入信息的有效性检查。
3. 系统根据图书名称进行重复图书检查。
4. 存储图书信息，并提示存储成功。
5. 系统重新显示初始录入界面，用户可以进行下一本图书的录入过程。

分支流程：

2.a 如果藏书者录入信息有误，系统提示藏书者此信息，返回添加藏书界面，界面保持原来填写数据。

3.a 如果图书名称发生重复，系统将提示此信息，并给出相应图书列表，用户可以查阅图书的详细信息，同时要求用户对此情况进行处理。

　①如果确认图书录入重复，则系统提取该书的其余信息显示在录入界面中，并增加 1 本该书的数量。

　②如果只是同名不同书，则用户确认此情况后，系统对当前录入的图书信息进行保存。

备注：

1. 系统自动给出录入时间。
2. 喜爱程度，默认情况下为 3 星，最高等级为 5 级，最低等级为 1 级，藏书者可以以后进行修改。
3. 图书数量，默认为 1 本，极个别情况会出现多本重复书籍。
4. 为方便管理，可允许用户自己设定归类名称。

特殊需求：

希望能够上传图书封皮的小图像；

希望系统能够对新录入的图书自动根据编码规则编号。

技术和数据变元表：

资料管理员在录入图书信息时，希望使用读卡器读取图书的 ISDN 号。

发生频率：阵发式。

杂项：

系统是否能够提供嵌入式的图像扫描功能，并自动转换成图书封面格式。

图 11-12　详述形式的样例项目用例

11.5　补充性规格说明

用例不是需求的全部，补充性规格说明基本上是用例之外的所有内容，它主要用于非功能性需求，例如性能、可支持性说明。该制品也用来记录没有表示（或不能表示）为用例的功能特性，是获取理解系统的必要内部行为所需的其他信息。下面从几个方面给出补充性规格说明的实例。

（1）功能性：通常跨越多个用例的功能性。

①日志和错误处理：在持久性存储中记录所有在运行期间系统捕获到的错误，同时记录系统的日常业务处理轨迹。

②可扩展性：在几个用例的不同场景执行任意一组规则，以支持对系统功能的定制。

③安全性：系统的任何使用都需要经过用户身份认证，根据授予的权限进行操作。

④保留原有系统数据库信息：原有图书管理系统的图书、借阅等信息能够平滑地导入到当前系统中，制定相应的导入机制和备份机制。

（2）实现约束。MSMS 项目组的成员都熟悉 Java 技术，而且该技术具有良好的远期移植和可支持性能力。

（3）接口。

①重要的硬件接口：扫描图书 ISBN 号码所需的条形码激光扫描仪。

②软件接口：系图书馆向院图书馆上报馆藏图书信息的接口。

小　结

用例的获取、整理和细化是整个 RUP 过程中的一项重要的任务。RUP 过程是用例驱动的，用例的选取、细化都会对整个系统的后续工作产生重要的影响。在本章中，给出了产生用例的步骤和方法，它以系统特性为基础，抽取对系统产生重要影响的事件在事件清单中进行描述，细化事件清单中的事件形成事件表，在分析事件表的基础上得到用例的概要描述。

本章的重点在于描述用例的构建过程，对于如何描述质量更好、更有效的用例不做深入探讨，如果想了解更多相关方面的内容，请参阅相关参考资料。

习　题

1. 请简单描述一下你对用例的理解。

2. 请根据图 11-10 部分用例的摘要式描述，给出"归还图书"用例的非正式形式。

3. 请根据自己的项目，给出用例的摘要式描述。

4. 请根据第 3 题中整理出来的摘要式用例描述，选择其中的核心用例并给出其非正式形式的用例描述。

5. 下面提供的是存在问题的用例描述，请将存在问题的地方修改过来。

```
范围：采购应用系统
主执行者：顾客
1.顾客使用 ID 和密码进入系统
2.系统验证顾客身份
3.顾客提供姓名
4.顾客提供地址
5.顾客提供电话号码
6.顾客选取商品
7.顾客确定购买商品数量
8.系统验证顾客是否为老顾客
9.系统打开到库存系统的连接
10.系统通过库存系统请求当前库存量
11.库存系统返回当前库存量
12.系统验证购买商品的数量是否足够
……
```

图 11-13　存在问题的"买东西"用例描述

构建领域模型

前面几章的内容中,确定了初始阶段项目小组要达成的目标,通过用例等手段构建对系统的初步认识和了解,建立系统的初步计划,但用例是一种需求获取和分析的方法,不是从面向对象角度进行描述的。那么,项目小组成员如何进入到对象的世界,开始面向对象分析和设计之旅呢? 又如何以面向对象的视角审视系统,构建以对象为基础的系统呢? 本章的主旨就是解答这些问题。

从面向对象基本概念的描述中我们知道,对象及对象之间的关系提取是基于对真实世界的隐喻,它模拟了人们在真实世界中对领域或业务的认识和理解,阐述了其中的重要概念。以对象的形式进行描述,从而构建出静态模型。系统分析人员在构建静态模型时分为几个抽象层次。根据人们认识世界、理解系统的不断深入,由外而内、由粗到细的过程,可获得大致三个相应层次的对象图(或类图):

(1)概念透视图:用类图来描述真实世界或关注领域中的事物,也称为领域对象模型或分析类图。

(2)设计透视图:用类图来描述软件的抽象物或具有规格说明和接口的构件,但是并不体现特定的实现技术,也称为(软件)设计类图。

(3)实现透视图:用类图来描述特定技术中的软件实现,也称为(软件)实现类图。

这里描述了同样的 UML 类图,既能够描述现实世界的概念,又能够描述面向对象语言中的软件类,充分体现了面向对象分析设计方法中分析和设计的顺利过渡。

概念透视图的抽象层次最高,它用图来描述现实世界或关注领域中的事物。应用UML 表示法,领域对象模型被描述成一组没有定义操作的类图。它提供了概念透视图,而不是软件设计类图。在对象建模中,总会提到关于软件对象的职责,但方法是纯粹软件的概念。领域模型描述的是真实世界的概念,而非软件对象的概念。总的来讲,对象职责在软件设计过程中非常重要,但它不属于领域模型。

领域模型包括的内容是领域对象模型(领域概念模型)、领域用例模型和领域业务过程再造。由于它涉及的内容非常广泛,结构比较复杂,在这里只着重介绍领域对象模型,简称领域模型。

领域建模是建立领域模型的过程。领域建模专注于分析问题领域本身,发掘重要的业务领域概念,并建立业务领域概念之间的关系。

12.1　过程模型

本章将处在 RUP 过程细化阶段最初的一次迭代中,强调的是基础范围和构建对象系统中使用的常见的模型,对核心、有风险的软件架构进行编程和测试,发现并稳定需求的主体部分,规避主要风险。

根据样例项目的背景和规模,项目小组成员在细化阶段主要开始构建以下部分制品,如表 12-1 所示。

表 12-1   细化阶段开始构建的制品

制　品	说　明
领域模型	领域概念的可视化,类似于领域实体的静态信息模型
设计模型	描述逻辑设计的一组图,包括健壮图、软件类图、对象交互图、包图等
软件架构文档	学习辅助工具,概括关键架构问题及其在设计中的解决方案。该文档是对重要设计思想及其在系统中动机的概要
数据模型	包括数据库方案以及在对象和非对象表示之间映射的策略
用户界面原型	描述用户界面、导航路径、可用性模型等

表 12-1 中列出的内容是在细化阶段构建的制品样例,同时指明这些制品要解决的问题。要注意,这些制品不是在一次迭代中完成的,它们会跨越若干次迭代进行精化。本阶段有很多活动是并行进行的。例如,在构建领域模型的同时,可以通过构建用户界面原型明确我们对系统的理解,消除需求的模糊性。

12.2   什么是领域模型

领域模型是一个商业建模范畴的概念,它和软件开发没有关系,即使一个企业不开发软件,它也具备自己的业务模型。所有同行业企业的业务模型必定有着非常大的共性和内在的规律性,可由这个行业内的各个企业的业务模型向上抽象出整个行业的业务模型,即"领域模型"。世界著名的"ERP 领头羊"SAP 公司就是这样一家软件公司,它在一些行业内积累了足够的领域模型,就会成立一个专门的咨询部门,这个部门里面都是咨询师,他们是不管软件开发的,也可以不懂软件开发,只是专门教这个行业的客户怎么去做自己的业务,他们比客户还要精通客户的业务。图 12-1 展示了银行的一小部分领域模型。

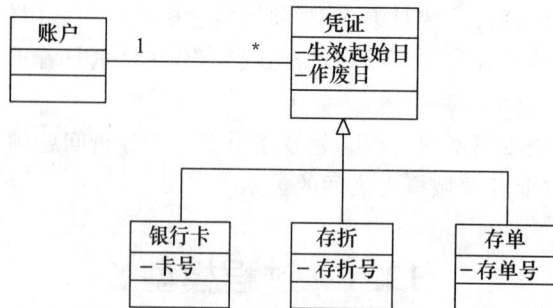

图 12-1   银行领域模型凭证的相关部分

图 12-1 是 UML 类图,它抽象地表示了银行领域中和凭证相关部分的领域知识:

(1)任何一个银行"账户"(这里没有详细分类)可能与多个"凭证"相关;

(2)具体而言,凭证可以是银行卡、存折、存单等形式;

(3)任何凭证都有明确的生效起始日和终止日;

(4)各种凭证的凭证号不是统一的,比如存折和信用卡具有不同的编号格式;

······

模型虽小,却涵盖了银行的一些实际业务情况。由此例可以看出,领域模型是对实际问题领域的抽象表示,它专注于分析问题领域本身,发掘重要的业务领域概念,并建立业务领域概念之间的关系。

领域模型是 OO 分析中最重要的和经典的模型,因为它阐述了领域中的重要概念。领域模型可以作为设计某些软件对象的灵感来源,也将作为案例研究中探讨的几个制品的输入。领域模型的范围限定于当前迭代开发的用例场景,它能够不断地演进并展示相关的重要概念。相关的用例概念和专家的观点将作为创建领域模型的输入;反过来,该模型又会影响系统提供服务的特性、词汇表和设计模型,尤其是设计模型中领域层的软件对象。

大家学习到这里有点似曾相识的感觉,结构化分析中的数据模型也是从类似角度出发构建一个真实世界的概念抽象,那么领域模型和数据模型是一回事吗?

首先明确一点,领域模型不是数据模型。数据模型的实体对象虽然取材于真实世界,但它通过对数据模型的定义来表示存储于某处的持久性数据。在领域模型中,不会排除需求中没有明确要求记录其相关信息的类(这是对关系数据库进行数据建模的常见标准,但与领域模型无关),也不会排除没有属性的概念类,也就是说,没有属性的概念类是合法的,或者在领域内充当单纯行为角色而不是信息角色的概念类也是有效的。

12.3　何时创建领域模型

领域模型描述真实世界的类(对象)以及它们之间的相互关系,展示了系统的静态模型和工作活动片段。在分析过程中,类模型的优先级要高于状态和交互模型,这是因为静态结构容易更好地定义,而且较少地依赖应用程序的细节。当解决方案发生演化时便会更加稳定。领域模型的信息来源于问题陈述、其他相关系统的制品(用例模型)、专家对应用领域的了解以及对真实世界的总认识。确定开发人员已经考虑了所有的可用信息,而没有只依赖于单个信息源。

领域模型(使用 UML 表示法)描述的信息也可以采用纯文本方式(业务术语表)表示,但是在可视化语言中更容易理解这些术语,特别是它们之间的关系,因为人们的思维更擅长于理解形象的元素和线条的连接。

领域层软件类的名称源于领域模型中的名称,以使对象具有领域的信息和职责,这样可以减小人们的思维与软件模型之间的表示差异。同时,对时间和金钱也会有实际的影响。例如,以下是在 1953 年编写的薪水册的源代码:

1000010101000111101010101010001010101010100000010101······

对于掌握计算机语言的人而言,这是可行的,但是这种软件表示与人们头脑中的薪水册领域模型之间存在巨大差异,极大地影响了人们对软件的理解和修改。面向对象建模可以减小这一差异,如图 12-2 所示。

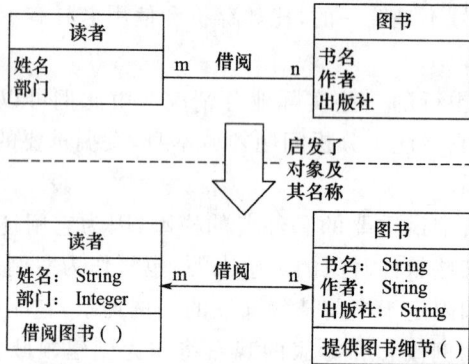

图 12-2　面向对象建模减小了表示差异

领域模型中的"读者"是概念,但在设计模型中"读者"是软件类,它们虽不是一回事,但前者对后者的名称和定义有启发作用,从而减少了表示差异,成为面向对象技术的主要思想之一。

当然,对象技术还有其他价值,例如,通过它可以构建松散耦合的系统,这样的系统易于进行调整和扩展。在这些方面,减小表示差异的作用可能是次要的。

12.4　如何创建领域模型

领域模型是面向对象可视化模型(UML 模型)中静态部分的基础。建立领域模型时,首先确定真实世界中的抽象,即系统中将涉及的主要概念性对象。设计面向对象的软件时,应根据这些实际的问题空间对象设计软件的结构。同软件需求相比,真实世界发生变化的频率更低。这些问题域抽象的模型是整个对象建模工作(尤其是静态模型部分)的基础。

以当前迭代中的需求为界,创建领域模型必须要经过下面几个步骤:
(1)寻找(识别)类;
(2)筛选类;
(3)确定关系;
(4)识别类的属性。

12.4.1　类的识别

领域对象类的最佳来源很可能是高级问题陈述、低级需求和问题空间的专业知识,要发现领域对象类,就要从这些来源(包括其他来源,例如业务资料)中挖掘尽可能多的相关陈述,然后根据下述三条策略寻找概念类:

(1)重用和修改现有的模型。这是首要、最佳且最简单的方法。如果条件许可,通常从这一步开始。在许多领域中,都存在已发布的、绘制精细的领域模型和数据模型。这些领域包括库存、金融、卫生等。

(2)使用分类列表。大家可以通过查阅参考书《UML 面向对象建模与设计》中介绍的概念类候选列表来创建领域模型。表中包含大量值得考虑的常见类别,需要强调的是业务信息系统的需求,该准则建议在分析时建立一些优先级。表 12-2 取自 MSMS 示例项目。

表 12-2 概念类分类列表

概念类的类别	示 例
业务交易	借阅,归还
准则:十分关键(涉及金钱),所以作为起点	预订
交易项目	图书
准则:交易中通常会涉及项目	借书证
与交易或交易相关的产品或服务	借还记录
准则:(产品或服务)是交易的对象	
交易记录在何处?	借还记录
准则:重要	
与交易相关的人或组织的角色;用例的参与者	资料管理员、拣书者、藏书者
准则:通常要知道交易涉及的各方	院图书馆管理系统
交易的地点;服务的地点	资料室
重要事件,通常包含需要记录的时间或地点	借阅记录、归还记录、催还列表
物理对象	条码扫描仪
准则:特写是在创建控制软件或进行仿真时非常有用	
事务的描述	图书介绍、图书评价
类别:描述通常有类别	图书类别
事务(物理或信息)的容器	资料室、个人藏书室
容器中的事物	条目
其他协作的系统	院图书馆管理系统
金融、工作、合约、法律材料的记录	图(藏)书列表,统计报表
金融手段	
执行工作所需的进度表、手册、文档等	晒书计划表、图书推荐表

(3)确定名词短语。在对领域的文本性描述中识别名词和名词性短语,将其作为候选的概念类或属性。这是一种简单而有效的语言分析技术。详述形式的用例是挖掘名

词性短语的重要来源之一。

根据图 12-3 所示示例项目的用例文档,可以找出其间的名词或名词性短语。

用例 UC2.1:添加藏书基本流程:

　　1.**藏书者**登记新购买**图书的信息**,包括**书名**、**作者**、**译者**、**出版社**、**购买时间**(系统自动给出**录入时间**)、**价格**、对图书的**推荐信息**、**喜爱程度**(默认情况下为 3 星,最高等级为 5 级,最低等级为 1 级)、**数量**(默认为 1 本,极个别情况会出现多本重复书籍)、**类别**(方便管理,可自己设定归类名称)。

　　2.系统进行输入信息的有效性检查。

　　3.系统根据**图书名称**进行重复图书检查。

　　4.存储图书信息,并提示存储成功。

　　5.系统重新显示初始**添加藏书界面**,用户可以进行下一本图书的录入过程。

　　分支流程:

　　2.a 如果**藏书者**录入信息有误

　　　①系统提示藏书者此信息

　　　②返回刚才的**添加藏书界面**,界面保持原来填写**数据**

　　3.a 如果**图书名称**发生重复,系统将提示此**信息**,并给出相应**图书列表**,用户可以查阅图书的**详细信息**,同时要求用户对此情况进行处理。

　　　①如果确认图书录入重复,则系统放弃对当前图书信息的存储　　②如果只是同名不同书,则用户确认此情况后,系统对当前录入的图书信息进行保存。

图 12-3　示例项目中详述形式的"添加藏书"用例

一些名词性短语是候选的概念类,有些名词所指的概念类可能会在本次迭代中被忽略(如迭代优先级所决定的业务范围),还有一些可能只是概念类的一些属性。通过实施后面的类筛选的原则,将对类的范围进行调整。

这种方法的弱点是自然语言的不确定性造成的。不同的名词性短语可能表示同一概念类或属性,此外可能存在歧义,因此,建议与"概念类分类列表"一起配合使用。

提取出其中的名词或名词短语,形成初步的领域模型,可以得到如图 12-4 所示的名词。

图书信息	书名	作者	译者	出版社
录入时间	价格	推荐信息	喜爱程序	数量
添加藏书界面	图书名称	藏书者	录入信息	数据
图书的详细信息	系统	购买时间	类别	图书列表

图 12-4　得到的初步候选概念类

由图 12-4 可知,没有所谓正确的列表,上述列表中的抽象事务和领域词汇在一定程度上是随意搜集的,但都是建模者认为重要的内容。

12.4.2　应用筛选原则

在完成名词的初步列表之后,我们应用一些简单的筛选规则进行精简。

下面是常用的几种筛选原则:

(1)冗余

表示相同事物的两个名词就是冗余。例如,"图书信息"和"图书的详细信息",选择简洁的"图书信息"作为候选类。再如,用户能够被藏书者、拣书者完全涵盖,故删除用户;销售价格指明价格的含义,故删除价格。

(2)不相关

名词与问题域没有关系。它可能是有效类,但不在当前项目的范围之内。例如,"员工考绩标准"是个名词,但订单处理系统不会测量或跟踪员工的工作实绩;电话和传真不是系统所关注的内容。

(3)笼统

名词描述的覆盖面太大,以至于在对某个业务进行描述时,不得不对该名词概念进行细分,单独拿出一部分来根本不能说明问题。例如,"录入信息"包括"图书信息"和"藏书信息"两部分,在应用录入信息进行描述时,必须加以额外说明。

(4)属性

实际上描述了另一个类结构的名词是属性。例如,"书名"、"作者"、"译者"描述的是系统"图书"类的一个组成部分。注意类和属性的识别与具体的应用领域相关。例如,"邮政编码"一般是"地址"类的一个属性,但对于邮政服务,邮政编码就是一个类,因为它同时包含了属性(地理位置、统计、费率结构和运送信息)和行为(投送路线和日程)。例题分析:零件目录、购买数量、送货地址、订购数量、销售价格都属于属性范畴。

属性与类的常见错误:如果认为某概念 X 不是现实世界中的数字或文本,那么 X 可能是概念类,而不是属性。例如,store 应该是 sale 的属性还是单独的类?

在现实世界中,商店(store)不会被认为是数字或文本,这一术语表示的是合法实体、组织和占据空间的事物,因此 store 应该是概念类。样例项目中的"出版社"在现实世界当中表示的是合法实体,如果系统不仅关注出版社的名称,还关注其他的特征,例如出版社的地址、电话、邮编等信息,那么"出版社"就应该是概念类,而不是图书的属性。但如果系统只关注出版社的名称,而不关注出版社的其他属性,"出版社"应该只是图书的属性,更确切地说就是"出版社名称"。

(5)操作

描述某个类职责的名词自身不是一个类,而是一个操作。例如,"图书借阅"。

(6)角色

描述一个特定实体的状态或其分类的名词多半不是一个类。例如,"VIP 会员"是一个会员在一定时间下的状态。

(7)事件

描述特定时间频率的名词,通常表示了领域必须支持的一个动态元素。例如,"每星期打印一次发票"中的"星期"就不是候选类。

(8) 实现结构

描述硬件元素或算法的名词最好删除或指派为某个类的操作。例如,"打印机"和"傅立叶算法"。

注意:作为一个类,选择最终名字的时候一定要使用明确简洁的名词,单数优于复数。

初始的样例项目候选列表应用筛选原则的过程如表 12-3 所示。

表 12-3　　　　　　　　应用筛选原则筛选候选类的过程

候选类	冗　余	不相关	笼　统	属　性	操　作	角　色	事　件	实现结构
图书信息	图书信息	图书信息	图书信息	图书信息	图书信息	图书信息	图书信息	图书信息
录入时间	录入时间	录入时间	录入时间	录入时间				
藏书信息	藏书信息	藏书信息	藏书信息	藏书信息	藏书信息	藏书信息	藏书信息	藏书信息
添加藏书界面	添加藏书界面	添加藏书界面						
图书的详细信息	图书的详细信息							
书名	书名							
价格	价格	价格	价格	价格				
图书名称	图书名称	图书名称	图书名称	图书名称				
系统	系统	系统						
作者	作者	作者	作者	作者				
推荐信息	推荐信息	推荐信息	推荐信息	推荐信息				
藏书者	藏书者	藏书者	藏书者	藏书者	藏书者	藏书者	藏书者	藏书者
购买时间	购买时间	购买时间	购买时间	购买时间				
译者	译者	译者	译者	译者				
喜爱程度	喜爱程度	喜爱程度	喜爱程度	喜爱程度				
录入信息	录入信息	录入信息	录入信息					
类别	类别	类别	类别	类别				
出版社	出版社	出版社	出版社	出版社				
数量	数量	数量	数量	数量				
数据	数据	数据	数据					
图书列表	图书列表	图书列表						

12.4.3　关　系

找到并表示出类之间的关联是有帮助的,这些关联能够满足当前开发场景的信息需求,并且有助于理解领域。我们说领域模型是静态模型,但也能表示出工作的活动片段,这就是关联的作用。关联是类(或类的实例)之间的关系,表示有意义和值得关注的连接。

关联表示了要持续一段时间的关系,它不是数据流、数据库外键联系,也不是实例变量或软件方案中对象的连接语句。关联声明的是现实领域中纯概念角度的有意义的关系。如果存在需要保持一段时间的关系,将这种语义表示为关联("需要记住"的关联)。

建立关联的方法:

(1) 显式的关联可以从用例中找到;

(2) 从事件表中找到关联的早期标志;

(3) 需要记住的关联:应该避免加入大量的关联。

　　构建领域模型时应该避免在领域模型中加入太多的关联,这样会使图形显得混乱,影响对图的理解,背离构建模型的初衷。回顾离散数学(图论或数据结构中图的知识)的相关知识:在具有 n 个结点的图中,结点间有 $(n(n-1))/2$ 个关联,这可能是个很大的数。在具有 20 个类的领域模型中可以有 190 条关联线。所以应该慎重地添加关联线,只记录那些需要记住的关联。

　　回顾一下在添加关联时,是否会出现下述的情形:

　　(1)立即给关联制定多重度,确保每个关联都有明确的多重度

　　(2)不对用例和时序图进行研究就将操作分配给类

　　(3)在确保已满足用户需求之前,对代码进行优化以提高重用性

　　(4)对于每个"……部分(part-of)"关联,就使用聚集还是组合争论不休

　　(5)未对问题空间进行建模之前,就假定一种具体的建模策略

　　(6)在领域类和关系型数据库表之间建立一对一的映射

　　(7)过早地执行"模式化",导致根据与用户问题毫无关系的模式创建解决方案

　　前面给出的例子关注的是藏书者添加图书的过程,图 12-5 给出了当前用例所关注的类之间的关系。

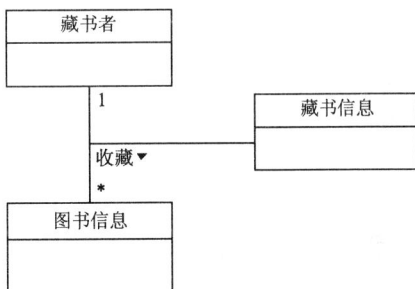

图 12-5　用例 2.1 中的初步领域模型

12.4.4　识别属性

　　前面我们已经通过几种途径获得了初步的领域模型,确定了基本的对象范围和它们之间的关系。但是领域模型的内容还不够充实,对于对象所具有的属性特征还没有加以关注,下面我们就来看一看属性的识别过程。

　　(1)首先需要明确什么是属性,在什么情况下需要属性:

　　当需求建议或暗示需要记住信息时,引入属性。

　　(2)获取属性的渠道:

　　①查看用例文档,寻找事件流中的名词;

　　②查看需求文档,发现系统要搜集的信息;

　　③若已经定义了数据库结构,数据库表中的字段就是属性。

　　(3)选择属性时应考虑的因素:

　　①只有系统感兴趣的特征才包含在类的属性中;

②分析系统建模的目的,也会影响属性的选取。

(4)每条属性都能够回溯到用户的需求,不要盲目添加不必要的属性,造成系统混乱。

(5)类的属性要适当。若某个类的属性太多,可考虑分解成更小的类;若某个类的属性太少,可考虑将类进行合并。

根据表 12-3 应用筛选原则筛选候选类的过程,将分析出来的类的属性分别添加到对应的类中,形成如图 12-6 所示添加了属性的部分示例项目的领域模型。

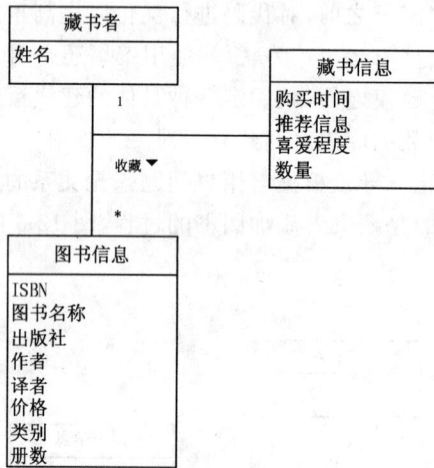

图 12-6   用例 2.1 中添加了属性的领域模型

12.4.5   完成分析模型

综合对象模型片段,形成一个较为完整的领域模型,如图 12-7 所示。

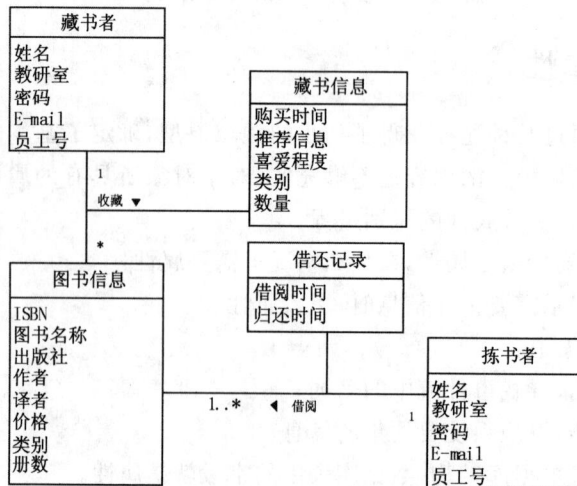

图 12-7   MSMS 的部分领域模型

小　结

　　构建领域模型是软件架构师初步以面向对象的思想审视要构建系统的阶段。它抽取了业务领域中的关键概念,帮助项目小组成员更快地理解并深入到系统中。领域模型中概念的抽取可以从已经建立的成果中抽取,也可以从大量的用户业务文档中抽取。这里涉及的信息量将会很大,但是根据 RUP 过程中使用到的原则,没有必要在构建领域模型时花费更多的时间,建议在创建初步领域模型时规定特定的时间。无论如何,都无法使其十全十美,因此,应快速建立领域模型,并期望在以后的工作中逐步完善。

习　题

　　1.什么是领域模型,它与数据模型之间的区别是什么?
　　2.请说出构建领域模型的基本步骤。
　　3.学校管理系统要存储下列数据:
　　(1)数据的组成
　　系:系名,系主任
　　学生:学号、姓名、学生所属系
　　教师:工作证号、姓名、教师所属系
　　研究生:专业方向
　　教授:研究领域
　　课程:课程号、名称、学分
　　(2)关系描述:学生每学期要选修若干门课程,每门课有一个考试成绩;某学期开设的某门课程只有一个任教教师;一个教师只任教一门课;一个教师有能力讲授多门课程;一门课程也可以存在多位教师有能力讲授;每个研究生只能跟随一位教授。
　　请采用面向对象方法建立一个现实问题的领域模型。

体系结构设计

需求和面向对象分析的重点是关注"做正确的事"。也就是说,要理解案例研究中的一些重要目标,以及相关的规则和约束。与之相比,后续的设计工作将强调"正确地做事",也就是说,熟练地设计解决方案来满足本次迭代的需求。

在迭代开发中,每次迭代都会发生从以需求或分析为主要焦点到以设计和实现为主要焦点的转变。早期迭代会在分析活动上花费较多时间。当设想和规格说明通过早期编程、测试和反馈趋于稳定时,后期迭代中可减少分析活动,更加关注解决方案的构建。

13.1　什么是软件体系结构

体系结构(Architecture)源于建筑行业的建筑艺术、建筑(风格)和结构,引入到软件领域中,并没有一个统一的定义。其中一种被广泛接受的定义为:体系结构是一种重要决策,其中涉及软件系统的组织,对结构元素及其组成系统接口的选择,这些元素特定的与其相互协作的行为,从这些结构和行为元素到更大的子系统的组成,以及指导该组织结构(这些元素及其接口、协作和组成)的架构风格。

无论体系结构如何描述,它的共同主题是:必须与宏观事务有关——动机、约束、组织、模式、职责和系统之连接(或系统之系统)的重要思想。

买过房子的人都知道,5层以下的楼房一般是砖混结构,而高层和小高层的楼房都是框架结构,楼层越高对结构要求越高。软件也是一样,系统越庞大,生命周期越长,结构的重要性就越明显。其实,强调软件体系结构的最主要目的有3个:

(1)重用:人们希望系统能够重用以前的代码和设计,提高开发效率;

(2)扩展:人们希望在系统保持结构稳定的前提下能够很容易地扩充功能和提升性能;

(3)简洁:常言道,简洁就是美,好的架构一定易于理解、易于学习和易于维护,人们希望能够通过一个简洁的结构来把握系统。

正如我们可以很简单地用砖混结构和框架结构来概括一幢大楼的结构,专家们也定义了一些术语来定义软件的体系结构风格,如层次结构、B/S结构等。软件架构设计是软件设计的一部分,是总体设计。软件的体系结构设计有一定的创造性,但它毕竟是一个工程活动,体系结构的设计是有章可循的,有一定的规律性,是可以重复的,有稳定的模式。当然,在系统一开始很难立刻建立一个完善的稳定的体系结构。迭代是软件开发过程中的一个必然过程,也是人的思维活动的一个必然阶段。

13.2　应用程序的分割

应用程序的分割是软件设计阶段的主要任务和目标。软件的体系结构就是应用程序分割策略的综合应用。一般常用的分割策略有如下几种：

(1)按功能进行划分。将系统按功能(或子系统)进行划分是目前我们所熟悉的软件体系结构的描述形式。结构化设计思想中的体系结构设计就是基于功能划分原则进行的。但这种单纯的功能结构划分不利于系统的扩展，它的内部业务逻辑和数据访问通常混合在一起使用，使得系统难以维护，这也是结构化设计方法难于应对复杂或大型应用系统的原因之一。

(2)按软件层次划分，也称为按服务进行划分。层是对模型中不同抽象层次上的逻辑结构进行分组的一种特定方式。通过分层，从逻辑上将子系统组织成为许多独立的、职责相关的集合，而层间关系的形成要遵循一定的规则，"较低"的层是较低级别和一般性服务，"较高"的层则是与应用相关的。协作和耦合是从"较高"层到"较低"层进行的，要避免从"较低"层到"较高"层的耦合。通过分层，可以限制子系统间的依赖关系。这样，使系统以更松散的方式耦合，从而更易于维护。

层次划分是对系统的横向分解，功能划分是对系统的纵向分解，它们之间的关系如图 13-1 所示。

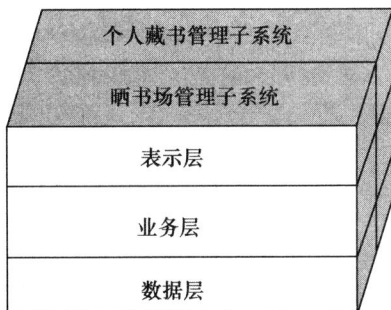

图 13-1　功能划分与层次划分之间的关系

目前较为流行的应用框架技术是针对层次划分提出的。例如，针对于 Java 语言的 Struts，Spring，Hibernate 等应用框架。

(3)按系统的物理布局进行划分。随着网络不断普及，分布式系统越来越被广泛地使用。系统的逻辑分层分别实现在不同的物理层(物理机器)上，通常将这种物理层次上的划分称为客户端程序和服务器端程序，一般统称为分布式体系结构，常见的分布式体系结构有 C/S(Client/Server，客户端/服务器结构，如图 13-2 所示)系统、B/S(Browser/Server，浏览器/服务器结构)系统。

在实际应用当中这些分割策略是相互支持、综合应用的。其中按层次划分系统结构的方式正逐步成为体系结构设计中的核心思想。

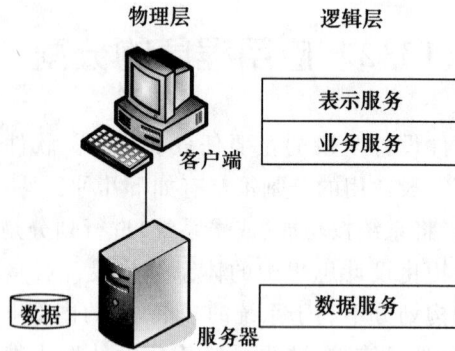

图 13-2　逻辑分层与物理分层

13.3　分离服务

尽管功能模块的划分非常容易理解,但是正如前面分析的那样,要使应用程序的体系结构可扩展,更易于维护,就必须隔离出应用程序的逻辑层,进行逻辑层次的划分,从横向组织应用程序。一般来讲,应用程序被划分为三个逻辑层:

(1)表示服务层;

(2)业务服务层;

(3)数据服务层。

表 13-1 列出了各层的范围和目标。

表 13-1　　　　　　　　　　　　各个逻辑层的范围和目标

层	范　围	目　标
表示服务	数据表示	易用性
	数据接收	自然、直观的用户交互
	图形用户界面	快速的响应时间
业务服务	核心业务规则	业务规则的严格实施
	应用程序/对话框流程控制	对代码投资的保护
	数据完整性的实施	减少维护成本
数据服务	持久数据存储和检索	一致、可靠、安全的数据库
	通过 API 访问 DBMS	信息共享
	并发控制	快速的响应时间

从表示服务层的本质来看,它在传统上是图形化的,但它也可能是报表或插到某个特定接口上的外部装置,表示服务层会随时间进行演变。如果一个给定应用程序的表示服务层在设计时就与业务服务层分离,那么,换用新的前端时带来的麻烦会最少。

在所有层中,业务服务层和表示服务层是动态性最强的。应用程序的功能和规则是最常发生变化的部分。如果将业务服务层和其他两层分开,将会减小由于业务服务层的变化给应用程序带来的影响。

　　数据服务层通常是应用程序中静态性最强的一层,这一点在前面讲述软件开发方法论的时候提到过。领域中的数据具有一定的稳定性,虽然处理这些数据的规则会随着行业发展而不断地变化,但是行业数据意味着核心业务处理目标和业务本质极少发生变动。信息建模法就是在此基础上建立起来的。

　　要使系统具有一定程度的灵活性,系统最少要进行这三层结构的划分,也就是说对不同程度的可变性进行隔离。但是仔细分析的话,还有很多可变性存在于这三层结构中。

　　我们可以将业务服务层细分为两种类型的服务:业务环境和业务服务。第一种类型处理用户界面,在信息进入系统时进行筛选和清洗,例如,在一个字段中输入的值作为另一个处理入口的输入数据时会受到某些规则的限制;另一个服务处理更为传统的业务服务,例如,如果一位拣书者曾经共享过两本图书,那么,他一次性拣书的累计数量就可以为三本。

　　数据服务层如果进行细分的话,可以包括三类服务:数据转换、数据访问和数据库。第一种服务负责把对信息服务的逻辑请求(例如,选择、更新和删除)转换为与数据存储兼容的一种语言,如 SQL。第二种服务处理通过 API 发出请求执行,如 JDBC 驱动程序。第三种服务实际上是数据库技术(Oracle、Microsoft SQL Server 等)。

　　图 13-3 描述了可应用于任何应用程序的逻辑层(六层逻辑模型)以及对各层提供的服务的描述。

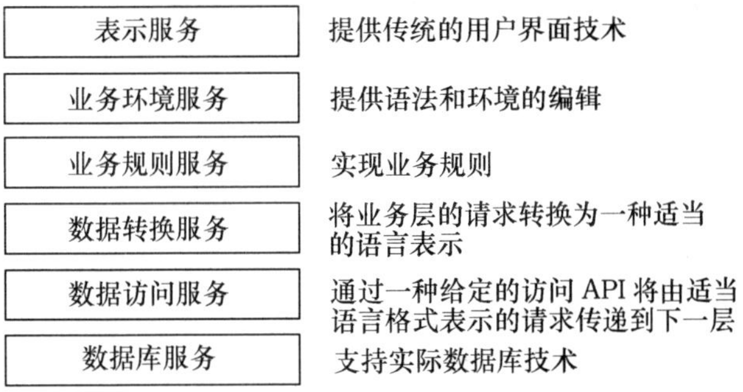

表示服务	提供传统的用户界面技术
业务环境服务	提供语法和环境的编辑
业务规则服务	实现业务规则
数据转换服务	将业务层的请求转换为一种适当的语言表示
数据访问服务	通过一种给定的访问 API 将由适当语言格式表示的请求传递到下一层
数据库服务	支持实际数据库技术

图 13-3　六层逻辑分层

　　如果对各层的设计都非常合理,为其他层起到支撑作用,那么,在以后就可以很容易使用不同的表示服务(例如,Internet)和不同的数据库技术(例如,用 Oracle 来替换 Microsoft SQL Server)来替换当前的表示服务层和数据服务层。同时在使用层还有助于解决如下问题:

　　(1)源码的变更波及整个系统;

　　(2)应用逻辑与用户界面交织在一起,无法复用其他不同界面或分布到其他处理结点之上;

(3)潜在的一般性技术服务或业务逻辑与特定于应用的逻辑交织在一起,无法被复用、分布到其他结点或方便地使用不同实现进行替换;

(4)不同关注领域之间高度耦合,难以为不同开发者清晰地界定和分配任务。

13.4　框架模式及应用架构

框架是构建问题解决方案的基础结构。在对象技术中,框架是一种复用技术,是反复出现的组织模式和习惯用法,是对一系列体系结构的抽象。框架模式的本质是一些特定的元素按照特定的方式组织成一个有利于上下文环境的特定问题的解决结构。

而应用架构是一项具体技术的应用。这种应用技术往往是某一架构模式的实现。可以这样讲,框架模式是思想,应用架构是对框架模式的具体实现。下面介绍框架模式和应用架构的概念及区别。

13.4.1　框架模式

一个著名的体系框架模式(结构)是模型-视图-控制器(MVC)框架,模型(Model)代表系统的模型层,视图(View)是模型的展现层,控制器(Controller)负责业务的流转。MVC 最早是作为 Smalltalik-80 编程环境的一部分开发的,它是面向对象设计中使用分离关注点原则的一个经典例子。在 Smalltalk-80 中,MVC 强制编程者将应用类分为三组,它们分别特化和继承自 3 个 Smalltalk 提供的抽象类:模型、视图和控制器。

(1)模型对象(Model Object)代表数据对象——应用领域中的业务实体和业务规则。模型对象的变化通过事件处理通知给视图和控制器对象。模型是发布者,因此,它不知道自己的视图和控制器。为完成这一任务,模型需要提供必要的接口,通过这些接口接收业务数据和响应相应的服务。

(2)视图对象(View Object)代表 GUI 对象并且以用户需要的格式来表示模型状态,通常是图形化显示。视图对象是从模型对象分离而得的。视图订阅模型以感知模型的变化并更新自己的显示。视图对象可以包含子视图,子视图用于显示模型的不同部分。通常,视图对象与控制器对象是一一对应的。

(3)控制器对象(Controller Object)代表鼠标和键盘事件。控制器对象对来自视图和源于用户与系统交互结果的请求做出响应。控制器对象提供意图给按键、单击鼠标等,并且把它们转换成模型对象上的行动,它们在视图和模型之间进行协调,通过从可视化表示中分离用户输入,控制器对象允许系统对用户行为的变化做出响应,同时不改变GUI 表示形式,反之亦然。

分离视图、控制、数据模型的观点有很多优势,最重要的有以下几点:

(1)允许单独开发 GUI、业务数据和模型层逻辑,增加了程序可维护性、可复用性和可扩展性。

(2)替换或者移植到一个不同的 GUI,而不需要对模型进行根本性的改变。

(3)改造和重新设计模型,同时保持用户 GUI 的表示形式。

(4)允许相同模型状态上的多视图。

(5)改变 GUI 对用户事件的响应方式,而不改变 GUI 的表示方式(一个视图控制器可能在运行时改变)。

(6)模型没有 GUI 也能执行(例如用于测试或用于批量处理)。

MVC 框架模式对面向对象设计产生了广泛的影响,MVC 原则支持大部分的现代体系结构框架和模式。

图 13-4 表示一个从执行者(用户)角度看 MVC 对象之间的通信。其中,连线表示对象之间的通信,视图对象拦截用户 GUI 事件,为了解释将来的行为而传递给控制器。将视图和控制器行为混合在一个单独对象中是 MVC 中一种很糟糕的实现。

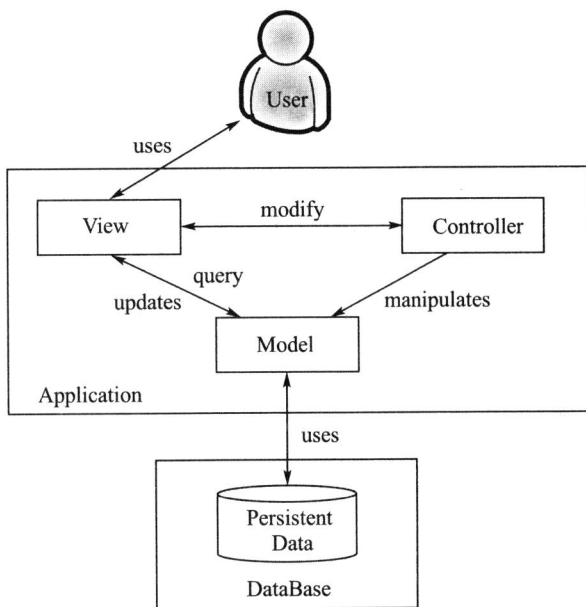

图 13-4　MVC 框架示意图

例如,一个用户激活了一个菜单项,用于在屏幕上显示客户详情;一个视图对象接收到事件,并且将它传递给自己的控制对象;控制对象要求模型提供顾客数据,模型对象返回数据给控制器对象,控制器对象将它提供给视图。任何将来的模型状态变化都可以通知给那些订阅这些信息的视图对象。通过这种方法,视图可以更新显示反映当前的业务数据值。

13.4.2　应用架构

Struts 是一个具体的 Web 应用架构,它能比较完善地实现 MVC 模式的 Web 应用。

(1)控制(Controller):在 Struts 中,实现 MVC 中 Controller 角色的是 ActionServlet。ActionServlet 是一个通用的控制组件,它截取来自用户的 HTTP 请求到相应的动作类

（Action 或 ActionForm）。动作类可以访问 JavaBean 或调用 EJB，实现核心业务逻辑处理。最后，将处理后的信息传给 JSP，由 JSP 生成视图展现给用户。Struts 所有的控制逻辑都保存在 struts-config.xml 文件中，struts-config.xml 就像人的大脑，控制一切任务的处理。如图 13-5 所示。

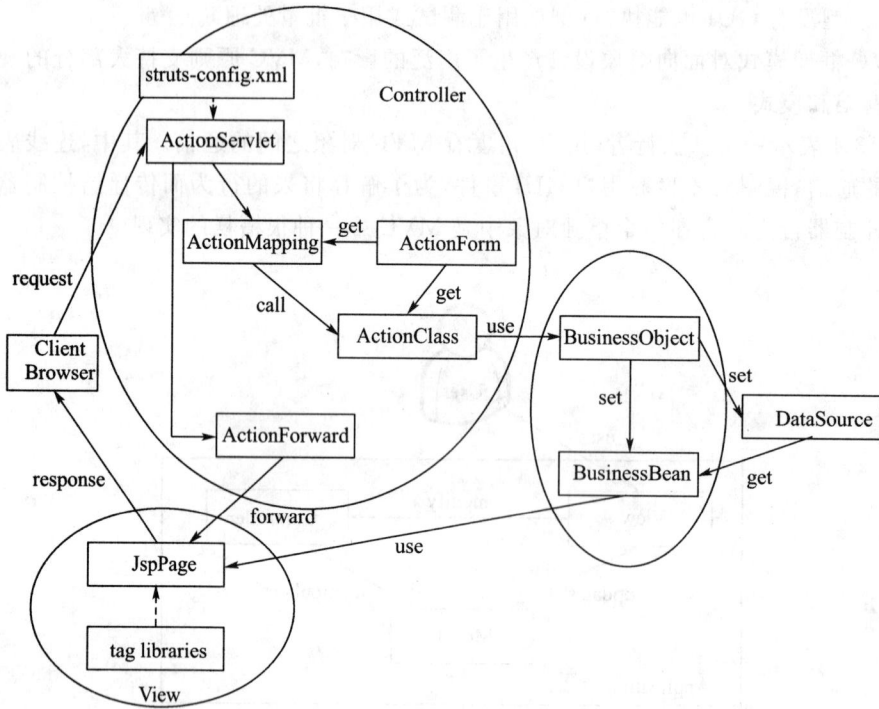

图 13-5 Struts 架构图

（2）模型（Model）：一般是以 JavaBean 的形式存在。大致分三类：ActionBean（亦称 Action）、FormBean（亦称 ActionForm）、JavaBean 或 EJB。Struts 为 Model 部分提供了 Action 和 ActionForm 对象：所有的 Action 处理器对象都是开发者从 Struts 的 Action 类派生的子类。Action 处理器对象封装了具体的处理逻辑，调用业务逻辑模块，并且把响应提交到合适的 View 组件以产生响应。Struts 提供的 ActionForm 组件对象，它可以通过定义属性描述客户端表单数据。开发者可以从它派生子类对象，利用它和 Struts 提供的自定义标记库结合可以实现对客户端的表单数据的良好封装和支持。Struts 通常建议使用一组 JavaBean 表示系统的内部状态，根据系统的复杂度也可以使用像 Entity EJB 和 Session EJB 等组件来实现系统状态。Struts 建议在实现时将"做什么"（Action）和"如何做"（业务逻辑）分离。这样可以实现业务逻辑的重用。

（3）视图（View）：Struts 提供自定义的 JSP 标记，如 Html、Bean、Logic、Template 等，构建 JSP，完成视图。通过这些自定义标记可以非常好地和系统的 Model 部分交互，通过使用这些自定义标记创建的 JSP 表单，可以实现和 Model 部分中的 ActionForm 的映射，完成对用户数据的封装，同时这些自定义标记还提供了像模板定制等多种显示功能。

目前关注的服务分层的应用架构层出不穷。例如,侧重界面与应用分离的 WebWork 架构,侧重业务层服务分离的 Spring,侧重对象与关系模型转换的 Hibernate 等,都是一些具体的应用架构,只要编程人员按照架构提供的处理机制和文件布局规则就能够成功地将 MVC 思想应用于自己的系统中。

13.5　体系结构设计过程

体系结构的构建过程也要遵循由粗到细,逐步细化的过程,不可能在一开始就对细节具有精确的把握。将整个系统看成一个立方体,纵向切割(按功能进行切割)后取得的横切面就是子系统的划分;同理,横向切割(按照实现的层次进行划分)后得到的纵切面,即为软件的逻辑层次图。分层表示将功能进行有序的分组:应用程序专用功能位于上层,跨越应用程序领域的功能位于中层,而配置环境专用功能位于低层。可见,应用程序分割的策略是混合使用的。

逻辑结构是软件类的宏观组织结构,它将软件类组织为包(或命名空间)、子系统和层等。之所以称其为逻辑架构,是因为并未决定如何在不同的操作系统进程或网络中物理的计算机上对这些元素进行部署(后一种决定是物理架构的一部分)。

一般情况下,体系架构的构建过程分为三个阶段:

(1)物理结构的选择(初步体系结构);

(2)逻辑结构的确定;

(3)执行体系结构的确定。

13.5.1　制定初步体系结构

根据用户的需求我们选取一种合适的系统体系结构,一种适用的系统体系决定了系统的架构。对于用户来讲,他们并不关心功能具体如何实现,只关心方便及其实用性。但对于系统设计人员及程序人员来说,却要知道系统到底是什么,所以系统初步架构的选取是系统设计的第一步。

体系结构的选取可参考如下几点关键问题:

(1)是单机还是客户机/服务器系统?

图书共享是我们系统的目标,同时,服务的人群是计算机系广大的教师,因此客户机/服务器系统是我们选用的应对方案。

(2)是常规应用开发还是底层开发(是否有单片机系统)?

我们的系统是传统的信息管理系统,是一种常规应用开发。

(3)客户机最大点数是多少?

客户机的点数明确了使用人群的规模,本项目目前的应用规模在 500 人以内。

(4)是否提供给第三方 API 接口?

虽然是系内图书管理系统,但仍需要向上一级图书管理部门提供一些统计报表,因此这方面接口的预留是必不可少的。

(5)网络(或数据通信)是什么连接方式?

基于局域网的 HTTP 请求访问方式。

(6)客户机是胖客户机还是瘦客户机?

针对于项目的特殊性,我们需要对个人图书管理子系统和晒书场子系统分别对待。个人图书管理子系统由于主要处理的是个人藏书,主要处理本地数据,要求处理速度快,只有在共享图书时才会与主数据库服务器进行通讯,针对于此部分选用 C/S 架构;晒书场子系统主要处理多用户的信息共享,网络传输频繁,为减少客户端信息处理的负担,选用 B/S 架构,增强服务器端的功能。

(7)数据文件的保存方式(文本、本地数据库、大型数据库)?

鉴于个人图书的拥有量不会太多,而且是本地保存,系统资源的占用尽可能地少,因此选用 Access 即可。晒书场管理子系统中的共享图书信息汇聚了全系的资料,同时,存在多人同时访问的情况,因此对数据库的性能及安全性、稳定性的要求都有所提高,因此选用 SQL Server 作为此子系统的数据库服务器。

到现在为止,我们已经了解了项目基本需求的一些情况,下面我们给出相关元素在体系结构中的描述。表 13-2 为 MSMS 样例项目的初步体系结构。

表 13-2　　　　　　　　　　　MSMS 样例项目的初步体系结构

分　类	组成部分	实　　现
硬件	客户机	基于 Pentiun III 600 MHz 的客户机,128 MB 内存,8 GB 硬盘
	服务器	基于 Pentium III 700 MHz 的服务器,1 GB 内存,60 GB 硬盘
软件	操作系统(服务器)	Windows 2000 Server
	操作系统(客户机)	Windows 2000 Professional
	应用程序	任意浏览器
	数据库管理系统	Microsoft Access、Microsoft SQL Server 2000 或 Oracle 9i
	事务处理服务器	带有 JDBC 事务处理的 JavaBean
	Web 服务器	IIS,Apache Tomcat 或商用服务器,如 BEA WebLogic
	Web 接口	Servlet 和 JSP
协议	网络	TCP/IP
	数据库	JDBC−ODBC 桥

为了更好地描述这一体系结构,我们采用可视化方法描述软件组件与硬件之间的关系(见图 13-6)。需要强调的是,这只是基于目前对项目的了解建立起来的快照,随着项目的不断深入,这个模型还会进行必要的调整。

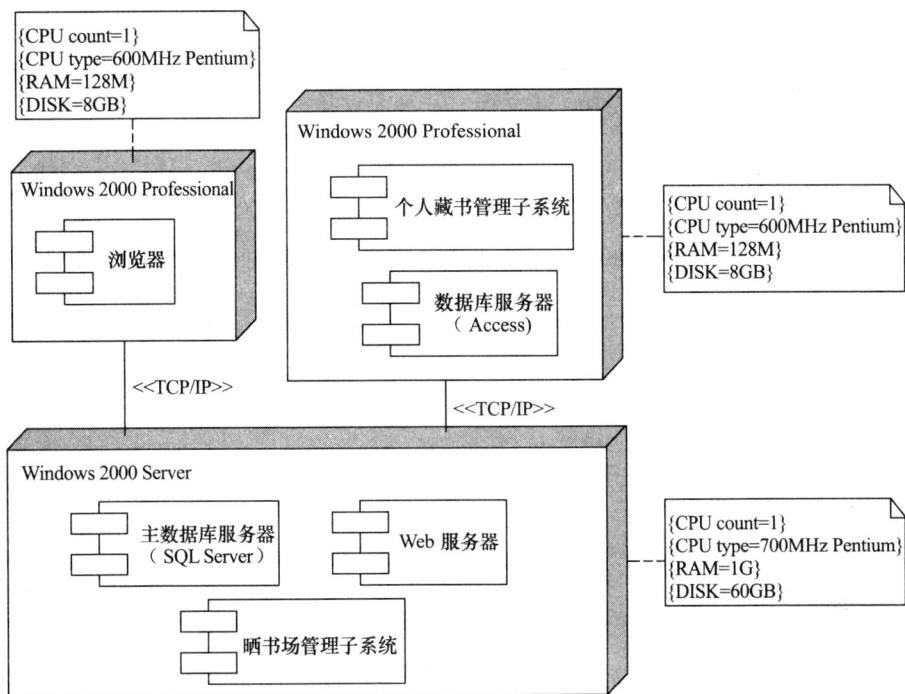

图 13-6　基于 UML 组件图和部署图的初步体系结构

在项目开始的早期,初始阶段体系结构就已经进行了初步的设想,不过当时只是一种设想,随着项目的不断进展,体系结构加以印证和调整。

13.5.2　逻辑结构的划分

体系结构中的层表示系统中垂直方向的划分,分区表示对层在水平方向上的划分,从而形成相对平行的子系统。例如,技术服务层可以划分为安全和统计等分区,参见图 13-7。

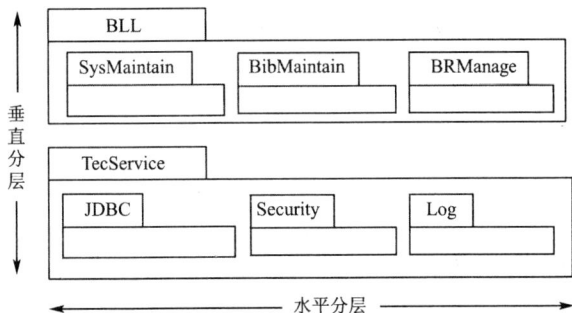

图 13-7　层和分区

在实际应用中,OO 系统绝大多数情况下应用 MVC 架构思想,依照前面分离服务一节的六层结构划分策略,我们会根据实际情况进一步的细分和具体化。常见的信息系统逻辑结构中常见的层如图 13-8 所示。

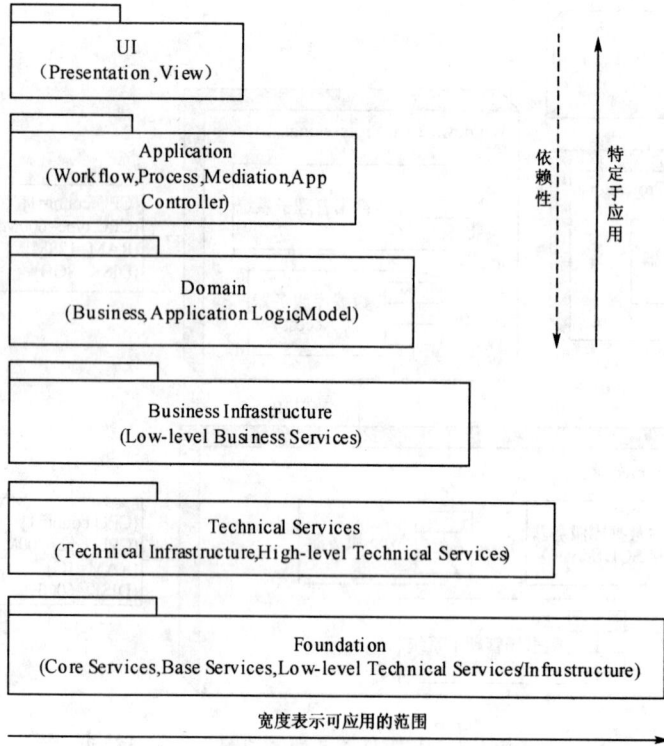

图 13-8 信息系统逻辑结构中常见的层

上面的逻辑分层方案侧重于服务的重用性和隔离可变性,具有较强的借鉴价值。其中每一层的职责解释如下:

UI 层:

①GUI 窗口

②报表

③语音接口

④HTML、XML、XSLT、JSP、JavaScript……

Application 层:

①处理表示层请求

②工作流

③会话状态

④窗口/页面转换

⑤合并/转换不同的表示数据

Domain 层:

①处理应用层请求

②实现领域规则

③领域服务(POS、库存)

④服务可能只用于一个应用,也可能存在多应用服务

Business Infrastructure 层：

用于多种业务领域的十分普遍的底层业务服务

Technical Services 层：

① (相对)高层技术服务和架构

② 持久性,安全等

Foundation 层：

① 低层技术服务、工具和架构

② 数据结构、线程、数学、文件、DB 和网络 I/O 等

软件设计一章重点强调模块的划分,讲述如何划分模块和如何设计模块间的消息传递及传递的内容组织形式。结构化的设计思想主要是从功能划分的角度进行系统体系结构的搭建,注重过程间模块独立性原则的应用。实质上面向对象也遵循这种思路,只不过它在构建体系结构时不但注重功能上的划分,同时也注重服务的分离。通过这种方式的应用,能够极大地提升模块的独立性,这就是为什么分层思想得以广泛应用的原因之一。

13.5.3　执行体系结构

我们把特定于应用程序选择的技术、产品和体系结构的集合,称为应用程序的执行体系结构。图 13-9 勾画出了样例项目的执行体系结构。

表示服务	HTML 和脚本表单
业务环境服务	Servlet 和 Web 服务器
业务规则服务	JavaBcan
数据转换服务	JavaBean 和本地 JDBC
数据访问服务	由 JDBC 实现
数据库服务	Microsoft SQL Server

图 13-9　对 MSMS 项目的执行体系结构的总结

针对于具体的项目规模,我们选用 JAVA 的 Model2 实现架构,也就是使用 JavaBean 来实现业务逻辑的处理。虽然 Struts 架构具有很强的可扩展性,但是对于小型项目来讲,它的应用使得系统实现略显复杂,增加了系统的规模,因此我们选择简单的实现形式。

图 13-10 展示了依据上述考虑所构建的部分逻辑层视图。

由于篇幅所限,在这里只展示部分内容,其他内容大家可以自己动手实现。对于如何设计层中类的分配,以及如何调整层间的通信关系,将涉及更多的内容和知识,如感兴趣可以查阅书后参考资料进一步学习。

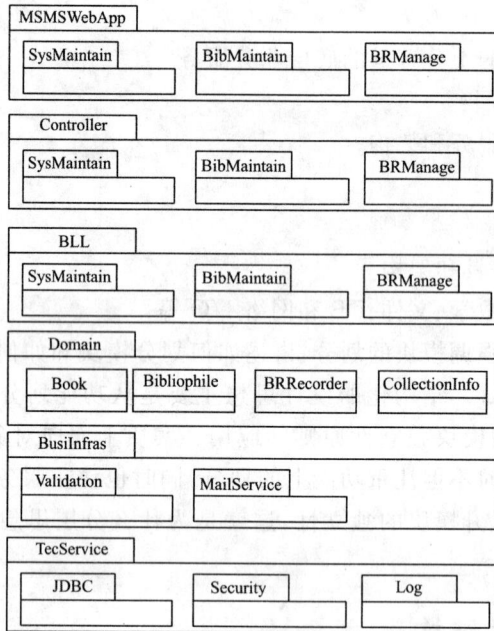

图 13-10　MSMS 项目的部分逻辑层视图

小　结

以架构设计为中心是 RUP 过程模型的一大特点。它的核心思想是在软件构建之初，确定其软件质量属性的总体目标，并在此基础之上进行技术和平台的选择，作为后续工作的基础。软件体系结构的设计就是 RUP 中架构设计的内容。

软件体系结构的设计是我们真正进入到系统实现的内部的第一步。根据在第 4 章中介绍的五种不同风格的软件体系结构，了解到软件框架搭建的方式会根据项目的不同特性而有所不同。由于信息化的不断深入以及工作地点的广泛分布性，分布式系统是目前软件构建的主流方式。它采用了服务分离的分层思想，有效地提高了软件的灵活性和适应性。Struts、Spring 和 Hibernate 框架的陆续出现极大地推进了软件分层思想在系统中的落实。

软件体系架构并不是一下子就能够完成的，它也需要有一个循序渐进的过程。本章中根据具体的案例，给出了项目是如何根据具体情况剥离可用信息，完成从初步体系结构到具体执行体系结构的构建。

习　题

1.体系结构的设计包括哪些内容？
2.体系结构设计的步骤是什么？
3.请简单分析一下信息系统逻辑结构中常见层的设定思路。
4.请根据自己的项目背景设计相应的体系结构。

第14章 系统的动态模型

前面我们构建了用例模型和领域模型,它们是我们对现实世界的客观描述和记录。但是,为了完成系统,达到用户的目标,还必须添加一些动态元素。本章将要给大家讲述动态模型的构建,通过动态建模的方式逐步丰富静态模型——(分析)设计类图。

14.1 动态模型

动态模型的主要内容集中于类实例,即对象之间的交互,它关心的是系统的控制和操作的执行顺序。它表示从对象的事件和状态的角度出发来表现对象之间的行为。相关的类已经在前面的章节中识别出来,这些交互用于实现用例中的详细路径。动态模型对项目具有重要的价值,通过动态模型,我们可以:

(1)将类和用例路径汇集起来,并示范对实际路径所必需的消息发送机制建模的能力;

(2)对于在动态模型中获得的知识,能够以操作、属性和关联的形式转移到类图中;

(3)将从用例和类图中获取的知识包括进来,创建使用情况矩阵,对应用程序的内容和负荷特性进行建模。

UML 中提供的动态模型主要有以下几种类型:

(1)序列图。交互图之一,是最常用的动态模型。以时间为中心,其重点是对象之间消息的线性流动,项目细化阶段是对用例路径的建模。

(2)协作图。交互图之一,和序列图解释的信息是相同的,但它强调的是单个对象及其发送和接收的消息。协作图以对象为中心。协作图提供的视角反映了一个对象的繁忙程度。如果一个对象处于繁忙状态,则其生命周期值得关注,可以利用状态图作进一步分析。

(3)状态图。对一个类的生命周期进行建模,它记录了一个对象从诞生到消亡的全过程。它对一个对象可以处于的状态进行建模,包括对象转换到新状态或处于某个特定的时间和与实践相关联的动作和活动。通常具有实时嵌入式性质的应用程序所用的类中,使用状态图的比例高一些。

(4)活动图。对一个复杂的步骤进行建模,它还可以用来对用例路径的步骤进行建模,也最接近传统意义的程序流程图。

从需求级视图开始,我们只考虑用户要求使用系统来干什么,而没有考虑实现细节,之后,我们需要推动这种系统视图向前发展,使之成为完全关注于设计的东西。动态模型能够精确地说明系统运行时,运行阶段的对象实例如何进行彼此交互。在软件开发中,最难解决的问题之一是,从"什么"视图演变到"如何"视图(见图 14-1),健壮性分析可以帮助我们完成这项工作。

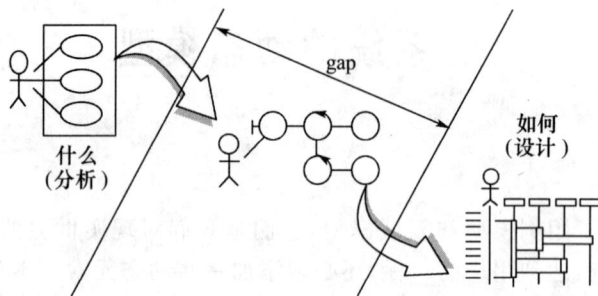

图 14-1　健壮性分析是跨越"分析"到"设计"的桥梁

14.2　健壮性分析

健壮性分析可以看成是从用例模型中分析出基本的(对象)类,并描述系统内部各部分响应用户的请求的方式,从而进行系统内部实现结构的初步设计。健壮图可以看成是描述对象之间的协作图,关注各种构造定型的类之间是如何协同工作的。在健壮图的基础之上,我们就可以很顺利地完成序列图的绘制,从而进入到系统设计更深入的阶段。

通过健壮性分析,我们可以改进用例文本和静态模型:

(1)确保用例文本的正确性。通过对用例文本的分析,将其转化为健壮图的过程中,可能会发现用例文本描述过程中一些不合理的地方。

例如,只描述了用户的动作,却忽略了系统的响应,那么在绘图过程中就会看到只有用户对边界对象进行操作,而没有控制对象和实体对象的参与,从而发现用例文本的缺陷。

使用例文本的特性从纯粹的用户手册角度变为对象模型在上下文中的使用描述。

(2)方便绘制时序图。由于在健壮图绘制过程中已经将处理过程中所使用的对象基本分析出来了,因此,在绘制时序图时将是对健壮图的一种更细致的描述。同时,通过健壮图的检查机制,确保了时序图绘制的顺利进行。

(3)帮助发现对象。在领域建模期间会遗漏一些对象,进行健壮性分析的过程会帮助我们捋清思路,甚至发现对象命名矛盾或冲突的情况。

(4)进入初步设计阶段。由于在健壮性分析的过程中涉及了系统内部的类(构造定型),因此开始了对系统内部结构的初步设计,它可以帮助我们改进用例文本和静态模型(领域模型)。

14.2.1　健壮图的表示法

在健壮性分析过程中,系统中的类将被划分成三种构造定型之一:边界类(对象)、实体类(对象)或控制类(对象)。如图 14-2 所示。

边界对象　　　实体对象　　　控制对象

图 14-2　健壮性分析中使用的图形

1. 边界对象

参与者使用边界对象来同系统进行交互。通常，边界对象用作屏蔽和媒介，隔离了如何取得应用程序提供服务的大部分交互细节，位于系统与外界的交界处，包括所有的窗体、报表、系统硬件接口和与其他系统的接口。识别边界类的简单途径就是注意系统中的参与者。每个参与者都需要与系统建立接口。

2. 实体对象

实体对象（类）通常是来自领域模型的对象。它们用来持久性的保存与应用程序实体的有关信息，并提供用于驱动应用程序中大多数交互所需的服务。实体对象通常提供一些非常具体的服务：

(1) 存储和检索实体属性；

(2) 创建和删除实体；

(3) 提供随着实体的改变可能改变的行为。

3. 控制对象

控制对象（类）对应用领域中的活动进行协调，即将边界对象和实体对象关联起来。一个用例中通常有一个控制类，它控制用例中的事件顺序。

通常，控制类可以扮演以下几种角色：

(1) 与事物相关的行为。

(2) 特定于一个或少量用例（或用例中的路径）的一个控制序列。

(3) 将实体对象与边界对象分离的服务。

14.2.2　健壮图的使用规则

绘制健壮图时，仔细检查用例文本，每次检查一个句子，并绘制参与者、边界对象、实体对象和控制器以及图中不同元素之间的关系。应该能在一个图中指出基本流程和所有的分支流程。在使用过程中需要遵循下述几条规则：

(1) 参与者只同边界对象交互。

(2) 边界对象只能同控制器和参与者交互。

(3) 实体对象只能同控制器交互。

(4) 控制器可同边界对象、实体对象以及其他控制器交互，但不能同参与者进行交互。

健壮图的使用规则如图 14-3 所示。需要注意的是，边界对象和实体对象都是名词，而控制器是动词。名词和名词之间不能互动，但动词可同名词或动词进行交互。确保每一个用例对应一个健壮图。

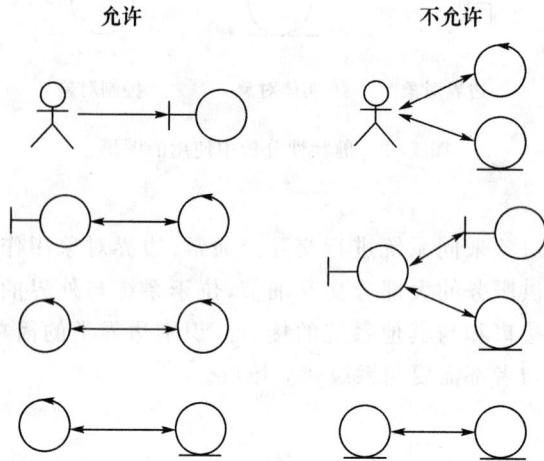

图 14-3　健壮图的使用规则

图 14-4 以登录用例为例,介绍一下如何进行健壮性分析:

用例:登录
　基本流程:
　(1)用户在登录页面上输入其用户 ID 和密码,然后单击【登录】按钮。
　(2)系统根据永久性账号数据对登录信息进行验证。
　(3)系统显示欢迎页面。
　分支流程:
　(1)a 如果用户单击登录页面上的【注册】按钮,系统将调用注册用户用例。
　(2)a 如果身份验证失败,系统将在一个单独的对话框中显示对该用户的提示语。顾客单击
【OK】按钮后,系统返回到登录页面。

图 14-4　登录用例的非正式形式

首先,需要针对用例描述中的每一句话进行分析,确保其中描述的内容出现在健壮图中。

对于“登录”用例基本路径 1 的内容来说,用户发起动作,用户作为一个参与者需要进行描述。用户必须通过边界对象与系统进行交互,这就是“登录页面”,通过动作“单击”确认信息的提交。注意,这里的“单击”虽然是动词,但它只是一个动作,而不是一个系统处理,因此不能将“单击”看作是一个控制对象。参见图 14-5 绘制健壮图步骤一。

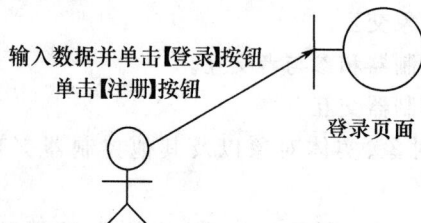

图 14-5　绘制健壮图步骤一

　　紧接着,基本路径 2 开始描述系统对用户发起请求的响应,信息通过边界对象"登录页面"向系统内部进行传递,系统需要做的处理就是进行验证,由控制对象"验证"表示。而进行验证的数据由两方面提供,一方面是用户通过界面传递进来的待验证数据,另一方面是系统内部已经进行存储的合法数据,这里用实体对象"注册信息"表示。这些信息通过图 14-6 绘制健壮图步骤二描述。

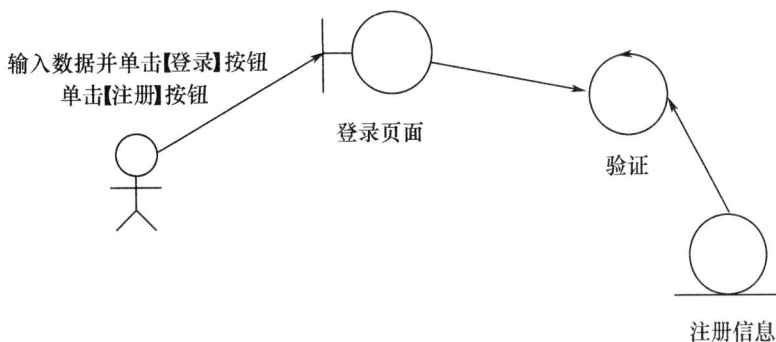

图 14-6　绘制健壮图步骤二

　　基本路径 3 中描述的是系统将验证结果反馈给用户。系统要求控制对象"显示"逻辑显示边界对象"欢迎界面"。至此,基本路径通过健壮性分析将一个参与者、两个边界对象、一个控制对象和一个实体对象分析出来。参见图 14-7 绘制健壮图步骤三。

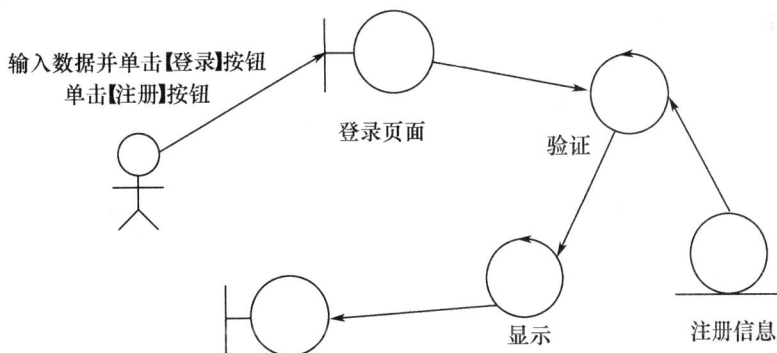

图 14-7　绘制健壮图步骤三

　　为了保证系统分析的全面性,分支流程中的内容也需要根据上述方法进行健壮性分析。最后,我们将得到一幅完整的健壮图,如图 14-8 所示。

　　在进行健壮性分析的过程中,发现用例文本存在模糊的地方,需要重新编写用例文本,并明确地引用边界对象和实体对象。大多数开发者的第一稿用例文本都会存在遗漏的地方。

　　除了使用健壮性分析的结果来改进用例文本外,还应不断地改进静态模型,并将新发现的对象加入到类图中。

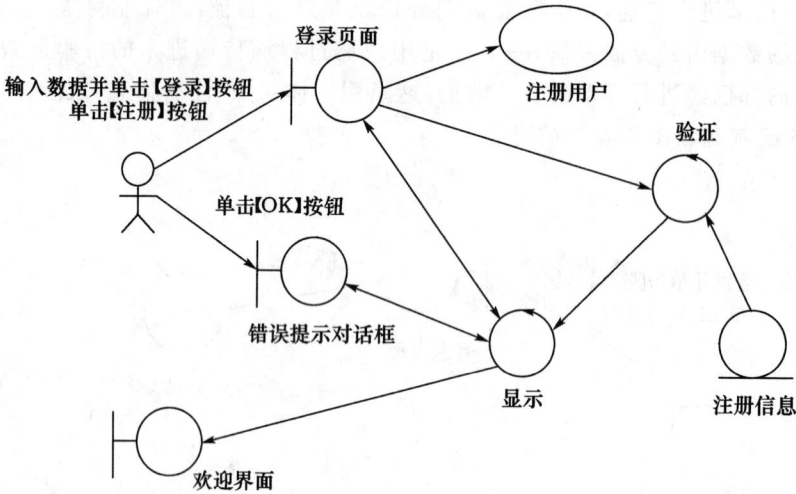

图 14-8 "登录"用例的完整健壮图

14.3 序列图

健壮性分析旨在发现对象,而序列图则主要关注行为的分配——将确定的软件函数分配给发现的一组对象。序列图的构建与用例一一对应,它为了识别设计类或子系统,其实例需要去执行用例的事件流。通过序列图把用例的行为分布到有交互作用的设计对象或所参与的子系统中,同时,序列图定义对设计对象或子系统及其接口的操作需求,为用例捕获实现性需求。

注意,除非在两个类之间定义了关联,否则这两个类的对象之间是无法发送消息的。如果一个用例路径需要在两个对象之间通信,而对应的两个类之间不存在相应的关联,那么类图就是不正确的。

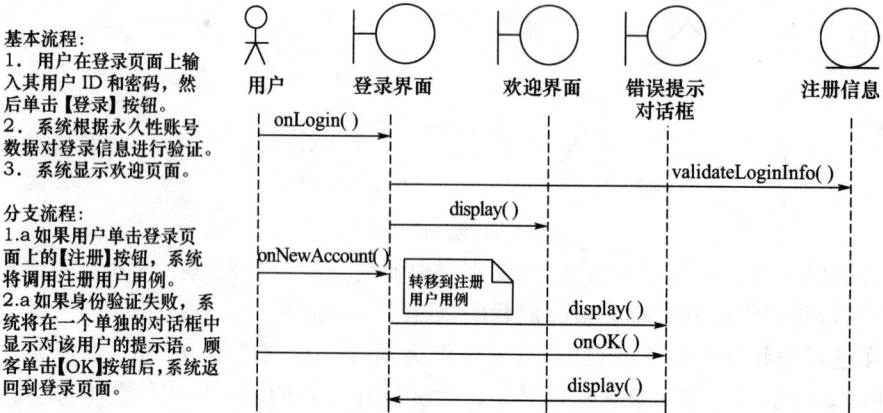

图 14-9 根据用例场景绘制的序列图

　　延续上面健壮性分析的例子,将健壮图转换为序列图。在图 14-9 中,我们会注意到序列图的左边出现了对应的用例文本。用例文本可以使我们总能看到要求的系统行为,并不断提示我们需要做什么。可以将分析出来的方法增加到对应的静态类图中。

　　图 14-10 是运用了执行体系结构的序列图。在此图的基础之上,程序的执行架构就较为清晰了。从这里也可以看出来,面向对象分析设计方法在应用了 UML 之后,设计的内容是一个逐步细化的过程。

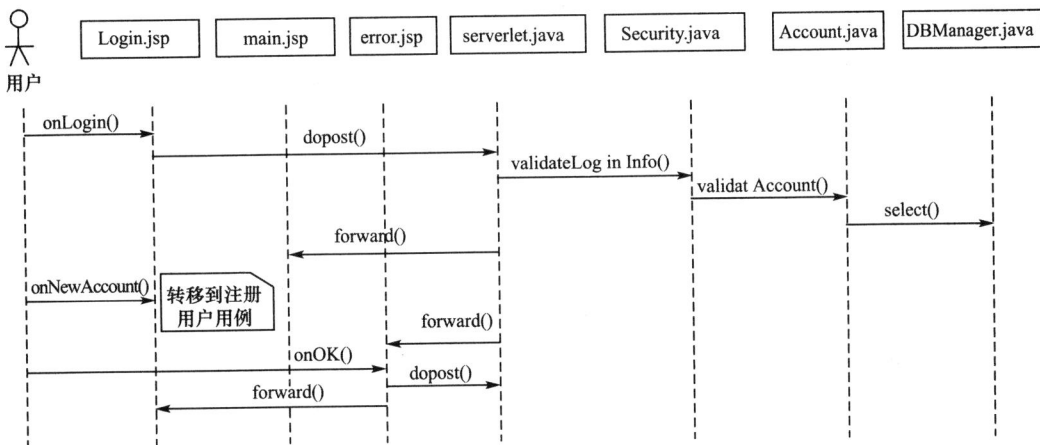

图 14-10　应用了执行体系架构的序列图

14.4　协作图

　　协作图与序列图所揭示的信息是相同的,但它强调的是单个的对象及其发送的消息。

　　协作图以对象实例为中心,提供的视角表现了一个对象的繁忙程度。如果一个对象处于繁忙状态,则其生命周期值得关注,可以利用状态图作进一步分析。

14.5　状态图

　　状态是对象属性值的抽象。对象的属性值按照显著影响对象行为的性质将其归并到一个状态中去。状态指明了对象对输入事件的响应。状态图对一个类的生命周期进行建模,它记录了一个对象从诞生到消亡的全过程。当所建模的类呈现出值得关注的和复杂的动态行为时,状态图才是有价值的。

　　状态图反映了状态与事件的关系。当接收一事件时,下一状态取决于当前状态和所接收的事件,由该事件引起的状态变化称为转换。状态图是一种图(图 14-11),用结点表示状态,结点用圆圈表示;圆圈内有状态名,用箭头连线表示状态的转换,上面标记事件名,箭头方向表示转换的方向。

　　一般情况下状态建模采用下述步骤:

　　(1)识别状态;

(2)选择使用该类的任意用例的主路径；

(3)将该路径的上下文环境加入到状态图中；

(4)选择同一个用例中的另一条路径或一个不同的用例，直至无法继续获取信息为止。

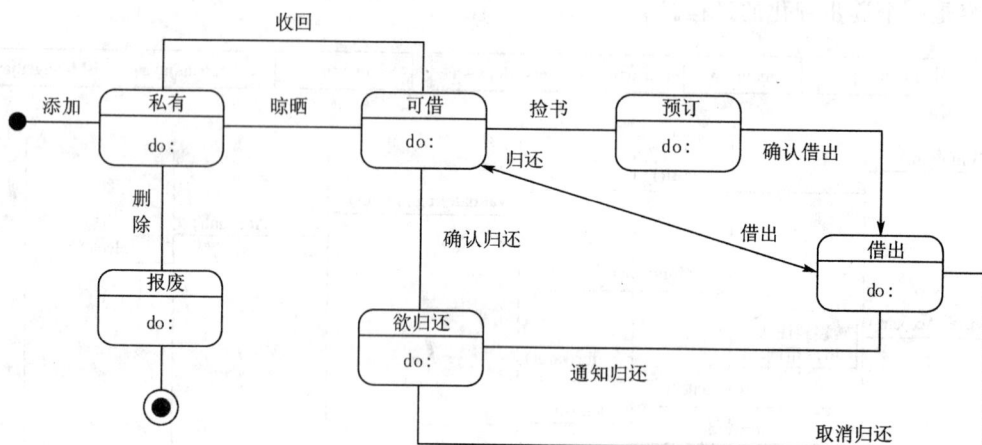

图 14-11　状态图

许多事件最终都会导致对类操作的建模，所有的工作(动作和活动)最终都会导致对类操作进行建模。许多操作都是私有的。向其他对象发送的所有消息都会在目标类中定义一个操作，任何识别出来的状态变量都会成为所建模类的成员变量。在图 14-11 中就增加了对图书状态的描述，因此，需要更新静态类图，增加对图书类的"图书状态"属性的描述。

14.6　活动图

活动图主要是对一个复杂操作中的步骤进行建模，也可用来对用例路径的步骤进行建模。活动图的内容主要集中在流程进行什么内容，而不是如何进行。活动图通常用于建模用例的事件流，描述一个操作完成所需要的活动步骤，它依据对象状态的变化来获取活动和它们的结果，它表示了各个活动及其之间的关系。

图 14-12 的例子描述了"图书借阅"流程的活动图：

14.7　选择正确的图

在 UML 中用来表示动态模型的图形有四种，但这四种图形并不是在每次系统分析和设计中都同时使用，只有当这种图形在构建过程中确实为我们提供了有价值的信息时才使用它。

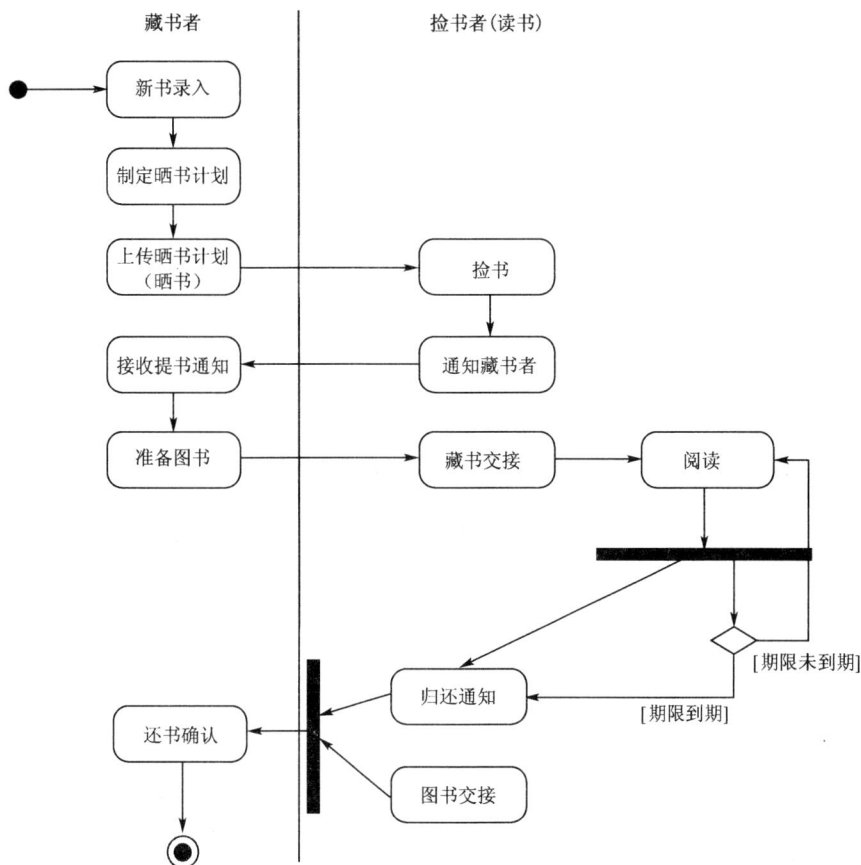

图 14-12　借书/还书活动图描述

在大多数的动态建模活动中,序列图是经常使用的对象,因为它附属于用例路径,其最大的作用就是建立了应用程序中类的操作签名。

协作图虽然在内容描述上存在等价关系,但是仍然推荐首选序列图。当应用程序中包含复杂的程序对话框而无法很好地反映到序列图中时,可采用协作图。

状态图只对呈现出值得关注的和复杂的动态行为的类有用,而对于某个对象的生命周期中出现的几个简单状态来讲,这种建模活动将会导致"分析瘫痪"。

活动图是一种适用于多种情况的灵活的工具,但需要节制使用。这种图可以清楚地描述一个复杂的工作流程。但下述几种情况就不应使用活动图:

(1)用例很简单,且用不着图形化表示;

(2)若目标只是想检查对象是如何协作的,应转用交互图;

(3)若目标只是想了解对象在其生命周期内是如何表现的,可转用状态图。

因此,在选择动态模型时,最主要的是明确目标,不要为了画图而画图,这样反而达不到动态建模的目的。

14.8 完善静态(类)模型

根据前面分析的结果,我们可以将相关的知识转移到类图中,从而形成具有属性、方法的完整类图。

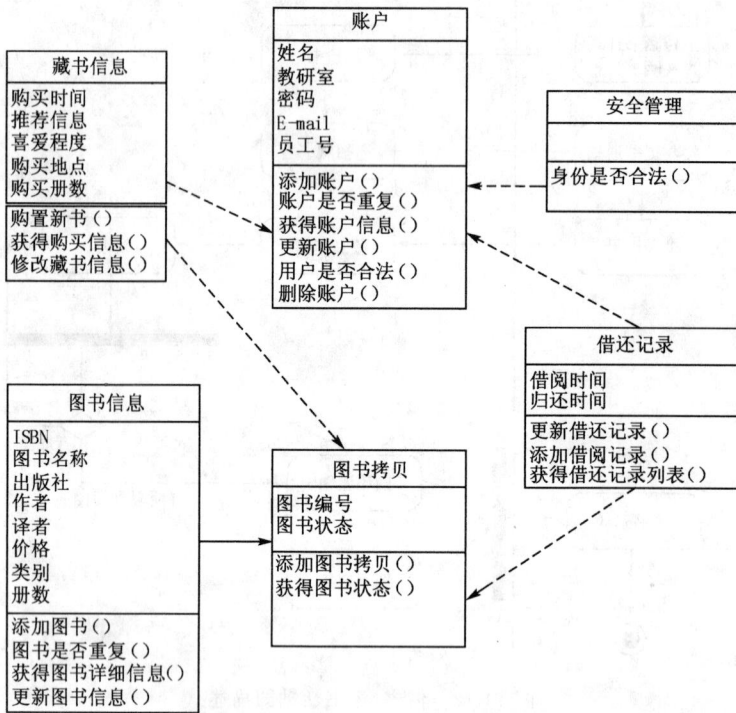

图 14-13 增加方法的类模型

在这里关注的是相关类的方法的分配。图 14-13 只给出了针对前面例子中绘制的序列图中分析出来的方法,因此上图只是设计类图的极小一部分。

现在得到的静态模型是软件设计类模型的雏形,因为它只是分析的结果。如何优化对象间结构,降低包和包之间、对象和对象之间的耦合性,我们可以采用解耦技术,应用对象的设计原则,或是应用著名的"四人帮"设计模式来解决。由于这些问题涉及的内容自成一个专题,在本书中暂不作深入介绍,感兴趣的同学可以参见设计模式相关书籍。

系统分析到这里,整个系统的结构已经非常清晰了,后面的工作就是依据体系结构设计中设计的执行体系结构,按照所选用的具体技术对序列图进行细化。根据前面软件工程基础部分的讲解,编程人员就可以按照这种程度的序列图根据设置好的编码规范进行编码,继而测试、实施。

整个的 RUP 过程到现阶段只是进行了细化阶段的第一次迭代,当获得了一个可执行的程序集后,需要与用户进行沟通,及时获得用户的反馈,并将这种反馈增加到下一次的迭代过程中。

小　结

采用面向对象的观点从系统分析转换到设计阶段,健壮性分析起到了桥梁的作用。通过绘制健壮图,从用例描述中抽取边界对象、控制对象,核实并补充实体对象,在此基础之上绘制序列图将会更加完善,使得从分析到设计的转换更加顺畅。动态模型包括序列图、协作图、活动图和状态图,其中最重要的一种动态模型就是序列图,通过构建序列图完成为对象分配职责的工作,同时补充和完善系统类图。动态模型的构建使得整个系统的设计进一步细化。

习　题

1.动态模型中都包括哪些 UML 图?

2.健壮性分析在从系统分析到系统设计转换过程中的作用是什么?

3.仔细阅读教师"上传课件"用例并描述:

(1)教师单击主界面中的"上传课件信息"项。

(2)系统显示上传课件界面,并显示该老师负责的课程列表信息。

(3)老师选择课程,并选择要上传的课件,进行提交。

(4)系统检查上传课件的合法性,将课件保存到指定目录下,并将课件信息保存到课件信息表中。

(5)系统向教师显示上传成功信息。

请通过健壮性分析绘制该用例的序列图,并整理出对应的分析类图。

4.学生通过某讨论班网上注册系统注册讨论班时,启动用例"注册讨论班"。

(1)学生向系统提交其姓名和编号。

(2)系统验证输入信息的有效性。

(3)系统根据资格要求确定该学生在这所学校注册讨论班的资格。

(4)系统确认资格符合要求,列出可供选择的讨论班列表。

(5)学生从讨论班列表中选出希望注册的讨论班。

(6)系统验证学生,确认具有资格注册这门课。

(7)系统检验讨论班,确认适合学生选择已有的课程安排。

(8)系统根据讨论班目录中的费用,计算出这门课的收费,并显示到界面中。

(9)学生确认课程费用的合理性。

(10)系统把相应的费用加到学生账单中。

(11)系统把学生注册信息添加到该讨论班注册信息表中。

(12)系统向学生提供已经注册成功的确认信息。

(13)学生得到确认信息后用例结束。

请通过健壮性分析绘制该用例的序列图,并整理出对应的分析类图。

参 考 文 献

[1] Alan Shalloway,James R. Trott. 设计模式解析(第 2 版)[M]. 徐言声,译. 北京:人民邮电出版社,2006.

[2] John W. Satzinger, Robert B. Jackson, Stephen D. Burd. 系统分析与设计(第 3 版)[M]. 李芳,等,译. 北京:电子工业出版社,2006.

[3] Gary Police,Liz Augustine,Chris Lowe,Jas Madhur. 小型团队软件开发－以 RUP 为中心的方法[M]. 宋锐,等,译. 北京:中国电力出版社,2004.

[4] Alistair Cockburn. 编写有效用例[M]. 王雷,等,译. 北京:机械工业出版社. 2002.

[5] Steve Adolph,Paul Bramble. 有效用例模式[M]. ePress. cn 车立红,译. 北京:清华大学出版社,2003.

[6] Joey F. George,Dinsh Batra,Joseph S. Valacich,Jeffrey A,等. 面向对象的系统分析与设计[M]. 北京:清华大学出版社,2005.

[7] Roger S. Pressman. 软件工程:实践者的研究方法(第 5 版)[M]. 梅宏,译. 北京:机械工业出版社,2005.

[8] Kendall Scott. 统一过程精解[M]. 付宇光,朱剑平,译. 北京:清华大学出版社,2005.

[9] 张海藩. 软件工程[M]. 北京:人民邮电出版社,2005.12.

[10] Shari Lawrence Pfleeger. 软件工程理论与实践(第 3 版,英文影印版). 北京:高教出版社,2006.

[11] Stephen R. Schach. 面向对象与传统软件工程－统一过程的理论与实践[M]. 韩松,邓迎春,译. 北京:机械工业出版社,2006.

[12] 韩万江 编著. 软件工程案例教程[M]. 北京:机械工业出版社,2007.

[13] 温昱. 软件架构设计[M]. 北京:电子工业出版社,2007.

[14] Ian Sommerville. 软件工程(第 6 版)[M]. 程成,陈霞,等,译. 北京:机械工业出版社,2003.

[15] IBM Rational. Rational 统一过程:软件开发团队的最佳实践[2004-03-01]. http://www.ibm.com/developerworks/cn/national/r-rupbp/.

[16] 里德. JAVA 与 UML 协同应用开发[M]. 郭旭,译. 北京:清华大学出版社,2003.

[17] 林锐 著. 软件工程与项目管理解析[M]. 北京:电子工业出版社,2003.10.

[18] Doug Rosenberg Kendall Scott 著. 用例驱动的 UML 对象建模应用－范例分析[M]. 管斌,袁国忠译. 北京:人民邮电出版社,2005.5.